# 最新の化学工学

山下 福志・香川 詔士・小島 紀徳

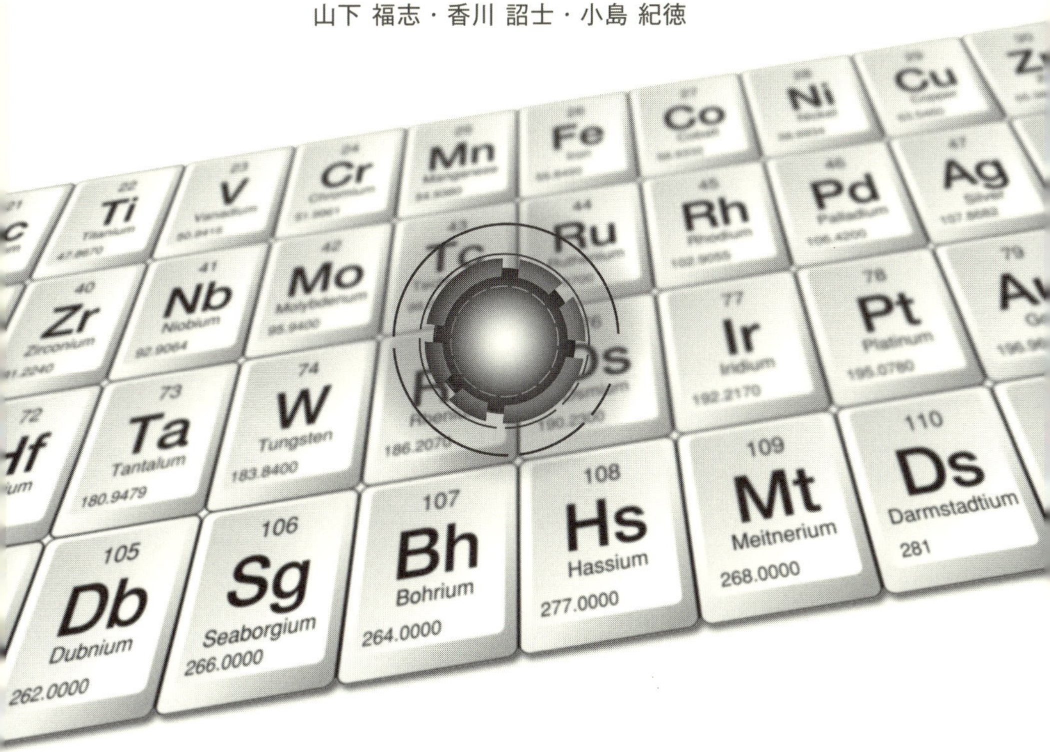

産業図書

# はじめに

　本書は，化学系や生物系の大学と高専の学生および技術者向けの化学工学の入門用教科書として書かれたもので，最新の化学工学を分かりやすく説明するように努めた本である．執筆者は 3 人とも大学の教員で，30 年以上化学工学の教育と研究に従事してきたベテランであり，学生諸君が本書を熟読し，演習問題を解いてみれば，化学工学の知識が身につくことを確信している．人は誰でも初めて習うことは，下手で要領が分からず分かりにくいものであるが，繰り返し練習すれば上手くなり，知識や技術が身に付くものである．勉強も同じで，何度も繰り返せば上手になり，身について忘れにくくなり，必要な時にぱっと思い出すことが可能となるので，読者諸君には，是非繰り返し学習して欲しい．何度も繰り返すと必ず上手になり，身に付いて忘れにくくなるので，あきらめずに学習し，化学工学の知識を将来の仕事や人生に生かしてほしい．

　以下に，化学工学にたいする興味と理解が深まるように，化学工学の成立ちに付いて説明する*．化学工学は化学工場の装置の設計や運転を合理的に行うための学問で，一般に，化学工業では，装置の中で物質の状態や組成，性質を変化させる工程（プロセス）を経て，製品が生産されているが，化学反応の前後に原料を混合したり，分離したりする，物理変化を主とする前処理と後処理が必要である．全工程の中では，化学変化を行う部分よりも，前処理や後処理工程の方に経費がかかる場合が多いといわれているが，物理処理を研究対象とする科学はなく，もっぱら経験や勘に基づいた技術に頼っていたのが化学工学誕生以前の化学工業であった．20 世紀の石油・石油化学時代に入り，まず物理的処理を分類・整理し，プロセスを合理的に構成しようという試みが米国で始まり，「単位操作（Unit Operations）」という概念が提案された．化学工学の父といわれるウォーカー（W. H. Walker）が Principles of Chemical Engineering（1923）の中で提案したものである．単位操作というのは，あらゆる化学的な製品の製造過程を反応，分離など個別の操作の組み合わせとして

理解する概念で，反応と諸々の分離・生成（蒸留，抽出，ガス吸収，吸着，膜分離，乾燥，再結晶），および熱や運動量の加減量（加熱やポンプの作用）などの操作からなる．単位操作の概念は，化学工業について単なる多種多様の化学工業製品の製造体系を個別に考えるというそれまでの考え方から，単位操作の体系という見方に一変させた．化学工学はこのように，20世紀前半の激動の技術革新の中から誕生した．当初，単位操作の確立と応用が化学工学の中心であったが，1940年代に入りプロセスの中枢にある反応装置の設計の合理化が課題となり，物理的な見方に基づく単位操作の概念だけでは反応装置の設計や開発に不十分なことが分かり，反応装置の設計法を研究する「反応工学」が生まれてきた．次に1960年代になって，単位操作に共通する，より基礎的な因子や研究課題を取り出して体系化をしようとする動きが出現し，移動速度論（移動現象論）や粉体工学となった．1960年代後半からは，プロセス全体を扱う「プロセス工学」「プロセスシステム工学」が次々と誕生した．このようにして，1970年代には化学工学は体系的で現代的な総合工学として確立した．化学工学は，どのような対象もひとつのシステムとしてとらえ，そのシステムを幾つかの要素の結合として表現できる手法を持っているので，化学工学は方法論の学問とも呼ばれている．化学工学は化学工業を対象に誕生したが，このような強力な手法を持つため，様々な分野に展開してきた．鉄鋼関連分野や化学的な側面を持つ火力・原子力発電の分野で化学工学は大きな威力を発揮し，1970年代には，公害対策や環境技術の分野で大きな貢献を果たした．1980年代に入り，化学工学の対象は化学工業の枠を大きく超えて，地球環境やエネルギー，先端材料，バイオテクノロジー，メディカルテクノロジー，廃棄物リサイクルなどの分野へと大きく広がり，化学工学の重要性がますます増大している．本書が化学やバイオ分野の高専生や大学生，および技術者の役に立てば幸いである．本書の出版にあたり，産業図書（株）の鈴木正昭氏には大変お世話になりました．ここに厚く御礼申し上げる．

2010年7月 著者一同

*）化学工学会のhome pageの｛化学工学とは｝の記事を少し加筆修正したものである．

# 目　次

はじめに

## 第1章　化学工学の基礎：化学工学量論と定量的計算法 …………………… 1
### 1.1　単位と次元 ………………………………………………………………… 1
　1.1.1　単位と次元と物理量 ……………………………………………… 1
　1.1.2　SI単位系とSI誘導単位 …………………………………………… 2
　1.1.3　その他の単位系と単位換算 ……………………………………… 3
　1.1.4　温度・圧力 ………………………………………………………… 4
　1.1.5　次元式と単位換算 ………………………………………………… 4
　1.1.6　濃度 ………………………………………………………………… 5
　1.1.7　対応成分 …………………………………………………………… 7
　1.1.8　次元解析と無次元数 ……………………………………………… 7
### 1.2　データの取り扱い ………………………………………………………… 9
　1.2.1　有効数字と精度 …………………………………………………… 9
　1.2.2　試行錯誤法 ………………………………………………………… 10
　1.2.3　グラフの書き方 …………………………………………………… 10
　1.2.4　図微分・図積分 …………………………………………………… 11
　1.2.5　データの相関式の線形化式による決定法 ……………………… 13
### 1.3　プロセスの構成と物質収支 ……………………………………………… 15
　1.3.1　装置と操作 ………………………………………………………… 15
　1.3.2　物質収支の取り方 ………………………………………………… 16
　1.3.3　化学量論式と過剰物質・限定物質 ……………………………… 18
　1.3.4　複合反応と，転化率・選択率・収率 …………………………… 19
　1.3.5　燃料と燃焼 ………………………………………………………… 20

1.3.6　燃焼計算 ……………………………………………………… 22
　　　1.3.7　リサイクル，パージとバイパス操作 ……………………… 23
　1.4　熱収支と応用 ………………………………………………………… 25
　　　1.4.1　熱力学第一法則 ……………………………………………… 25
　　　1.4.2　プロセス熱収支 ……………………………………………… 26
　　　1.4.3　湿度図表と調湿，冷水操作 ………………………………… 29
　演習問題 ……………………………………………………………………… 30

## 第2章　化学工学の基礎：流れと移動現象 ……………………………… 37
　2.1　流れとエネルギー …………………………………………………… 38
　　　2.1.1　連続の式 ……………………………………………………… 38
　　　2.1.2　乱流・層流と相当径 ………………………………………… 40
　　　2.1.3　円管内の流速分布 …………………………………………… 41
　　　2.1.4　エネルギー収支 ……………………………………………… 44
　　　2.1.5　円管流路の圧力損失 ………………………………………… 46
　　　2.1.6　流速と流量の測定 …………………………………………… 48
　2.2　物質と熱の移動 ……………………………………………………… 51
　　　2.2.1　流れによる移動 ……………………………………………… 51
　　　2.2.2　分子拡散と熱伝導 …………………………………………… 51
　　　2.2.3　動的物性値の推算 …………………………………………… 55
　　　2.2.4　無次元物性定数 ……………………………………………… 55
　　　2.2.5　乱流中の移動 ………………………………………………… 56
　2.3　移動係数 ……………………………………………………………… 56
　　　2.3.1　移動係数や抵抗の定義 ……………………………………… 56
　　　2.3.2　平面座標系での静止流体や固体板内の移動係数 ………… 57
　　　2.3.3　円管壁，球殻，静止流体中に置かれた球表面の移動係数 … 58
　　　2.3.4　境膜移動係数 ………………………………………………… 60
　　　2.3.5　装置内移動に関する無次元数——次元解析の利用 ……… 61
　　　2.3.6　境膜移動係数の推算式 ……………………………………… 62
　　　2.3.7　総括移動係数（平板） ……………………………………… 62
　　　2.3.8　総括移動係数（円筒・球） ………………………………… 64

2.3.9　汚れ係数 ················································ 65
　2.4　様々な伝熱 ····················································· 65
　　2.4.1　伝導伝熱と強制対流伝熱 ································ 65
　　2.4.2　自由対流伝熱と沸騰伝熱・凝縮伝熱 ··················· 65
　　2.4.3　放射伝熱 ···················································· 66
　　2.4.4　熱交換器 ···················································· 67
　　2.4.5　蒸発 ························································· 68
　　2.4.6　乾燥 ························································· 69
　2.5　装置内外への移動解析 ········································ 70
　　2.5.1　完全混合流とピストン流（管型装置） ················ 70
　　2.5.2　ステップ応答とインパルス応答 ························ 70
　　2.5.3　完全混合装置内の移動解析 ····························· 71
　　2.5.4　押し出し流れ装置内の移動解析 ························ 72
　　2.5.5　混合のモデル化（完全混合槽列モデルと逆混合モデル） ··· 73
　2.6　移動現象の定式化手法のまとめ ······························ 76
　演習問題 ······························································ 78

## 第3章　反応工学 ······················································· 83
　3.1　均相系での化学反応速度 ······································ 83
　　3.1.1　反応にかかわる量論 ······································ 83
　　3.1.2　反応速度の表し方 ········································ 83
　　3.1.3　反応次数と平衡 ··········································· 84
　　3.1.4　アレニウスの式（温度の影響）と活性化エネルギー，反応熱 ···· 84
　　3.1.5　速度に与える圧力の影響 ································ 85
　　3.1.6　温度と圧力の違いが反応平衡に与える影響 ··········· 87
　　3.1.7　複合反応の反応速度 ······································ 88
　　3.1.8　複雑な反応の反応速度解析：律速段階法と定常状態法 ···· 88
　3.2　様々な均相系反応装置と設計 ································· 90
　　3.2.1　様々な反応装置 ··········································· 90
　　3.2.2　回分式反応器内で反応が起こる場合の非定常解析 ··· 92
　　3.2.3　完全混合槽反応器の定常解析 ··························· 94

 3.2.4 押し出し流れ反応装置の定常解析 ………………………… 95
 3.2.5 完全混合槽と押し出し流れの比較 ……………………… 96
 3.2.6 完全混合槽列モデルによる反応解析 …………………… 97
3.3 様々な装置を用いた反応速度の求め方と反応速度式の決定 … 97
 3.3.1 回分式完全混合槽を用いた反応速度の測定 …………… 97
 3.3.2 流通式完全混合槽を用いた定常状態での反応速度式の決定 … 98
 3.3.3 流通式微分反応装置を用いた反応速度の測定 ………… 99
 3.3.4 積分反応装置を用いた反応速度の測定 ………………… 99
 3.3.5 端効果を有する連続式管型押し出し流れ反応装置 …… 100
3.4 異相反応 …………………………………………………………… 101
 3.4.1 反応速度の表示 …………………………………………… 101
 3.4.2 気固系反応 ………………………………………………… 102
 3.4.3 固体触媒反応 ……………………………………………… 106
 3.4.4 気固系および気固触媒系反応装置 ……………………… 109
演習問題 …………………………………………………………………… 111

## 第4章 分離精製工学 …………………………………………………… 115

4.1 分離精製の原理 …………………………………………………… 115
4.2 蒸留 ………………………………………………………………… 116
 4.2.1 気液平衡 …………………………………………………… 116
 4.2.2 単蒸留 ……………………………………………………… 119
 4.2.3 蒸留塔 ……………………………………………………… 121
4.3 ガス吸収 …………………………………………………………… 127
 4.3.1 ガスの溶解度 ……………………………………………… 127
 4.3.2 ヘンリーの法則 …………………………………………… 127
 4.3.3 ガスの吸収速度 …………………………………………… 129
 4.3.4 反応吸収 …………………………………………………… 133
 4.3.5 ガス吸収の装置 …………………………………………… 133
 4.3.6 吸収操作の解析 …………………………………………… 133
 4.3.7 最小液ガス比 ……………………………………………… 136
 4.3.8 $N_G$ と $N_{OG}$ の求め方 …………………………………… 136

## 4.4 抽出 ............................................................... 138
### 4.4.1 液液平衡関係 ................................................ 139
### 4.4.2 溶解度曲線とタイライン ................................... 140
### 4.4.3 抽出装置 ..................................................... 142
### 4.4.4 超臨界抽出 ................................................... 144
演習問題 ................................................................... 145

## 第5章 ナノテクノロジーと粉粒体プロセス ..................... 149
### 5.1 ナノテクノロジー ............................................. 149
#### 5.1.1 ナノ材料 ..................................................... 149
#### 5.1.2 光学材料 ..................................................... 152
#### 5.1.3 化粧品 ........................................................ 154
### 5.2 粉粒体の特性とその測定法 .................................. 155
#### 5.2.1 粒子の大きさ ................................................ 155
#### 5.2.2 粒子径, 粒度分布の測定 ................................... 161
#### 5.2.3 粉粒体の性質 ................................................ 164
#### 5.2.4 流体中の粒子の運動 ....................................... 169
### 5.3 粉粒体プロセス ................................................ 170
#### 5.3.1 微粒子製造フロー .......................................... 170
#### 5.3.2 粉砕プロセス ................................................ 170
#### 5.3.3 分級プロセス ................................................ 172
演習問題 ................................................................... 175

## 第6章 環境化学工学 ................................................ 177
### 6.1 廃棄物処理 ...................................................... 177
#### 6.1.1 廃棄物の法的定めと循環型社会 ......................... 177
#### 6.1.2 区分と廃棄物の排出量 .................................... 179
#### 6.1.3 廃棄物のリサイクル ....................................... 180
### 6.2 地球温暖化 ...................................................... 185
#### 6.2.1 地球の誕生と温度 .......................................... 185
#### 6.2.2 地球の温暖化 ................................................ 188

  6.2.3 地球温暖化対策 ………………………………………… 192
6.3 水環境 …………………………………………………………… 199
  6.3.1 水の循環と水利用 ……………………………………… 199
  6.3.2 地下水と土壌・地下水浄化 …………………………… 203
  6.3.3 21世紀末に向けての水循環構想 ……………………… 205
6.4 大気環境 ………………………………………………………… 205
  6.4.1 大気汚染の原因（汚染物質） ………………………… 206
  6.4.2 大気汚染の理論 ………………………………………… 209
  6.4.3 大気環境対策 …………………………………………… 213
演習問題 ……………………………………………………………… 215

## 第7章 生物化学工学 …………………………………………… 217

7.1 酵素の反応 ……………………………………………………… 217
  7.1.1 酵素とは ………………………………………………… 217
  7.1.2 酵素の分類 ……………………………………………… 218
  7.1.3 酵素の命名法 …………………………………………… 219
  7.1.4 基質特異性と反応特異性，立体特異性 ……………… 219
  7.1.5 酵素の階層構造 ………………………………………… 220
  7.1.6 酵素の変性 ……………………………………………… 220
  7.1.7 補酵素 …………………………………………………… 221
7.2 酵素の反応速度式 ……………………………………………… 221
  7.2.1 単一基質反応 …………………………………………… 221
  7.2.2 酵素反応の阻害 ………………………………………… 223
  7.2.3 酵素活性 ………………………………………………… 225
7.3 微生物の反応 …………………………………………………… 225
  7.3.1 微生物の種類と特徴 …………………………………… 225
  7.3.2 増殖に対する環境条件の影響 ………………………… 226
  7.3.3 微生物の育種 …………………………………………… 229
  7.3.4 微生物の反応速度 ……………………………………… 231
7.4 微生物の培養 …………………………………………………… 232
  7.4.1 回分培養 ………………………………………………… 232

| 7.4.2 | 半回分培養 | 233 |
| 7.4.3 | 連続培養 | 234 |

7.5 固定化生体触媒 ………………………………………………………………… 236
   7.5.1 酵素の固定化方法 ………………………………………………………… 237
   7.5.2 反応速度 …………………………………………………………………… 237

7.6 バイオリアクターの設計 ……………………………………………………… 241
   7.6.1 回分式攪拌槽反応器 ……………………………………………………… 241
   7.6.2 流通式攪拌層（完全混合）反応器 ……………………………………… 242
   7.6.3 充填層反応器 ……………………………………………………………… 243
   7.6.4 膜型バイオリアクター …………………………………………………… 244
演習問題 ……………………………………………………………………………… 245

付　録 ………………………………………………………………………………… 247
索　引 ………………………………………………………………………………… 255

# 第 1 章

# 化学工学の基礎：化学工学量論と定量的計算法

化学工学とは，物質やエネルギーを「定量的」に扱うための工学である．そのことにより，資源の利用や環境への負荷，あるいは必要なコストを最小に抑え，その上で最大の「ベネフィット」すなわち最大量の製品を得ることができる．

すなわち，化学工学を学び，これを実践する者にとって，定量的計算は不可欠な技術である．ここでは，このような定量的な取扱の中で，特に化学工学者にとって最も重要な部分のみを取り出して解説する．

## 1.1 単位と次元

### 1.1.1 単位と次元と物理量

もっとも多用される基本的な次元には，長さ($L$)，質量($M$)，時間($T$)がある．( ) 内は次元を表す記号である．これらを組み合わせた次元は，例えば，体積($L^3$)，力($MLT^{-2}$)などのように表される．ほかに，温度($\theta$)などは，上記の基本3次元とは異なる次元を持つため独立した次元となる．

長さの次元を持つ単位には，m，インチ，マイルなどがあり，同じ次元の単位間は，換算係数により単位換算でき，またその大きさを比較することができる．次元をまたがった物理量の直接比較はできないが，ある物質の物理的性質，例えば密度($ML^{-3}$)を表す物理量を与えることで，その物質についてのみ次元が異なる物理量に転換，比較することが可能となる．

本書では以下『距離 $z$ [m]』の様に，物理量を表す日本語，物理量を表す記号（イタリック体＝斜体）の後ろに単位は [ ] 内に入れて正体（ローマン体）の順で記載するが，いずれかを省略することもある．一方，『距離 $z=5$ m』の

様に具体的な大きさが与えられているときには，数字の後ろの単位には［　］をつけない．なお，『z/m』の様に『/』の後ろに単位をつけて記載する方法もある．この意味は，『距離 z=5 m』という長さの次元を有する物理量を『1 m』で割った結果である『5』という数字のみを記載するという意味で，非常に合理的な単位の記載法であるが，化学工学分野の慣例に従い本書では単位を［　］を用いて記載する．

数字と単位のはじめの英字との間は，『5 m』のように半角一文字分をもたせる．『%』は記号であり，『℃』も英文字『C』の前に『°』という記号がついているとみなされるため数字の後に半角を空ける必要はない．

### 1.1.2　SI単位系とSI誘導単位

基本となる単位の組み合わせを単位系という．このうち世界各国で統一して用いることに定められた単位系がmks単位系を基にするSI単位系であり，長さ[m]，質量[kg]，時間[s]の他，化学工学では温度[K]，物質量[mol]を基本単位として多用する．SI単位系のすべての**基本単位**を付録2に示す．

基本単位同士を乗除して得られる単位を**誘導単位**という（組み立て単位ということもある）．主な誘導単位を付録3に示す．一部の誘導単位には固有の単位記号が用いられ，大文字が使われることが多いが，これは人名に由来するからである．付表に示すように，例えば密度は[$kg \cdot m^{-3}$]の様に二つの基本単位の間には『・』を入れる．分母に来る基本単位を『/』の後ろに置く[$kg/m^3$]の様な表記法も認められているが，分母に二つ以上の基本単位が来る場合には，例えば圧力[Pa]は基本単位のみを用いて記載するときには[$kg/m \cdot s^2$]または[$kg \cdot m^{-1} \cdot s^{-2}$]と記載し，[$kg/m/s^2$]とは書かない．なお，『・』については省略することもある．

この他，SI補助単位として，付録4が認められているが，気象分野で慣用的に用いられてきた[mbar]は数値変更が必要ない[hPa]に置き換えられた．一方，日[d]，年[y]といった，SI基本単位とは**単位換算**が容易ではないが，日常的に用いられる単位は今後も使われ続けるものと考えられる．

数値を用いる際に，整数域での最終桁がゼロとなる場合には，この数字が次節に述べる**有効数字**かどうかの判断ができないため，最終桁が小数点以下となるように，単位の前に倍数『$\times 10^6$』などをつけて表すことが推奨される．通常，

最初の項を 1 の位におき，$1.234\times10^5$ のように表す．あるいは**接頭語**を用いるが，これは，例えば『M（メガ）』の意味は，数値と単位との間に倍数『$\times 10^6$』をつけたことと同等である．SI で用いられる接頭語を付録 5 に示す．

　接頭語の付け方は，原則以下に従う．複数の単位から構成される誘導単位などの場合を含め，「一つの」単位に「一つだけ」，それも，分子の始めに来る構成単位に接頭語をスペースや「・」を入れずにつける．ただし，[kg] は基本単位であるが接頭語があるので，例えば [kkg] とは書かず，[Mg]（= [$\times 10^6$ g]=[$\times 10^3$ kg]）を用いる．[1/s] の様に分子が 1 の場合に [1/ms] のような接頭語をつける場合を除き，分母となる単位には接頭語は付けない．接頭語を付けた単位は，単一の単位と同等に扱われる．すなわち [cm$^2$] は $(10^{-2}\,\mathrm{m})^2$ を意味する．計算上の誤りを少なくするためには，c（センチ）や $\times 10^2$ 等は避け，$10^3$ や $10^{-3}$ 単位での倍数あるいはそれに相当する接頭語をつけることが推奨される．

### 1.1.3　その他の単位系と単位換算

　SI 単位系以外では，長さ [cm]，質量 [g]，時間 [s] を基本単位とする **cgs 単位系**が，過去には多く用いられてきた．また，米国では今でも多くの表示が **FPS**（feet, pound, second）**単位系**を基本になされている．そのため過去の文章などにある SI と異なる単位は，SI に換算する必要がある．なお以上の単位系は，長さ，質量，時間を基本単位の次元としており，絶対単位系と呼ばれる．

　重力を質量の代わりに基本単位とする重力単位系や，質量と重力の両方を使い分ける工学単位系も過去に使用されたが，以下を除き，**単位換算表**を頼るだけで十分であろう．付録 6 に単位換算表を示す．

 ＊質量：1 lb（ポンド）は約 0.45 kg，1 t（トン）は 1000 kg，他に約 1000 kg の米トン，英トンがある．

 ＊長さ：1 in（インチ）は約 2.5 cm，1 ft（フィート）= 12 in で，約 30 cm．

 ＊重力：[kgf]，[Kg] はキログラム重と読み，1 kg の質量の物質が地球上で与える重力

 ＊面積：1 km$^2$ = 100 ha（ヘクタール）= $10^4$ a（アール）= $10^6$ m$^2$

 ＊体積：1 bbl（バーレル）は約 160 L，1 gal（米ガロン，英ガロン）は約 40

L 前後．体積の前または後に『N』を付けた [Nm³]，[m³N] は 0℃ 1 atm の標準状態での体積を示す．

＊仕事，エネルギー，熱量：1 cal＝4.2 J は 1 g の水を 1℃ 加熱するために必要な熱量．kW・h（kWh，キロワット時）は，1 kW の動力を 1 時間使用したときのエネルギー．

＊工率，動力：[HP]，[PS] とも馬力であり，[W]＝[J・s⁻¹] に換算される．

### 1.1.4 温度・圧力

温度の SI 基本単位は K であるが，℃ も使用が認められている．

$T[K] = T[℃] + 273.15$, $T[K] = T[°R]/1.8$, $T[°R] = T[°F] + 460$.

圧力の SI 誘導単位は，$[Pa] = [kg・m^{-1}・s^{-2}]$ であるが，絶対圧力（単位に a を付けて表すことがある），すなわち絶対真空に対する圧力の他に，そのときの大気圧に対する圧力の測定が容易なゲージ圧（同様に g で表す．G を用いることもある）も多く用いられる．標準的な条件下での大気圧を 1 atm とするが，気象条件により変動する．

さらに，水銀柱の高さ [mmHg] や水柱の高さ [mH₂O] で圧力を表すことも多い．最近まで多用されていた [kgf・cm⁻²] は，重力加速度 $g = 9.807\,\mathrm{m・s^{-2}}$ の値を用いることで，さらに [mH₂O] は 4℃ の水の密度 $1000\,\mathrm{kg・m^{-3}}$ を用いることで，[Pa] との換算係数を求めることが可能である．（次項参照）

1 atm ＝ 101.3 kPa ＝ 760 mmHg（＝ 1.033 kgf・cm⁻² ＝ 10.33 mH₂O）

### 1.1.5 次元式と単位換算

数値と単位とを合わせて記述する式を次元式といい，単位の換算には便利である．これを用いて単位換算を行った例を例題 1.1 と 1.2 に示す．特に，平均値を出す場合には，正しい方法で平均を取っているかの一つの指標は，単位を正しく消せているかである．これを例題 1.3 に示す．

[例題 1.1] [kgf・cm⁻²] と [Pa] との単位換算係数を求めよ．

[解] [kgf] の定義から，$1\,\mathrm{kgf} = 1\,\mathrm{kg} \times 9.807\,\mathrm{m・s^{-2}} = 9.807\,\mathrm{N}$

$$\frac{1\,\mathrm{kgf}}{\mathrm{cm}^2} = \frac{9.807\,\mathrm{N}}{1\,\mathrm{cm}^2} \times \frac{10000\,\mathrm{cm}^2}{1\,\mathrm{m}^2} = 98070\,\frac{\mathrm{N}}{\mathrm{m}^2} = 9.807 \times 10^4\,\mathrm{Pa}$$

ここで，$1\,\mathrm{m^2}=10000\,\mathrm{cm^2}$ の**単位換算係数**を用いた．等式中に，本来等しい量を示す $1\,\mathrm{m^2}$ と $10000\,\mathrm{cm^2}$ とを分子分母に置くこと，すなわちまさに，『1』をかけることで，自然と単位換算がなされていることに注意されたい．なお，数%の誤差はあるが，1 atm はほぼ（約 1～2% の誤差で）$1\,\mathrm{kgf/cm^2}$，100 kPa，$10\,\mathrm{mH_2O}$ であることを記憶しておくと良い．さらに1気圧の下ではガスの [mol%] は [kPa] とほぼ（約1%の誤差で）数値が一致する．

 [例題 1.2]　[$\mathrm{mH_2O}$] と [Pa] との単位換算係数を求めよ．
 [解]　$1\,\mathrm{mH_2O}$ とは，1 m の高さの水があることを意味する．$1\,\mathrm{m^2}$ の上に，$1\,\mathrm{m^3}$ の水があると考えることもできる．これに適当な物性値をかけ，SI 単位系での圧力の単位にしてゆく．なお，ある物質について記載する際は，単位に例えば『-水』のように物質名を記載すると，ミスを避けることができる．

$$\frac{1\,\mathrm{m^3}}{\mathrm{m^2}} \times \underbrace{\frac{1000\,\mathrm{kg}}{\mathrm{m^3}}}_{\text{（水の密度）}} \times \underbrace{\frac{9.807\,\mathrm{m}}{\mathrm{s^2}}}_{\text{（重力加速度）}} = 9.807 \times 10^3\,\mathrm{Pa}$$

このように単位換算係数ばかりではなく，物性値や物理定数などを用いる際も次元式の適用が便利である．また，1 atm = 101.3 kPa の関係を用い，1 atm = $10.33\,\mathrm{mH_2O}$ の関係が得られるため，1.1.4 項ではこの関係は括弧内に示した．

 [例題 1.3]　液化ブタン 29 g と液化プロパン 88 g とを混合・蒸発させ容器中に保持した．この混合ガスの平均分子量を求めよ．
 [解]　分子量の単位は [$\mathrm{g \cdot mol^{-1}}$] であるから，合計の g 数を，合計の mol 数で割る．ブタンの分子量は $58\,\mathrm{g \cdot mol^{-1}}$ であるから，0.5 mol，プロパンの分子量は $44\,\mathrm{g \cdot mol^{-1}}$ であるから，2 mol，よって，$(29+88)/(0.5+2) = 46.8\,\mathrm{g \cdot mol^{-1}}$．なお，本問はいわゆるプロパンガスを想定しており，空気の平均分子量，約 $29\,\mathrm{g \cdot mol^{-1}}$（算出してみよ）に比べて重いため，ガス漏れ検知器は床のそばに置くと良い．一方都市ガスの主成分はメタンであり，空気より軽いので天井に設置した方がよい．

### 1.1.6　濃度

化学分野で慣用的に用いられてきた**モル濃度** [$\mathrm{mol \cdot L^{-1}}$]，（化学分野では [M] と略記し，モラーと呼ぶ）中の [L] は，一時 [$\mathrm{dm^3}$] に置き換えられて使用

されることもあったが，前述のように分母に『d』という接頭語がつくことから推奨はできない．[kmol·m$^{-3}$] 単位での数値も同一の値を与えることからこれを用いるべきである．

**質量モル濃度**（mol·kg$^{-1}$）は溶媒 1 kg 当たりの物質量と定義される．なお，以下も含め，質量（mass）に代え，慣例として重量（weight）と呼ぶことが多く，特に，質量を表す場合であっても weight の略号である wt（w と書くこともある）を，慣例として用いる．

組成を表すには**質量分率**，**モル分率**，**体積分率**があり，これらに対応し，百分率（wt%, mol%, vol%）の他，ppm（百万分率），ppb（$10^9$ 分率），ppt（$10^{12}$ 分率，兆分率）等も用いられる．%等の後ろにそれぞれ，-wt，-mol，-vol と記載することもある．また，wt の代わりに w を記載することもある．

気体組成は，物質はすべて分子として存在することから，通常（特に記載がない限り）モル（molar）分率で表す．理想気体では体積（volume）分率に一致する．水蒸気を含む気体の場合には，水蒸気は凝縮しやすく，分析が他のガスに比べ面倒であることから，組成を**乾き基準**（**ドライベース**，dry-basis）すなわち水蒸気を除いた成分だけで記載することも多く，水蒸気を含んだ**湿り基準**（**ウェットベース**，wet-basis）と区別する．

一方，固体・液体組成については，気体と異なり化学式が特定できない成分を含むことが多く，通常質量分率を用いるが，特定できる場合にはモル分率を用いることもある．液体の場合には混合により体積が変化することがあることに注意する必要がある．液体についての体積分率は（混合前の注目成分の体積）/（混合後の全体積）で定義されることに注意する．

**［例題 1.4］** ある気体の気液間の平衡関係は，気相モル分率 $y$ と液相モル分率 $x$ を用いて $y = mx$ と書ける．液は十分薄い水溶液とする．ヘンリー定数 $H = C_g/C_l$（$C_g$，$C_l$ は気相，液相中濃度 [mol·m$^{-3}$]）を $m$，$P$[Pa]，温度 $T$[K] および気体定数 $R$ 用いて表せ．水の密度は $10^3$ kg·m$^{-3}$ とせよ．用いるべき $R$ の値と単位を示せ．

**［解］** $PV = nRT$ より 1 m$^3$ の体積のガスのモル数は $P/RT$，$R = 8.314$ J·mol$^{-1}$·K$^{-1}$

よって $y = C_g/(P/RT)$ または $C_g = yP/RT$

一方，$1\,\mathrm{m}^3$ の水溶液のモル数は $10^6/18\,\mathrm{mol}$

よって $x = C_l/(10^6/18)$ または $C_l = 18x/10^6$　これより

$H = C_g/C_l = (yP/RT)/(18x/10^6) = 10^6(y/x)P/(18RT) = 10^6 mP/(18RT)$

## 1.1.7　対応成分

　化学工学では一つの装置，あるいは一連のプロセス内の物質収支をとるにあたり，適切な計算の**基準・濃度**を選ぶことで，計算が大幅に簡略化される．分母に量（流量）が変化しない，あるいはほとんど変化しない物質を基準に選んで「濃度」を定義することが望ましい．このような物質を対応成分という．例えば，空気中の湿度を表すときに，化学工学では乾き空気 1 kg を基準に取り [kg-H$_2$O・kg-dryair$^{-1}$] の単位で表す．これを絶対湿度あるいは工学湿度という．なお，異なる二つ以上の成分を同じ単位で表す場合には，**次元式**使用の際は，上記のように，物質名を単位の後に付けることでより間違いの少ない計算が可能となる．

　[**例題 1.5**]　4 wt% の食塩水 300 kg から水を蒸発させて，10 wt%の食塩水を作りたい．何 g の水を蒸発させるべきか．

　[**解**]　この問題での対応成分は，食塩である．よってまず食塩の量を計算し，次に計算の対象である水の「濃度」を，食塩を基準にして表すと容易に解が得られる．

$$300\,\mathrm{kg\text{-}食塩水} \times \frac{4\,\mathrm{kg\text{-}食塩}}{100\,\mathrm{kg\text{-}食塩水}} \times \left(\frac{96\,\mathrm{kg\text{-}水}}{4\,\mathrm{kg\text{-}食塩}} - \frac{90\,\mathrm{kg\text{-}水}}{10\,\mathrm{kg\text{-}食塩}}\right) = 180\,\mathrm{kg\text{-}水}$$

## 1.1.8　次元解析と無次元数

　次元解析とは，現象が複雑で理論的に解析できない場合に，その現象に関係のある物理量（変数，因子）のすべてを知ることにより，それらの量の間にあるべき関数形を求める方法である．「ある現象に関与する物理量の関係式の両辺の次元は等しい」という原理に基づいている．通常，1.1.1 項で記載した基本的な次元として，長さ($L$)，質量($M$)，時間($T$)の三つの次元を用いて三つの連立方程式を解く．定めるべき SI 基本単位のみを利用することにすれば，$L$, $M$, $T$ を m, kg, s と書き，両辺の単位が等しいとして同様の計算をすることも可

能である.

**[例題 1.6]** 真空中の質量 $m$[kg]の物体が自然に落下するときの落下距離 $\ell$[m] を表す関係式を次元解析で求めよ.

**[解]** SI 基本3単位を用いて計算する. 関係する他の変数は $t$[s], および重力加速度 $g$[m·s$^{-2}$]であろう. よって, それぞれのべき乗の積で表されると仮定し

$$\ell[\mathrm{m}] = k(m[\mathrm{kg}])^a \, (t[\mathrm{s}])^b \, (g[\mathrm{m\cdot s^{-2}}])^c$$

ここで k は単位を持たない無次元の定数であるとする. SI 基本単位のみ取り出し,

$$[\mathrm{m}] = [\mathrm{kg}]^a \, [\mathrm{s}]^b \, [\mathrm{m\cdot s^{-2}}]^c$$

両辺の指数が一致するように m, kg, s のそれぞれについて式をたてて解くと

$$a=0, \ b=2, \ c=1$$

となり, 結局以下の式を得る. なお, $k$ の値は他の理論(あるいは実験)から 0.5 と定められる.

$$\ell = kt^2 g \quad \text{または} \quad k = \ell / t^2 g$$

となるが, $k$ の式の右辺は無次元となる. 現象に関連する変数を集め, 上記のような手法で無次元数を導くことも可能である. 変数が3を超えるときには, 変数の内, 容易に無次元の形にしやすい変数を3を超えた分だけ選び, 無次元の形で整理することで, 最後の無次元数を次元解析により導くことができる. 例題で実例を示す. また, 2.3.5項でも, これを応用する.

**[例題 1.7]** 先の丸い注射針(内直径 $D$, 以下径という場合には特記しない限り直径を意味する)の先端から, 水と混ざらない液体(密度 $\rho$, 界面張力 $\sigma$)を水中に静かに送りこみ, 生成する液滴の体積 $V$ を測定した. 液滴の体積はどのような関数形で表されるか.

**[解]** 液滴体積 $V$[m$^3$]は, 内径 $D$[m]の他, 液体密度 $\rho$[kg·m$^{-3}$], 両相の密度差 $\Delta\rho$[kg·m$^{-3}$], 界面張力 $\sigma$[N·m$^{-1}$] = [kg·s$^{-2}$], 重力加速度 $g$[m·s$^{-2}$]が影響すると考える. 粘度については, 動的な物性であるため, 静かに送り込むという条件の下では影響は無視する.

求めるべき体積を無次元化した数として $V/D^3$ を, また密度差は $\Delta\rho/\rho$ によ

り無次元化し $a$ 乗する．この現象を最も表す物性値として界面張力の指数を $b$ とし，以下の式を得る．

$(V/D^3) = k(\Delta\rho/\rho)^a \, (\sigma[\mathrm{kg \cdot s^{-2}}])^b \, (\rho[\mathrm{kg \cdot m^{-3}}])^c \, (D[\mathrm{m}])^d \, (g[\mathrm{m \cdot s^{-2}}])^e$

単位のみ取り出し，

$[\text{—}] = [\mathrm{kg \cdot s^{-2}}]^b \, [\mathrm{kg \cdot m^{-3}}]^c \, [\mathrm{m}]^d \, [\mathrm{m \cdot s^{-2}}]^e$

両辺の指数が一致するように m，kg，s のそれぞれについて式をたてて解くと

$c = -b, e = -b, d = -2b$

よって，界面張力を無次元化した無次元数 $\sigma/D^2\rho g$ を用い，以下を得る．

$(V/D^3) = k(\Delta\rho/\rho)^a \, (\sigma/D^2\rho g)^b$

## 1.2　データの取り扱い

### 1.2.1　有効数字と精度

　意味をもつ数字を有効数字という．有効数字4桁の数字，例えば1.001は，第5桁目を四捨五入した結果を表し，その数字が1.0005以上1.0015未満であることを意味する．すなわち**絶対誤差**は0.001であり，**相対誤差**は，0.001/1.001で，約1/1000である．一方，同じ4桁の数字でも9.999は絶対誤差は0.001で変わらないが，相対誤差は，約1/10000となる．同じ有効数字4桁でもはじめの数字が1のときには3桁に近い，いわば3.5桁強，9の時には4.5桁弱と考えておけばよい．通常精度という言葉は相対精度を表すことが多いが，これは相対誤差が小さいほど精度は高い．同様に絶対誤差が小さいほど絶対精度は高い．分析の場合には，絶対精度の指標として**検出限界値**あるいは**定量限界値**が定義される．

　厳密には複数の数字の乗除計算結果の相対誤差は，もとの数字の相対誤差の内，最も大きい数字と等しくなる．そのため，例えば同じ2桁同士の計算で結果が2桁であっても，例えば，1.2×3.4＝4.08は，4.1と丸めることが通常であるが，4.05以上4.15未満を表しているわけではなく，3.85～4.31の範囲である可能性がある．このような場合には答えには，4.$_1$のように，正確さを欠く数字は少し小さめの文字で表しておく．計算途中であれば，もう一桁多めに残しておくが，そのときには4.$_{08}$と書く．

　通常化学工学では，有効数字3～4桁程度で与えればほぼ要求を満たすこと

が多いので,計算途中では4～5桁取る.ただし**計算誤差**を極力少なくするよう,式をすべてたてた後にまとめて計算を行う方が望ましい.

### 1.2.2 試行錯誤法

代数的には解が得られない4次方程式や対数を含む方程式の解を得る方法として,例題1.8に示す試行錯誤法が知られている.3次方程式は解の公式があるが,それでも試行錯誤法による方が容易に解が得られることも多い.

**[例題1.8]** 乱流における摩擦係数

乱流場における円管内摩擦係数$f$(詳細は次章2.1.5項を参照)は,平滑管の場合,多くの実験式により,レイノルズ数$Re$(次章2.1.2項参照)の関数として与えられる.以下はKarman-Nikuradseの式と呼ばれているものである.$Re = 10^5$の時の$f$の値を試行錯誤法で求めよ.

$$(1/f)^{1/2} = 4.0 \log_{10}(Re \cdot f^{1/2}) - 0.4$$
$$(3 \times 10^3 < Re < 3 \times 10^6) \tag{1.1}$$

**[解]** $Re = 10^5$を代入後,式を変形し,$f$の関数$g$の値がゼロになる$f$を求める.

$$g(f) = f(19.6 + 2\log_{10} f)^2 - 1 \tag{1.2}$$

以下の表1.1は,上記の関数を実際にExcelに入れ試行錯誤計算した結果である.これより,非常に容易に15回の計算ができ,有効数字5桁の解として,$f = 0.0045004$を得た.なお,Excelのゴールシークを用いれば,さらに容易に解を得ることができる.

**表1.1** 例題1.8を試行錯誤法で解いた一例.

| 回 | $f$ | $g(f)$ | 回 | $f$ | $g(f)$ | 回 | $f$ | $g(f)$ |
|---|---|---|---|---|---|---|---|---|
| 1 | 1 | 383.16 | 6 | 0.004 | −0.12335 | 11 | 0.004502 | 0.000403 |
| 2 | 0.1 | 29.976 | 7 | 0.0045 | −9.3E−05 | 12 | 0.004501 | 0.000155 |
| 3 | 0.01 | 1.4336 | 8 | 0.0046 | 0.024747 | 13 | 0.0045005 | 3.08E−05 |
| 4 | 0.001 | −0.81504 | 9 | 0.00451 | 0.002388 | 14 | 0.0045004 | 6.02E−06 |
| 5 | 0.005 | 0.124691 | 10 | 0.004505 | 0.001147 | 15 | 0.0045003 | −1.9E−05 |

### 1.2.3 グラフの書き方

グラフから数値を読みとることも考慮し,図1.1のように縦横軸で四角く囲

み，目盛りをできるだけ細かく打ち，適当な間隔で数字を入れる．1 cm のますを，1, 2, $5 \times 10^n$ にとり，かつグラフ用紙をできるだけ広く使う．横軸では数字の下に左から右に，縦軸では数字の左に下から上に物理量の名称あるいはその記号［単位］を示す．測定点を○などの記号を用いて記入する．同一条件での測定点が多数ある場合には，平均値を記号で記し，誤差範囲（測定値の上限と下限，あるいは標準偏差範囲をⅠで示す．**エラーバー**という）を併記する．

例えば $u = (0, 1, 2, 3, 4) \times 10^3$ m·s$^{-1}$ を横軸の目盛りの数字として書く場合には，最後の数字のみ $4 \times 10^3$ のように $\times 10^3$ を付け，その下に $u$[m·s$^{-1}$] と書く．最後の数字に $\times 10^3$ を付ける代わりに，$u$[km·s$^{-1}$] としても良い．このように単位に接頭語を付ける場合には，通常，数値は 0.1〜1000 の間に入る様にする．$10^{-3}u$[m·s$^{-1}$] と書くことも許されているが，$10^3$ ではなく $10^{-3}$ であることに注意する．これは $u$ を $10^{-3}$ 倍した結果を書いているという意味であるが混同を招き易いので，数字に直接 $\times 10^3$ を付ける方法を推奨する．

データを相関する理論式あるいは経験式が知られているときには，これを実線で示し，出典などを明記する．データ点と重なる場所では実線をその部分のみ書かない．データから 1.2.5 項で示す**線形化式**により**相関式**を得る場合には，同様に実直線をグラフ上に示し，相関式を与える（相関式は $x, y$ で記載せずに，実際の物理量を示す記号を用いる）．必要に応じて相関式を**最小自乗法**を用いて得，また**相関係数**を計算し表記する．このように，図中への線の記入は，定量的な意味を持つ場合に限定すべきであり，安易にデータを結ぶ線を書き入れることは避けるべきである．あるいは，その線がどのような計算あるいは意図を持って書かれたものであるかを明示すべきである．

### 1.2.4 図微分・図積分

以下の例題に示すように，$y$ を $x$ に対してプロットした図から，$dy/dx$ の値を実線で $x$ に対して描いた図を作成することを図微分という．最も直感的に理解しやすく，誤解が生じにくい**階差法図微分**の手順を次頁に紹介する．なお他の方法として，例えば中点法では $dy/dx$ の値に対してこの値を与える $x$ を探すことで関係を導く．またミラー法では $dy/dx$ の値は法線から定めるが，横軸と縦軸の取り方によっては両者が直交しなくなることに注意する．さらに**数値微分法**として 3 点法等も知られている．これらの詳細は成書（化学工学の基礎，

マイヤーズ他，大竹伝雄訳，培風館，1982）等を参照されたい．
① $y$ vs. $x$ のグラフのデータ点をなめらかに結んだ曲線を図中に記す．
② 適当な $\Delta x$ で横軸を分割しそれぞれの $\Delta x$ 両端の $y$ の値を順次読む．それぞれの $\Delta x$ に対して $\Delta y/\Delta x$ の値を定めてゆく．傾きがきついところは $\Delta x$ を小さめに取ると，より正確になる．
③ $dy/dx$ vs. $x$ を記載するためのグラフ用紙を用意する．横軸は $y$ vs. $x$ のグラフの範囲と同一とし，（⑤記載の理由により）縦軸は最大の $\Delta y/\Delta x$ の値を少し超える範囲とする．なお縦軸の単位は $y$ の単位を $x$ の単位で割った単位になる．
④ それぞれの $\Delta x$ の範囲での $\Delta y/\Delta x$ の値を棒グラフで示す．
⑤ その $\Delta x$ の範囲内での $dy/dx$ の値の平均値がほぼ棒グラフの値になるように，かつ両側の $\Delta x$ の範囲となめらかに連続する曲線を，グラフ全体で描く．なお以下に注意されたい．$\Delta y/\Delta x$ の値が極大となる場所では，描いたグラフの一部は当然平均値を超えることになるが，最大値をどのように書くかは任意である．また，$\Delta y/\Delta x$ の値が正値を理論的にとる場合には，平均値がゼロであるということは対象とする $\Delta x$ の両端では $dy/dx$ の値もゼロである．この曲線が $dy/dx$ vs. $x$ のグラフである．

一方，逆，すなわち $y$ を $x$ に対してプロットした図から，$\int y dx$ の値（積分範囲は $x=0$ から $x=x$ まで．通常 $x=0$ の時の値は 0 とする）を実線で $x$ に対して描いた図を作成することを図積分という．$\int y dx$ の単位は $y$ の単位に $x$ の単位をかけた単位になることに注意する．**数値積分法**としては**台形法**や**シンプソン法**が知られているが詳細は上記の成書に譲る．

図積分は図微分の逆操作であることから，上記の逆の手順で以下のように行う．なお，図微分の後図積分する，あるいは逆の順であっても，結果は大元の図となる．
①′ $y$ vs. $x$ のグラフのデータ点をなめらかに結んだ曲線を図中に記す．
②′ 適当な $\Delta x$ で横軸を分割しその間の平均的な値（$y^*$）を図中に記すとともに読みとる．
③′ $\Delta x$ と $y^*$ の積の値をそれぞれの $\Delta x$ について計算する．
④′ $0 \sim x$ まで $\Delta x$ と $y^*$ の積の値を積算した値を $\int y dx$ vs. $x$ のグラフにプロットし，これを結んでなめらかな曲線とする．

[**例題 1.9**] 図 1.1(a) の曲線を図微分し，図 1.1(b) とせよ．また，$x=2$ のときの $dy/dx$ の値をグラフから読みとれ．また，図 1.1(b) の図積分の結果が，図 1.1(a) となることを確認せよ．

[**解**] 上記の手順に従い，○で番号を示す．図 1.1(b) のグラフから $x=2$ のときの $dy/dx$ の値は，約 0.6 と読みとれる．一方，図 1.1(b) の図の縦軸を $y$ と読みかえ，図積分すると，$\int y dx$ のグラフは，図 1.1(a) となる．ただし，$x=0$ のときの値は 0 とした．

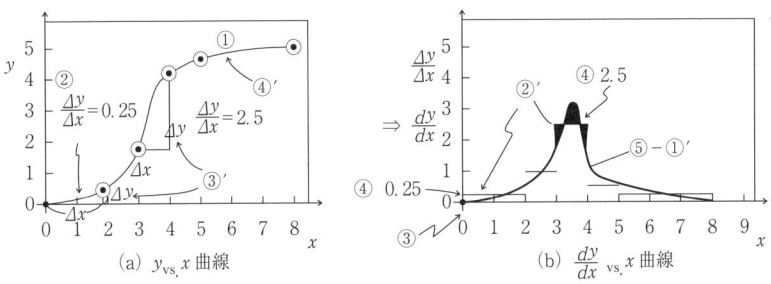

図 1.1　図微分と図積分

## 1.2.5 データの相関式の線形化式による決定法

化学工学では実験結果を経験式として定式化したり，あるいは半理論式の定数を定める必要が生じる．関数形がわかっている場合には表 1.2 で適するものを選択し，あるいは関数形を方眼グラフ用紙にプロットした形から表 1.2 に示した線形化式を予測し，直線関係が得られたならば，切片と勾配から未知の定数を決定する．ただし，一度に決定ができる未知数の数は最大二つまでである．

以上は方眼グラフを用いる例であるが，表 1.2(2) に示す関数形が予想される場合には，対数グラフ用紙にデータをプロットし，直線関係が得られたら傾きと切片から未知の定数を定める．関数形が未知である場合には，まず，⑤の関数形の可否を**両対数グラフ**にて確認すると良い．対数軸とは，$Y=\log_{10} y$ を軸としたものであるが，目盛り（罫線）は $y$ の値が表示してある．そのため，$y$ の値が 10 倍となるとき $\Delta Y=1$ となり，傾き $b$ をグラフの目盛りから読むことはできない．

両対数グラフ用紙では，横軸と縦軸との目盛間隔を同一にとることにより，

表 1.2(1)　代表的な線形化式と方眼グラフ用紙上の形

| 関数形 | 線形化式 | グラフの形，注釈 |
|---|---|---|
| ① $y = ax + b$ | | 方眼グラフ上で直線 |
| ② $y = ax/(1 + bx)$ | $1/y = (1/a)(1/x) + b/a$ または $x/y = (b/a)x + 1/a$ | $x \to \infty$ で一定 |
| ③ $y = 1/(ax + b)$ | $1/y = ax + b$ | $x = -b/a$ で $\infty$ となる双曲線 |
| ④ $y = ax^2 + bx + 1$ | $(y-1)/x = ax + b$ | $y = 1$ からの偏差を表わす関数 |

表 1.2(2)　対数グラフを用いた線形化式の決定

| 関数形 | 対数を用いた表示 | 注釈 |
|---|---|---|
| ⑤ $y = ax^b$ | $\log y = b \log x + \log a$ | 両対数グラフ用紙を用いる |
| ⑥ $y = c + ax^b$ | $\log(y - c) = b \log x + \log a$ | $x = 0$ で $y = c$ となる．形は同上 |
| ⑦ $y = ae^{bx}$ | $\log y = (b/2.303)x + \log a$ | 片対数グラフ用紙を用いる |
| ⑧ $y = a10^{bx}$ | $\log y = bx + \log a$ | ⑤と同一の関数形に変形可 |

定規で測るなどして直接的に傾き $b$ を読むことができる．ここで，Excel を用いると目盛間隔を同一には与えてくれないため，初心者の Excel 使用は避けたい．**片対数グラフ**の場合には縦軸 10 倍（$\Delta Y = 1$）に相当する $\Delta x$ を読みとり，傾き $b$ は $1/\Delta x$ で与える．傾きが緩やかであるときには，$\Delta Y = 1$ の長さを定規で測り，その半分は 0.5，1/10 は 0.1 などとして同様にこれに相当する $\Delta x$ とから傾きを求める．

ついで，$a$ の値は，対数軸には $y$ の値が表示してあることから，$y$ 切片（$X = 0$ すなわち両対数においては $x = 1$，片対数においては $x = 0$ のときの $y$ の値）により与えられる．そのためできるだけ $y$ 切片が表示されるようにグラフをとるように工夫をすると良い．$Y$ 軸を $X = 0$ のところにとれないときには，あらかじめ傾きから $a$ の値を定めた後に，「**直線上の一点（データ点ではない）**」の $(x, y)$ の値を読みとり，関数形に代入して $b$ を定める．

[例題 1.10]

理想気体からのずれを補正するための一つの方法に，ビリアル方程式が知られている．
ビリアル方程式は，
$$Pv/RT = 1 + B/v + C/v^2 + D/v^3 + \cdots \tag{1.3}$$

で与えられる．ここで$v$はモル体積 [m³·mol⁻¹] であり，$B$以下の係数はいずれも温度のみの係数である．このようなビリアル方程式の係数を，線形化式を用いて定める方法を述べよ．

[解] 定めることができる係数の数は，最大二つまでであるので，$D$は定めることができない．式 (1.3) の右辺4項以下を省略し変形すると

$$v(Pv/RT\text{-}1) = C/v + B \tag{1.4}$$

従って，圧力を変えながらモル体積の値を測定し，結果を$Y$軸に$v(Pv/RT\text{-}1)$，$X$軸に$1/v$をとり，方眼グラフ用紙にプロットする．直線を引き，傾きが$C$，$Y$切片が$B$を与える．

## 1.3 プロセスの構成と物質収支

### 1.3.1 装置と操作

化学物質を反応させる装置を**反応器**，不要あるいは必要な物質を取り出す装置を**分離器**という．分離には吸着，吸収，抽出，蒸留，晶析など様々な操作が用いられる．熱の出入りを伴う操作には，加熱，冷却，加湿，除湿などがある．他に，混合器，粉砕器など様々な操作を行う装置がある．これらの化学プロセスにおいて，物質に組成，状態，エネルギーなどの変化を与えるための様々な操作を**単位操作**（unit operation）という．これらが組合わさり，一つのプロセスが形成される．

反応原料をすべてはじめに反応器に仕込み，反応後に製品（生成物）を取り出す操作を**回分（バッチ）操作**，反応器を回分反応器という．基本的には回分操作であっても，発熱反応の場合に反応による発熱を原料の加熱に用いることで反応器の温度を保つため，途中で原料を追加供給するなどの操作が行われることがある．あるいは，ガス状生成物だけを反応器から連続的に抜き出すこともある．このような操作を特に**半回分操作**ということもある．いずれの状態も非定常状態である．

反応原料を反応器入り口に連続的に供給し，生成物を反応器出口から連続的に取り出す操作を**連続操作**，反応器を連続反応器という．連続操作では，原料製品とも反応器内を流れており，このような系を**流通系**という．このような系で，供給，抜き出し速度が一定であり，かつ，装置内の濃度等の状態が変化し

ないときを**定常操作**という．運転開始（スタートアップ）や運転終了（シャットダウン），トラブルの際等は，非定常となるが，通常は定常で運転される．

異相系操作で，一方を連続で，他方を回分で操作する場合は**半連続操作**と呼ばれることがある．特に気固，気液系では，ガスは通常連続操作されるが，固体（液体）側が連続なら連続，回分なら半連続操作と呼ばれる．

装置内の流動状態としては，理想的な状態として，**完全混合槽**（槽内が完全に均一である．本書で簡単に**槽型装置**といった場合には完全混合槽を示しているとして良い）と，**押し出し流れ**（ピストン流れ，**栓流**，**プラグ流れ**ともいう．管状の装置の入り口から出口まで逆混合無し，すなわち流れ方向には混合せずに通りぬける．こちらも簡単に**管型装置**といった場合には押し出し流れ装置を示すものとする）の両者がある．いずれも連続操作に用いられるが，前者は回分操作にも多く用いられる．一般の装置では両者の中間的な流動状態を示し，**完全混合槽列**あるいは**逆混合を有する押し出し流れ**として解析される．さらに，**吹き抜け**と**デッドスペース**が存在する場合など，実際の状態に応じて様々なモデル化がなされる．これらの概念を図1.2に示す．完全混合や押し出し流れについての解析の詳細は，次章では反応が無い場合，第3章では反応がある場合について述べる．

後述の異相系操作や熱交換操作などの際にはA，B 2流体が別々の流入流出口を有する．A，Bの流れる方向が同一のとき**並流**，逆向きのとき**向流**，またお互いが交差するときを**交差流**という．効率的な操作のためには，向流操作が選ばれることが多い．

### 1.3.2　物質収支の取り方

境界を定めたある範囲を系と呼ぶ．この系内のある物質Aについての［kgまたはmol］単位での物質収支は以下で与えられる．

$$A の\textbf{系内蓄積量} = (系への流入量 - 系からの流出量) + (系内での生成量 - 系内での消失量) \quad (1.5)$$

流入出には**流れに伴う移動**の他，溶出などの相変化や**拡散**によるものも含む．生成消失は**化学反応**による．Aとしては化合物の他，元素をとることができるが，核反応が無い場合には系内での元素の（生成量 − 消失量）はゼロとなり，以下が成立する．

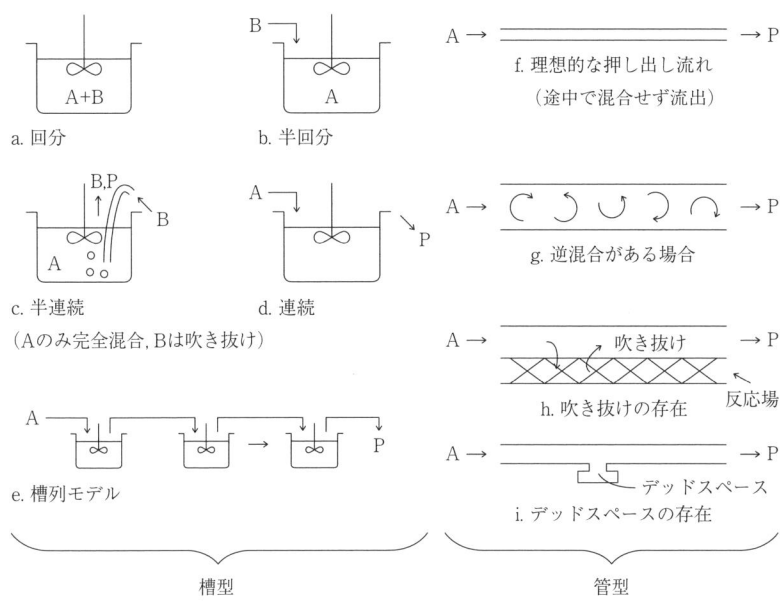

**図 1.2** A → P や A + B → P の反応をさせたときの装置内の流れ
（⚲は撹拌翼で，完全混合を意味する）

$$\text{元素 A の系内蓄積量} = （\text{系への流入量} - \text{系からの流出量}） \quad (1.6)$$

石炭の燃焼など，反応に関与する分子が特定できない場合には元素収支をとるべきである．

系からの流出，流入が無い系を**閉鎖系**と呼ぶ．系内の物質量や流入出速度が変化しない場合を**定常状態**という．定常状態であることが仮定されている場合には蓄積量 = 0 として式 (1.5) を解く．特に指定がない場合でも，暗黙の了解事項として定常状態を仮定していることが多い．回分操作では常に非定常であるが，連続操作ではスタートアップ（運転開始），シャットダウン（運転終了）時を除き，定常状態で運転されるとして解析することが多い．

物質収支式を作成する手順は以下の通りである．

Ⅰ．それぞれの装置全体と，必要に応じて混合点のまわりに境界線をもつ独立な系を定める．

Ⅱ．出入りに関与する流れを矢印で示す．

Ⅲ．適切と思われる**基準**（**対応成分**が望ましいが，難しい場合には例えば生

成ガス 100 mol 当たり，あるいは 1 時間当たりなど後の計算が楽になるように．単位中で［・$h^{-1}$］は省略して良い．非定常の場合には単位微小時間 $dt$ あたりとするとよい）を選び，単位を統一して各矢印の流量・濃度を書く．

Ⅳ．各系について成分数だけ収支式を立てる．この内の一成分の収支を全収支で置き換えることもできる．平衡状態ならば平衡定数を与える．反応速度式，あるいは転化率を与えればその分方程式が増える．

Ⅴ．式を整理し，未知数の数と方程式の数の一致を確認し解を得る．

[例題 1.11]
19.5℃ 1 気圧での流量が 24 L・$min^{-1}$ の窒素を昇圧し，全圧 1.2 気圧の下で，86.3℃の水中に窒素をバブリングさせ水蒸気で飽和させた．水の蒸発速度［g・$min^{-1}$］を求めなさい．なお，86.3℃の水の蒸気圧は 456 mmHg である．1 気圧は 760 mmHg とする．

[解]：19.5℃ 1 気圧での窒素流量，24 L・$min^{-1}$ は状態方程式より 1 mol・$min^{-1}$．バブリング装置の周りで窒素の収支を採る．出口のモル流量を $Q$［mol・$min^{-1}$］とすれば，456 mmHg は 0.6 気圧ゆえ，$Q \times (0.6/1.2) = 1$ mol・$min^{-1}$．よって蒸発量は 1 mol・$min^{-1}$ = 18 g・$min^{-1}$

### 1.3.3 化学量論式と過剰物質・限定物質

化学量論式は混合，分離などの操作でも用いられることがあるが，多くは反応操作で用いられる用語である．**化学量論反応式**として例えば以下の例

$$aA + bB \rightarrow cC + dD \quad \Delta H = -Q \quad (1.7)$$

では，式 (1.7) の反応が 1 モル進行したとき，$a$ モルの A と $b$ モルの B とが消費され，$c$ モルの C と $d$ モルの D とが生成する．この比を量論比という．**反応のエンタルピー変化** $\Delta H$（$Q$ は**発熱量**）［J・$mol^{-1}$］は，式 (1.7) の反応が 1 モル進行したときの値として定義される．全く同一の反応であっても，式 (1.7) の係数として例えば式 (1.7)′ のように異なる値を用いて記載することも可能であり，**量論比**には違いはない．しかし，このときの $\Delta H' = -Q'$ は式 (1.7) の 2 倍となる．

$$2aA + 2bB \rightarrow 2cC + 2dD \quad \Delta H' = -Q' \quad (1.7)′$$

原料AとBとを反応器に送入するときの送入モル比が$\alpha:\beta$であり，$\alpha/\beta > a/b$のとき，Aを**過剰反応物質**，Bを**限定反応物質**という．過剰率の計算例を例題で示す．

**[例題1.12]**
水素だけで走行する燃料電池自動車に水素と空気がmol比で28：72の割合で供給されている．いずれが限定反応物質で，いずれが過剰反応物質か．また過剰率を求めよ．空気中の酸素濃度を21％とする．
　**[解]**　燃料電池での反応式は，$2H_2 + O_2 \rightarrow 2H_2O$で化学量論比は水素：酸素 = 2：1である．一方供給空気中の酸素の割合は21％なので，供給比は28：(72×0.21) = 28：15.12 = 50：27．この比の両側の値をそれぞれ2と1で割り，25：27となる．小さい方すなわち水素が限定反応物質，酸素が過剰反応物質である．過剰率は27/25 − 1 = 0.08である（8％と百分率で示しても良い）．

### 1.3.4　複合反応と，転化率・選択率・収率

単一反応とは，常に一種類の反応のみが起こる反応のことである．単一反応が二つ以上組合わさった反応を**複合反応**という．同じ原料から同時に他の反応，例えば，式（1.7）に加え，

$$e A \rightarrow f F \tag{1.8}$$

が生じているときには，**並列反応**という．一方，生成物がさらに次の反応原料となる場合を**逐次反応**といい，これも複合反応である．

原料の内，反応で消費された割合を**転化率**あるいは**反応率**という．並列反応の場合であっても，いずれの反応であるかを問わずすべての反応により消失した原料の割合と定義するが，例えば「Fへの転化率」と明示すれば，式（1.8）に使用された原料の割合を意味する．なお，転化率は通常ある反応器内を通過するときの転化率を意味するが，特にこの点を強調したいときには**ワンパス転化率**といい，プロセス全体での**総括転化率**とは区別する．

今目的とする生成物が式（1.7）のCであった場合には，Cへの**選択率**は，(Cへの反応に使用された原料Aのモル数)/(反応した原料Aの全モル数) = (CへのAの転化率) / (Aの全転化率)で与えられる．

原料の内，反応で消費されかつ目的とする生成物に転化した割合を**収率**とい

う．上記の例でいえば，Fが目的物であった場合にはFへの転化率が収率である．**収量**という用語は単位原料量あたりの目的物量をそれぞれ適当な単位をつけて表す．原料と目的生成物の量論比が1：1の場合に限りモル収量は収率に一致する．

[例題 1.13]

水素存在下でエタン $C_2H_6$ を気相反応させたときの生成物分布は $C_2H_6$ 30%，$C_2H_4$ 24%，$H_2$ 34%，$CH_4$ 12%であった．①供給した物質がエタンと水素だけであったときの両者の mol 比，②エタンの転化率（反応率），③反応したエタンの内メタン $CH_4$ となった割合（選択率）を炭素基準で求めよ．

[解] 反応式は，$C_2H_6 + H_2 \rightarrow 2CH_4$，$C_2H_6 \rightarrow C_2H_4 + H_2$ である．基準を生成物の総モル数 100 mol とする．①反応前のエタンは炭素収支より $30+24+12/2=60$ mol，反応後の水素からエタン中の水素を引き，$30\times3+24\times2+34+12\times2-60\times3=16$，$60:16=15:4$

② $(60-30)/60=0.5$（$=50\%$） ③ $12/(30\times2)=0.2$（$=20\%$） なお本問では炭素源がエタンだけであることから，炭素基準での選択率を算出する．

### 1.3.5 燃料と燃焼

燃焼とは酸化物を形成することである．燃焼に関与する主要元素は，炭素（C $=12$），水素（H $=1$），酸素（O $=16$）であり，**完全燃焼**により，二酸化炭素 $CO_2$，水 $H_2O$ となる．不完全燃焼により最も生成しやすい物質は有毒な一酸化炭素 CO であり，他に未燃炭素，未燃炭化水素が残ることがある．水素 $H_2$ や含酸素化合物は比較的完全燃焼しやすいため，通常燃料中の酸素はすべて燃焼に用いられ，また燃焼排ガス中には水素 $H_2$ は存在しないとして計算する．燃焼後の水は高温では水蒸気となるが，そのときの発熱量（**真発熱量**）は，液状の水となるときの発熱量（**総発熱量**）より蒸発熱分だけ小さいことを，後述の熱収支では注意する必要がある．このほかに燃料中に存在する**可燃性硫黄**（S $=32$）は完全燃焼により**二酸化硫黄（亜硫酸ガス）** $SO_2$ となる．一部は $SO_3$ となることもあるが，燃焼計算上は無視する．両者を併せて SOx（**ソックス，硫黄酸化物**）という．以下にもかかわらず燃焼計算上は窒素はすべて排ガス中では $N_2$（28）となっているとして計算する．

燃料中の窒素（N, 14）の一部は燃焼により**一酸化窒素 NO，二酸化窒素** $NO_2$ となる．両者を併せて NOx（**ノックス，窒素酸化物**．燃料起源であることから**フューエル** = fuel = **ノックス**）という．千℃以上の高温燃焼では空気中の窒素（$N_2$, 28）のほんの一部が空気中の酸素と反応し，**サーマル** = thermal = **ノックス**を形成する．SOx，NOx ともに四日市喘息などの公害の原因物質であり，酸性雨の原因ともなる．窒素の燃焼によりノックスの他に，**亜酸化窒素** $N_2O$（**笑気ガスともいう**）も一部生成するが，これは主要な温室効果ガスの一つである．

燃料とはこれを燃焼することによりエネルギーが得られる物のことである．燃料には気体燃料，液体燃料，固体燃料がある．気体燃料の場合にはすべて分子として存在しており，その組成を通常 mol 分率で表す．液体固体燃料の場合には，純品である場合を除き組成は燃焼に関与する元素の重量分率で表す．特に固体中の含有水分は空気中の湿度により変化しやすいことから，水分を含む**湿り基準**（wet basis，**到着基準**，as received basis ともいう）に加え，**乾き基準**（dry basis）で表示されることも多い．さらに燃料中の「灰分」（燃焼後に「灰」として残留する成分で ash と書く．）はこれを除いて組成を表すこともある．**乾燥無灰基準**（dry-ash-free）は daf と略記される（**無灰無水基準**，moisture ash free, maf とも書く）．なお，灰分は 800〜900℃で燃焼したときの残さ重量から計算されるため，硫酸塩の形で存在する（厳密には燃焼後に硫酸塩の形で灰中に残った）硫黄を**不燃性硫黄**として，可燃性硫黄と区別する．また，元素状あるいは硫化物等として存在していた物質は，燃焼により酸化物あるいは硫酸塩などに形を変えるため，重量が変化し，また酸素も消費するが，これも灰分として扱い燃焼計算上は無視する．以上をまとめると，燃料（湿り）= 水分 + 乾き［灰分 + 無灰無水（C + H + N + O + 可燃性 S）］．

**［例題 1.14］** 水分を 8.0% 含む石炭 100 g 中に，灰分は 15.4 g，炭素量は 60.3 g，水素は 4.6 g，窒素は 1.0 g，硫黄（燃焼性硫黄とする．不燃性硫黄は灰の中に含む）は 0.3 g，含まれていたことが，分析値からわかった．残りは酸素と考える．分析値から，酸素も含め，dry basis および daf（無灰）basis の元素分析値を求めよ．

**［解］** 湿り基準での石炭 100g 中の酸素重量は，差から 10.4 g．dry 基準で

は全体の重量は92gとなるため，上記を (100−8)/100 = 0.92 で割り，Ash：16.7，C：65.5，H：5.0，N：1.1，S：0.3，O：11.4 各%．daf 基準では同様に，(100−8−15.4)/100 = 0.766 で割り，C：78.7，H：6.0，N：1.3，S：0.4，O：13.6 各%を得る．

なお，計算結果を四捨五入して足し合わせても100%とならないことがある．そのときは，以下のいずれかを採用する．①差から与えているもの，この場合は酸素で調節する．もともと誤差を含むものであるからである．②最も量が多いもので調節する．この場合，炭素で調整する．相対誤差を同一にとったとき，最も絶対誤差が大きいからである．

### 1.3.6 燃焼計算

燃料中の可燃元素（C，H，S）をすべて $CO_2$，$H_2O$，$SO_2$ に転換する（**完全燃焼**）ために量論的に必要な酸素（$O_2$）量から燃料中の酸素（O）を酸素分子（$O_2$）に換算した量を差し引いた値を**理論酸素量**という．また，空気中の酸素濃度を21%として，理論酸素量を0.21で割った値を理論空気量という．

一般に燃焼には完全燃焼のために量論的に必要な酸素（空気）量［理論酸素（空気）量］に比べて過剰の酸素（空気）を用いる．送入空気量を理論空気量で割った値を**空気比**といい，空気比から1を引いた値を**空気過剰率**という．NOxは高温で発生しやすく，還元性雰囲気で窒素（$N_2$）に還元されるため，装置内に空気を，空気比1以下で1次空気をまず送入し，後から2次空気を送入することでNOxの発生を押さえる．これを**二段燃焼**という．

燃焼ガスの分析（**Orsat法**）では水蒸気は分析せず，したがって乾きガス組成で表示することが多い．そのため酸素収支，水素収支がとれないことに注意する．一方窒素は反応に寄与しないとして良いので，燃焼計算ではこれを対応成分として計算すると良い．

燃焼排ガス中の大気汚染物質の濃度を低くするために最も安易な方法は空気で薄める方法である．しかし，燃焼排ガス中の酸素濃度は空気中より薄いため，空気で薄めれば薄めるほど酸素濃度は高くなる．そのため，大気汚染物質の排出濃度を規制する際には，通常，酸素濃度**%換算値，という表現がとられる．

[**例題 1.15**] 燃焼ガス中の汚染物質として，例えば亜硫酸ガスや塩酸の，

ガス中の濃度は，ある濃度に規制されている．酸素濃度16%の時に測定された濃度を，酸素濃度6%換算値に換算すると，濃度は何倍となるか．なお，空気中の酸素濃度は21%として計算せよ．

　[解]　理論空気量で燃焼し，かつ完全燃焼した場合を考えると，排ガス中の酸素濃度は0%となる．一方，空気は21%であり，酸素濃度が，16%ということは，排ガス：空気＝(21-16)：16の比で混合したことになる．すなわち，21/(21-16)倍に希釈したことになる．同様に，6%換算時には，21/(21-6)倍希釈したことになる．よって，両者の比をとって，(21-6)/(21-16)＝3.0倍となる．

## 1.3.7　リサイクル，パージとバイパス操作

**ワンパス転化率**が低い反応器では，反応器の後に原料と製品との分離を行う分離器を設置し，製品だけを取り出し，原料を再び反応器に供給する．このような**リサイクル**操作を行うことで，定常状態では**総括転化率**は100%となる．このことは，図1.3のような境界面をとることで入った原料がすべて製品となってでていることから明白である．これは，分離器の機能が完全であるときに分離器が反応器を補完することで成立する．分離器の性能が不完全でありリサイクルすべき原料中に製品が混ざっても，取り出す製品中に原料が混ざらない限り総括転化率は100%となる．

　リサイクルのパスからその一部を抜き出すことを**パージ操作**という．原料中に原料と分離できない不活性成分がわずかでも共存する場合には，パージ操作が不可欠となる．パージのパスを設けないと，不活性成分が系内に蓄積し定常操作ができなくなるからである．ただし，間欠的にパージを行うことは可能である．

　一部の原料を反応器を通さずに反応器出口で生成物と混合する操作を**バイパス操作**という．大きな発熱を伴うような反応系で，低温では副生物がないが，高温では望ましくない副生物が生成する場合などに適用される操作である．

　[例題1.16]　アンモニアを過剰酸素で燃焼させ，NOを作る．
　a．生成物であるNO，副生物である水，未反応酸素は，反応器の出口で分離され，未反応アンモニアだけがリサイクルされる．ワンパス反応率が60%であるとき，供給アンモニア1mol当たりに生成するNOの量を求

めよ．また，供給アンモニア1 molに対し，どれだけのアンモニアがリサイクルされるか．
b. 一方，原料アンモニア中に，0.1%の，アンモニアとは分離することができない不活性な不純物が含まれていたとする．このとき反応器に供給されるアンモニア中の不純物を5%以内にするには，アンモニア1 molあたりのパージ量をどれほどに設定すればよいか．パージ中に含まれる，アンモニアおよび不純物量の両者を答えよ．

**[解 a]** 図1.3

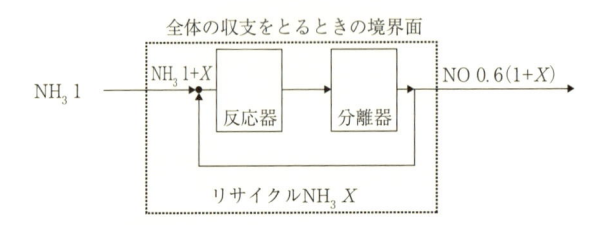

図1.3において全体の窒素収支をとると，生成するNOは1 mol．
$1 = 0.6(1+X)$ よりリサイクル量は 0.667 mol

**[解 b]** 図1.4

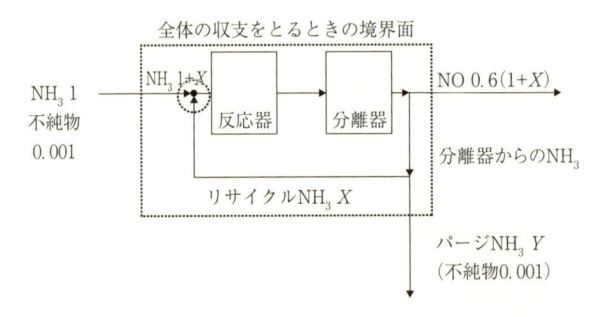

1. 全体の不純物収支よりパージ中の不純物量が0.001 molとなる．
2. 全体の窒素収支より $1 = 0.6(1+X) + Y$
3. リサイクルアンモニア中の不純物量は，パージでは分離がなされないため $0.001 X/Y$．混合点○での不純物収支より5%との条件を満たすには $0.001\,(1+X/Y) = 0.05(1+X)$

2. と3. との連立方程式を解く．ただし，はじめに $X$ を消して計算する方が

容易である．これよりまず $Y = 0.008$ mol，ついでいずれかに代入し，$X = 0.6533$ mol を得る．

## 1.4 熱収支と応用

### 1.4.1 熱力学の第一法則

熱力学の第一法則は以下のようにまとめられる．流通系でほとんど圧力変化が無い系では，定圧熱容量とエンタルピー変化を計算に用いる．以下でも特に断らない限り定圧系として計算する．

(i) 系の有する内部エネルギーを $U[\text{J} \cdot \text{mol}^{-1}]$ と記す．

(ii) エンタルピー $H[\text{J} \cdot \text{mol}^{-1}] = U + PV$，標準状態（101.3 kPa，298 K）での値は $H°$ で表す．

(iii) 熱容量：物質の温度を 1 K 上げるのに必要な熱量（$C_p$, $C_v$）．定圧モル熱容量 $C_{pm} = (\partial H/\partial T)_p$，定積モル熱容量 $C_{vm} = (\partial U/\partial T)_v$，理想気体 1 mol 当たり，$C_{pm} - C_{vm} = R$，単原子分子で $C_{pm} = 2.5 R$，二原子分子で $C_{pm} ≒ 3.5 R$．

(iv) 平均熱容量：基準温度 $T_0$（通常 298 K）から $T$ まで，1 mol の物質を定圧下で加熱するために要する熱量を温度差で割った値を平均定圧モル熱容量 $\bar{C}_{pm}(T)$ という．$T_1$ から $T_2$ まで加熱するときの 1 mol 当たりのエンタルピー変化は

$$\Delta H = (T_2 - T_0)\bar{C}_{pm}(T_2) - (T_1 - T_0)\bar{C}_{pm}(T_1) \tag{1.8}$$

(v) 標準反応熱 $\Delta H_r°$ は発熱反応で負，吸熱で正．$T_0$ で**ヘス（Hess）の法則**より

$$\Delta H_r° = （生成物の \Delta H_f° の和） - （反応原料の \Delta H_f° の和）$$
$$= （反応原料の \Delta H_c° の和） - （生成物の \Delta H_c° の和） \tag{1.9}$$

ここで，$\Delta H_f°$ は標準生成熱，$\Delta H_c°$ は標準燃焼熱である．

ここで $\Delta H°c$ は，より正確には燃焼に伴う標準エンタルピー変化と呼ばれる値であり，通常負値となる．$-\Delta H°c$ を**発熱量**という．純物質の場合には mol 当たりの値として与えられることが多いが，石炭など，化学式が特定できない物質の場合には kg 当たりの値として与えられる．発熱量の計算に当たっては，基準物質としては標準状態での最も安定な酸化物，例えば $CO_2$, $SO_2$ などをとる．生成物の一つである"水"の形態として液状水を基準とする場合を**総発熱**

量（**高位発熱量，高発熱量**），水蒸気を基準とする場合を**真発熱量**（**低位発熱量，低発熱量**）という．日本では総発熱量が一般的であるが，真発熱量を一般的に用いる国も多い．両者の値の差は標準状態での水の蒸発熱である．計算すべき反応式に水があり，その水が液状水であれば高発熱量，気体の水であれば低発熱量を用いるとよい．

(vi) 基準温度とは異なる温度での反応熱は次式で与えられる．

$$\Delta H_{r,T} = \Delta H_{r,T0} + \left(生成物の \int_{T_0}^{T} C_{pm}dT \, の和\right)$$

$$- \left(反応物質の \int_{T_0}^{T} C_{pm}dT \, の和\right) \quad (1.10)$$

なお，式 (1.9)，(1.10) は反応 1 mol 当たりで定義され，生成物，反応物質についての和を取るときは量論係数を掛けてから行う．

(vii) 定容積下における反応熱 $\Delta U$ は，理想気体では $\Delta U = \Delta H - \Delta n RT$．

### 1.4.2 プロセス熱収支

物質収支と同様に行う．ただし，物質の移動が無い閉鎖系にも外部から熱だけが単独に流入すること（熱損失，加熱）がある．また以下で定常状態では蓄熱量はゼロとする．

**系内蓄熱量** ＝（系へ流入する物質が有する熱量 − 系から流出する物質が有する熱量）＋（系への加熱量 − 系からの除熱・熱損失量）＋ 系内反応などによる発熱量　　　　　(1.11)

反応などが吸熱の場合には，発熱量を（−吸熱量）と置き換える．想定しているケースあるいは基準の取り方により，以下のように様々な収支の取り方がある．なお以下は定圧の場合であるが，定積の場合には，$H$ を $U$ に，$C_p$ を $C_v$ で置き換える．以下のいずれの場合でも，基準温度以外の温度で出入りする物質の $C_p$ に関するデータが必要である．

(1) **反応も相変化もない場合**：化学反応や相変化が無い場合には，加熱，熱損失による系内蓄熱量 $\Delta H$ は系内の物質の温度変化 $C_p\Delta T$ により与えられる．出入りする物質が有する熱量は，基準状態（例えば 25℃ 1atm）に対する値として与えられる．$C_p$ は前節 (iv) で計算される平均熱容量により求められる（以下同様）．

(2) **相変化だけがある場合**:「系内反応などによる発熱量」を「系内相変化による発熱量」と読む.蓄熱量,物質が有する熱量は(1)と同様に計算するが,相の異なる物質は異なる物質として計算する.相変化温度は任意にとることができるが,どの温度で相変化を起こしたことにしても熱収支の結果は変わらない.例えば25℃の水を200℃の水蒸気に変えるとする.水の蒸発熱は温度とともに小さくなるが,水の熱容量は水蒸気に比べて1倍程度であり,結局何℃で蒸発させていることにしても,必要となる熱量は同一になる.

(3) **ある温度での反応熱が既知の場合**:「系内反応などによる発熱量」を「系内反応による発熱量」と読む.さらに相変化がある場合には,系内蓄熱量は系内に存在するそれぞれの物質の $C_p \Delta T$ や相変化により計算されるエンタルピー変化 $\Delta H$ から与える.また物質の有する熱量は,基準状態での気液固のいずれかを基準とし,相の違いも含めた基準状態の物質に値として与える.どの相を基準にするかは物質毎に選択できるが,反応による発熱量は,上記で定義した気液固も含めた基準状態での値を用いる.基準温度は,計算がしやすい温度を用いてよいが,すべての計算で統一的なものを用いる必要がある.各温度での反応熱は前項(v),(vi)で与えられる.(2)と同様に反応温度は任意にとることができるが,どの温度で反応したことにしても熱収支の結果は変わらない.

(4) **原料および製品の標準生成熱や標準状態以外で出入りする物質の熱容量が既知の場合**:(3)の方法の他に,基準を標準状態にある各元素の単体として化学エネルギーまで含めた収支をとる方法がある.蓄熱量および物質の有する熱量を,標準生成熱 $\Delta H°_f$ と,その物質の標準状態に対する $\Delta H$ ($C_p \Delta T$ と相変化に伴う $\Delta H$ の和)の和として与える.本法では化学エネルギーまで含めた $H$ を計算しているため反応による総エネルギーの変化は無いので,「系内反応などによる発熱量」はゼロとおくことができる.

(5) **原料および製品の標準燃焼熱や熱容量が既知の場合**:基準を標準状態にある各元素の最も安定な酸化物とする.原料中の化合物組成がわからなくとも,また反応器内で起こっている反応の反応式が特定できなくとも,標準状態での発熱量がわかっていれば収支計算が可能となる.原料

としての炭素は標準状態でもその燃焼時の発熱量（$-\Delta H^\circ c$）を化学エネルギーとして持っていると考えるため，反応による総エネルギーの変化は無く，「系内反応などによる発熱量」はゼロとおくことができる．ただし，既に述べたように，液状水と水蒸気とのいずれを基準としているかを計算に先立ち明示すべきである．

[**例題 1.16**] 常圧 298 K のメタンの断熱火炎温度を求めよ．ただし，298 K におけるメタンの真発熱量は 800 kJ·mol$^{-1}$，空気の組成は酸素 20%，窒素：80%，$C_p$[J·mol$^{-1}$·K$^{-1}$]は水蒸気：44，二酸化炭素：55，窒素：33 一定とする．

[**解**] 断熱火炎温度とは，ある燃料を断熱（外部からの熱の出入りが無い）状態で理論空気量で完全燃焼させるときの理論的な最高温度のことである．これは，炉材の選択や窒素酸化物生成の予測などの点で有用である．

問題には定常とは明記されていないが，燃焼は定常状態であると判断される．式（1.8）を用い(3)に従って計算する．基準温度は 298 K であり，この温度を反応温度とする．298 K で流入するため流入物質の持つ熱量はゼロ．理論燃焼温度 $T$ [K] で流出するので持ち出し熱量を計算する必要がある．計算の基準はメタン 1 mol とすると反応式は

$$CH_4 + 2\,O_2 + (8\,N_2) \rightarrow CO_2 + 2\,H_2O(g) + (8\,N_2) + 800\,kJ\cdot mol^{-1}$$

ここで，反応には寄与しない窒素の流出入もかっこ内に示した．熱収支式は式(1.11) の順に

$$0 = [0 - (T-298)(1\times 55 + 2\times 44 + 8\times 33)] + [0-0] + 800\times 10^3\,J\cdot mol^{-1}$$

と書ける．これから $T = 2264$ K を得る．水は水蒸気として流出するとし，計算には総発熱量ではなく真発熱量を用いたが，計算結果からは妥当と考えられる．なお，例題中で $C_p$ の値を一定としているが，厳密には温度 $T$ の関数であり，試行錯誤法を用いる必要がある．

[**別解**] 同様の計算を (5) により，メタンの真発熱量を流入物質の持つ化学エネルギーとして計算する．一方完全燃焼を仮定しているので流出物質はすべて安定な酸化物であり，化学エネルギーを持たない．また，この計算の場合には反応による熱の生成は考えてはいけない．

$$0 = [800\times 10^3 - (T-298)(1\times 55 + 2\times 44 + 8\times 33)] + [0-0] + 0\,J\cdot mol^{-1}$$

式の形は異なるが，当然同一の結果を得る．反応を伴う場合の計算方法とし

て(3)〜(5)を示したが，それぞれ基準となる物質が(3)化合物，(4)単体，(5)安定な酸化物（水については液か気かを特定）と異なるので，混同がないように注意する．

### 1.4.3 湿度図表と調湿，冷水操作

空気中の湿度を調整する操作を**調湿操作**，温度が上昇した冷却水を空気と接触させ，水の蒸発により再び低温の水を得る操作を**冷水操作**という．これらの操作においては次章で述べる移動速度が影響する場合もあるが，平衡と物質・熱収支でほとんどの計算設計が可能である．必要な水の物性は化学工学便覧等に湿度図表，水蒸気表としてまとめられている．

湿度図表を付録1に示す．横軸には温度がとられており，空気中の**絶対湿度**は，kg-水蒸気・kg-乾き空気$^{-1}$で定義され，両者からそのときの空気の状態を表す「状態点」が定まる．ここで乾き空気が対応成分である．天気予報などで用いられる湿度（**関係湿度**，または**相対湿度**，水蒸気圧を飽和蒸気圧で除した値）はグラフ上では左下から右上への，0〜100%の数字がある下に凸の曲線で示されるので，この曲線と温度から状態点を定めても良い．状態点から上方に関係湿度100%となるまで線を引く．終点の絶対湿度を飽和絶対湿度と呼び，これで状態点の絶対湿度を除した値を**比較湿度**という．これも%で示されるが，0%と100%以外では，関係湿度とは値が異なる．

ある絶対湿度の空気が飽和湿度となる温度を**露点**という．露点は状態点から左方に湿度100%となるまで水平線を引くことで決定される．逆に水平右方向に向かう操作は**加熱操作**といわれる．断熱状態での水分蒸発により空気を飽和するとともに，水，空気とも冷却される．飽和に至るときの温度は湿球温度と呼ばれ，**断熱冷却線**と呼ばれる左上方に向かう複数の線（ほぼ直線）と湿度100%の曲線との交点により近似的に与えられる．

**増湿操作**（または，**加湿操作**）では，水分蒸発による断熱冷却と加熱を繰り返すことで，温度を変えずに所要の湿度を得る．一方，減湿の場合，露点以下に冷却すると，飽和曲線に沿って水分が凝縮し，湿度を減少させた後，必要に応じて加熱する．

[**例題 1.17**] 乾球温度50℃，湿球温度30℃の湿り空気について湿度図表か

ら見いだせる物性をすべて記せ．

[解] 湿球温度30℃から上方に線を延ばし，関係湿度100%の曲線とぶつかった点から，断熱冷却線に沿って線を引き，温度50℃から上方に線を延ばした線との交点が，現在の状態を表す点である．（温度50℃，$H$=湿度0.019 kg-水蒸気・kg-乾き空気$^{-1}$）．あとは上記に従い，以下を得る．露点：24℃ 飽和絶対湿度 0.084 kg-水蒸気・kg-乾き空気$^{-1}$，比較湿度 23%弱，関係湿度 約25%．蒸発潜熱 2380 kJ・kg-水$^{-1}$ は，温度50℃から上方に線を引き，蒸発潜熱対温度の直線にぶつかった点から左に向かって読みとる．湿り比熱容量 1.04 kJ・kg-乾き空気$^{-1}$ は，湿度 0.019 kg-水蒸気・kg-乾き空気$^{-1}$ から左に線を引き湿り比熱対湿度の直線の内50℃の線を用いて上方に向かって読みとる．飽和比容 1.04 m$^3$・kg-乾き空気$^{-1}$ は温度から飽和比容対温度曲線を用いて左方を読む．湿り比容 0.94 m$^3$・kg-乾き空気$^{-1}$ は飽和比容対温度曲線から右上に伸びている　湿り比容対温度曲線　中で，湿度 $H$=0.019 kg-水蒸気・kg-乾き空気$^{-1}$ に最も近いあるいは内挿により読みとった値から同様に左方に線を延ばして読みとる．

## 演習問題

1.1　いま気圧計の読みが753 mmHgを示しており，反応器内のゲージ圧（g）は6.30 kgf・cm$^{-2}$ であった．反応器内の絶対圧（a）をmmHg，Pa=N・m$^{-2}$=kg・m$^{-1}$・s$^{-2}$，kgf・cm$^{-2}$，atm，mH$_2$Oの単位で表せ．ただし，1 atm=760 mmHg，1 atm=101.3 kPaおよび重力加速度 $g$=9.807 m・s$^{-2}$ の他の物理定数や換算係数を用いてはいけない．

（5380 mmHg，718 kPa，7.32 kgf・cm$^{-2}$，7.08 atm，73.2 mH$_2$O）

1.2　水分を60%含む湿潤物質を乾燥させ水分を20%まで減少させたい．湿潤物質を1時間当たり40 kg処理するとき1時間当たりどれほどの水分を蒸発させる必要があるか．　　　（20 kg・h$^{-1}$，1時間が基準なので20 kgと答えても良い）

1.3　水にNa$_2$SO$_4$を溶解した水溶液AのNa濃度は23.0 ppmであった．
    a．Na$_2$SO$_4$のモル濃度［mol・m$^{-3}$］を求めよ．　　　　　（0.5 mol・m$^{-3}$）
    b．硫酸イオン濃度をppmで表せ．　　　　　　　　　　　（48.0 ppm）
    c．適当量の水溶液Aを取り，水を蒸発させ，0.71%のNa$_2$SO$_4$水100 gを得た．

蒸発した水の量は何gか． (9900 g)

1.4 円管内の流体の流れの状態を述する無次元数を次元解析により求めよ．
($Re = uD\rho/\mu$，後述のようにこれをレイノルズ数という)

1.5 気体定数 $R = 8.314$ J·mol$^{-1}$·K$^{-1}$ を L·mmHg·mol$^{-1}$·K$^{-1}$ の単位で表せ．また L·mH$_2$O·mol$^{-1}$·K$^{-1}$ の単位で表せ．1 atm = 1013 hPa = 760 mmHg，水の密度は $1.0 \times 10^3$ kg·m$^{-3}$，重力加速度は 9.81 m·s$^{-2}$ とする．
(62.4 L·mmHg·mol$^{-1}$·K$^{-1}$，0.848 L·mH$_2$O·mol$^{-1}$·K$^{-1}$)

1.6 排ガス中（乾き基準）の SO$_2$ 濃度は 640 mg·m$^3$ N$^{-1}$（N は標準状態を表す）であった．酸素濃度は同じく乾き基準で 15% であった．排ガス中には CO や炭化水素は無く，完全燃焼していた．S の原子量は 32，O の原子量は 16，標準状態における 1 mol の気体が占める体積は 22.4 L，乾き空気中の酸素濃度は 21% として以下に答えよ．

a. SO$_2$ 濃度を ppm（気体の場合には体積基準で 1/1,000,000 を表す）の単位で表せ． (224 ppm)

b. 排ガス中に存在する酸素は，過剰空気から来たとして良い．理論空気量で完全燃焼させた場合と比べて，乾き生成ガス量は何倍となっているか？
(3.5 倍)

c. 排ガス中の有害物質は，排ガスを空気で薄めれば，いくらでも薄くすることができる．そこで，排ガス規制値は，標準的な酸素濃度の場合に換算して決められる．この排ガス中の SO$_2$ 濃度は 12% 酸素換算では，何 mg·m$^3$N$^{-1}$ となるか？ (960 mg·m$^3$N$^{-1}$)

1.7 水蒸気分圧 60% の湿った熱風が，空気と水蒸気の合計のモル数で，200 mol·h$^{-1}$ で流れている．これから水分を除去して水蒸気分圧を 20% まで下げた．1 時間当たりに除去される水の量（kg·h$^{-1}$）を求めよ． (1.8 kg·h$^{-1}$)

1.8 管内を流れる流体の圧力損失 $\Delta P$ から，次式を用いて計算される無次元数，$f$，摩擦係数（内容については 2 章を参照せよ）

$$\Delta P = 2f\rho u^2 L/d$$

と，流れの状態を表す無次元数であるレイノルズ数，$Re = ud\rho/\mu$ との間には，乱流状態では次の二つの関係が経験的あるいは半理論的に導かれている．ここで，管の長さ $L$，内径 $d$，密度 $\rho$，粘度 $\mu$，流速 $u$ とする．（　）内は推算式の適用範囲である．

1) 乱流での摩擦係数の推算式としては実験式として
$$f = 0.0791\, Re^{-0.25} \quad (Re > 3000)$$
が知られている．この式を両対数グラフに書きいれよ．ただし，図は，$Re < 10^6$ の範囲で記述せよ．　　　　　　　　　　　　　　　　　　　　（略）

2) 乱流での摩擦係数の推算式としては半理論式として
$$(1/f)^{1/2} = 4.0 \log_{10}(Re \cdot f^{1/2}) - 0.4 \quad \cdots\cdots \quad (3\times 10^3 < Re < 3\times 10^6)$$
が知られている．$Re = 10000$ のときの，$f$ の値を試行錯誤法により求めよ．またこの点をグラフ上にプロットせよ．　　　　　　　　　　　（0.0077）

3) 両対数グラフ上に，2) の問いの関係式をプロットしてみよ．　　（略）

**1.9** $CO + 2H_2 \leftrightarrow CH_3OH$ の反応を行う．ある圧力，温度の下で，平衡定数 $K$ はそれぞれのモル分率 $Y_i$ を用いて次式で与えられる．
$$K = Y_{CH_3OH}/(Y_{CO} \cdot Y_{H_2}^2) = 429$$
いま，CO と $H_2$ とをモル比で 1：2 で触媒上に流したとき，出口では丁度平衡に達していた．水素の何％が反応したか．

　[解]　送入した CO の内，反応したものの割合を $x$ とする．反応式は $CO + 2H_2 \longrightarrow CH_3OH$ で表されるので
$$CO : H_2 : CH_3OH = 1-x : 2(1-x) : x$$
全体は $(1-x) + 2(1-x) + x = 3-2x$ となるから，$Y_{CO} = (1-x)/(3-2x)$，$Y_{H_2} = 2(1-x)/(3-2x)$，$Y_{CH_3OH} = x/(3-2x)$ を上式に代入して
$$x(3-2x)^2 = 1716(1-x)^3$$
これより
$$f(x) = x(3-2x)^2 - 1716(1-x)^3$$
なる関数形を作る．この関数に順次適当な数値を入れ，$f(x) = 0$ となる $x$ の値を求める．$x$ の値は，物理的に妥当な値，すなわち $0 \leq x \leq 1$ から選択する．$f(1) = 1$，$f(0) = -1716$ である．次に $x$ を順次代入した結果を示す．

試行錯誤法による計算結果

| 回　数 | ① | ② | ③ | ④ | ⑤ | ⑥ | ⑦ |
|---|---|---|---|---|---|---|---|
| $x$ | 0.5 | 0.9 | 0.95 | 0.91 | 0.909 | 0.9096 | 0.9095 |
| $f(x)$ | -212.5 | -0.42 | 0.935 | 0.0161 | -0.0231 | 0.00053 | -0.00339 |

①では負の $f(x)$ を与えるので $x > 0.5$ である．以下，正解は $f(x)$ が正となる $x$

と負となる $x$ の間にあることを用い，直感に頼って進める．④,⑤の比例配分により，$x = 0.909 + (0.91 - 0.909)(231/(161+231)) \doteq 0.9096$．⑥,⑦より，$x = 0.9095 + (0.9096 - 0.9095)(339/(335+53)) \doteq 0.90959$．このように等式をおき，どこまででも十分満足が行く桁数まで計算することができる．または，Excelのゴールシークにより容易に求まる．

**1.10** 次の(1)〜(3)の $x$ と $y$ との関係を測定した結果は，以下のa, b, cのいずれかの関係式で整理できるものである．まず，直線関係となるようにこれらの式を変形せよ．ついで，横軸縦軸を式に基づいて選択し，適当なグラフ用紙にこれらの測定結果をプロットし，a〜cのいずれかの関係式を導け．なお，測定した結果は，本来測定誤差を含むものであるが，ここでは簡単のため，ほぼ直線関係になるようにデータを加工してある．（従って，直線に乗らない場合は，式の選択・変形あるいはプロットを誤ったったものと考えよ．）ヒント：(2)も(3)も横軸は $1/x$ を取るとよい．$\ln 10 = 2.303$ とする．

データ：

(1)　$x$：50, 100, 300, 1000, 2500

　　　$y$：0.21, 0.6, 3.1, 19.0, 75.0

(2)　$x$：0.4, 0.5, 0.75, 1.0, 3.0

　　　$y$：0.714, 0.833, 1.07, 1.25, 1.88　　　a) $y = Ax/(x+B)$ …

(3)　$x$：0.333, 0.4, 0.5, 0.625, 1.0, 2.0　　　b) $y = Cx^D$ …

　　　$y$：0.50, 1.58, 5.0, 12.4, 50, 158　　　c) $y = E\exp(-F/x)$ …

[解]　(a)　$y = 2.5x/(x+1)$　…(2)，　b) $y = 0.0006x^{1.5}$ …(1)，　c) $y = 500\exp(-2.303/x)$…(3)）

**1.11** ダクト中を流れる室温での空気の流量を測定するため，この空気の流れにHeガスを室温 $1.00\,\mathrm{m^3 \cdot min^{-1}}$ の速度で混合して流した．十分下流側でHe濃度を測定したところ，10000 ppm であった．(1) 空気流量を求めよ．(2) この空気流量で完全に燃焼させることができる最大のメタンの流量を求めよ．(3) 空気とメタンとがその割合で混合されたガスの平均の分子量を求めよ．(4) この混合ガスが完全に燃えたときに生成したガスの温度は1527℃であった．このときのガスを−73℃まで冷やしたときに，ガスの体積はどの程度小さくなるか？　分数で答えよ．空気中の酸素の割合は20%, 残りは窒素として良い．また0℃は273 K．　　　　　　　　($99\,\mathrm{m^3 \cdot min^{-1}}$,　$9.9\,\mathrm{m^3 \cdot min^{-1}}$,　27.64,　1/11)

**1.12** 乾球温度 83℃, 露点 38℃ の湿り空気について湿度図表から見いだせる物性をすべて記せ. (略)

**1.13** 水分を重量基準で 50% 含む湿潤原料を, 水分をモル基準で 5% 含む 47℃ の空気を流しながら外部から加熱乾燥し, 水分を重量基準で 5% 含む乾燥製品を得た. 空気の出口温度は 127℃ で, 水分を 50% 含んでいた. (a) 乾燥製品を 1 時間当たり 1 kg 得るには, 湿潤原料を 1 時間当たりどれほど供給する必要があるか. (b) そのとき, 水を 5% 含む空気は 1 時間当たり何モル供給したか. (c) 湿潤空気の体積は, 入り口に比べ出口では何倍になったか. ただし, 出入り口の圧力差はないものとする.

(1.9 kg, 55.6 mol, 2.375 倍)

**1.14** 炭素と水素だけからなる油を, 窒素と酸素をモル比 4 : 1 で混合した混合気体により完全に燃焼させた. 燃焼後に存在する気体から水蒸気だけを完全にとり除いたのち, その分析を行ったところ, 窒素 : 酸素 : 二酸化炭素のモル比は, ちょうど 48 : 1 : 7 であり, 他の気体は含まれていなかった. 窒素は反応には関与しないものとして, 以下を有効数字 2 桁で計算せよ.
 a) はじめに供給された酸素の内, 燃焼に用いられなかった酸素の割合は何%か.
 b) 油の中に存在していた水素の割合は何%か. 質量パーセントで答えよ.

(0.083, 16%)

**1.15** プロパン 20%, ブタン 80% よりなる混合気体燃料を毎時 1 Nm³ (標準状態での体積) の割合で燃焼した. 空気組成を酸素 20%, 窒素 80% として以下に答えよ.
 ① 理論空気量を求めよ.
 ② 完全燃焼させたとき, 乾き燃焼ガス中の二酸化炭素濃度が 10% であった. 供給空気比を求めよ.

(31 Nm³, 1.303)

**1.16** $n$-ブタンを異性化して 900 mol·h⁻¹ で純 $i$-ブタンを生産する. 原料中には 98.0 mol% $n$-ブタンの他, 2.0 mol% の不活性不純物を含む. 生産された $i$-ブタンは完全に分離される. 未反応の $n$-ブタン (80 mol%) と不純物 (20 mol%) の混合物は, 一部がパージされ, 残りは反応器にリサイクルされる.
 ① プロセスの総括収率はどれ程か. パージ流量を求む. (91.8%  100 mol·h⁻¹)
 ② 反応器の入口の不純物濃度は 8.0 mol% であった. リサイクル流量および反応器のワンパス転化率を求む. (500 mol·h⁻¹  65.2%)

**1.17** 温度 $T$, 絶対湿度 $H$ [kg-steam·kg-dry air⁻¹] の湿潤空気がある. 温度 $T$ に

おける飽和時の絶対湿度を $h_0$ とする.
1) このときの関係湿度（いわゆる天気予報などで用いられる湿度であり, 飽和蒸気圧に対する相対蒸気圧を％で与えた値）を式で与えよ. 水の分子量は $M_s$, 空気の平均分子量を $M_a$ とする.
2) $h/h_0$ を比較湿度という. 比較湿度と関係湿度はいずれも飽和状態に対する比を与えるが, 両者はどのような関係にあるか. 横軸を比較湿度, 縦軸を関係湿度とし, 比較湿度が0％から100％まで変化するときの関係湿度の変化を図に示せ.
3) この湿潤空気を1気圧の下で冷却するとき, 関係湿度が100％となる温度 $T_d$ は露点と呼ばれる. また, 湿球温度 $T_w$ は, 常に水に濡れている物体の温度を示し, そのときの温度・湿度を熱力学的に断熱冷却し飽和に至ったときの温度にほぼ等しい. $T, T_d, T_w$ の大小関係を不等号で示せ.
4) 絶対湿度を [kg-steam/kg-dry air$^{-1}$] の単位で表すことの長所を述べよ.
5) 除湿操作とはどのような手順で行われる操作かを述べよ.
    ($R = 100 \times [h/M_s/(1/M_a + h/M_s)]/[h_0/M_s/(1/M_a + h_0/M_s)]$, 若干上に凸, $T_d < T_w < T$, 略, 略)

**1.18** ベンゼン（g）の生成エンタルピーを計算せよ. 原子化エンタルピーは
　　　　H(g)：218.0 kJ·mol$^{-1}$　　　C(g)：718.4 kJ·mol$^{-1}$
　　　　結合エネルギーは　　　　　　C－H：410.4 kJ·mol$^{-1}$
　　　　C－C：357.7 kJ·mol$^{-1}$　　　C＝C：598.3 kJ·mol$^{-1}$
ただしベンゼン環はC－CとC＝C結合が共鳴し, ベンゼン環全体で結合エネルギーは204.6 kJ·mol$^{-1}$ だけ増大する.　　　　　　　　　(83.4 kJ·mol$^{-1}$)

**1.19** あるデータブックには各物質の1 atm 25℃における生成エンタルピー $\Delta H°_f$, 燃焼エンタルピー $\Delta H°_c$（$-\Delta H°_c$ は総（高）発熱量）が以下のように与えられていた.

|  | CH$_4$(g) | H$_2$O(g) | H$_2$(g) | CO(g) | CO$_2$(g) | C(s,黒鉛) |
|---|---|---|---|---|---|---|
| $-\Delta H°_f$ [kJ·mol$^{-1}$] | ① | 241.83 | 0 | ② | 393.51 | 0 |
| $-\Delta H°_c$ [kJ·mol$^{-1}$] | 890.4 | 0 | 285.84 | 282.99 | ③ | ④ |

[1] ①②③④を与えよ.　　　　　　　(74.8, 110.52, 0, 393.51 kJ·mol$^{-1}$)
[2] 25℃における水の蒸発熱を与えよ.　　　　　　(44.01 kJ·mol$^{-1}$)
[3] メタンの真（低）発熱量を与えよ.　　　　　　(802.4 kJ·mol$^{-1}$)

**1.20** 1 atm の連続反応器を用いて次の反応を行う．
$$A \rightarrow B + C \quad (\Delta H°_{298} = 9.55 \times 10^4 \, \mathrm{J \cdot mol^{-1}})$$
反応物は 4 kmol·h$^{-1}$ で反応器に供給され，生成物は 105℃ で排出される．装置からの平均の熱損失は 1.50 kJ·s$^{-1}$ である．A，B，C の 25-105℃ の平均定圧モル熱容量はそれぞれ 60.0, 40.0, 30.0 J·mol$^{-1}$·K$^{-1}$ である．必要な熱量は反応物質と隔離された蒸気室に供給される 250℃ 飽和水蒸気の凝縮熱（このときの蒸発の $\Delta H = 1701$ kJ·kg$^{-1}$）により供給される．$R = 8.31$ J·K$^{-1}$·mol$^{-1}$ とする．
① 105℃ における反応のエンタルピー変化を求めよ．② 25℃ における反応の内部エネルギー変化を求めよ．③ 必要な水蒸気量を求めよ．

(96300 J·mol$^{-1}$, $9.30 \times 10^4$ J·mol$^{-1}$, 241 kg)

**1.21** 1 気圧の下で，水分を 50%（重量%，以下同様）含有する 25℃ の湿潤固体を 200℃ の純粋な窒素で乾燥し，水分 5% の乾燥製品を 1 時間当たり 100 kg 製造する．乾燥装置の出口における（水分を含有する）窒素の温度は 100℃，製品の温度は 50℃ であった．次の問いに答えよ．（水の蒸発熱は 100℃ で 539 kcal·kg$^{-1}$ = 2253 kJ·kg$^{-1}$．水の比熱は 1.0 kcal·kg$^{-1}$·K$^{-1}$ = 4.18 J·kg$^{-1}$，窒素の比熱は 0.25 kcal·kg$^{-1}$·K$^{-1}$ = 1.05 kJ·kg$^{-1}$·K$^{-1}$，水分を含まない固体の比熱は 0.2 kcal·kg$^{-1}$·K$^{-1}$) = 0.84 kJ·kg$^{-1}$·K$^{-1}$）とし，各々一定とする．また固体への水分の吸着熱は無視する．）1 cal = 4.18 J

① 1 時間当たりに送入する湿潤物質（水分＋固体）の量と，除去される水分の量を求む．
② 25℃ の水 1 kg が 100℃ の水蒸気になるときのエンタルピー変化 $\Delta H$ を求む．
③ 水分 5% の乾燥製品 1 kg を 25℃ から 50℃ まで加熱するときの必要な熱量を求む．
④ 窒素の送入量は 1 時間当たり何 kg か．ただし装置からの熱の損失は無視する．

(190 kg/90 kg, 2.57 MJ = 0.615 Mcal, 25.18 kJ = 6.02 kcal, 2230 kg)

# 第2章

# 化学工学の基礎：流れと移動現象

　連続的に運転される化学装置内あるいは装置間にも流れがあり，流れは**流量** $F[\mathrm{m}^3 \cdot \mathrm{s}^{-1}]$ とこの断面積当たりの平均流速 $u[\mathrm{m} \cdot \mathrm{s}^{-1}]$ により記述される．なお，2.1節では装置内の流速分布に関して詳述するため，この節だけでは $u$ は局所的な流速，$\bar{u}$ を平均流速として定義して用いるが，2.2節以下では分布を考えないことにし，平均という用語も用いずに単に**流速** $u[\mathrm{m} \cdot \mathrm{s}^{-1}]$ という用語のみ用いることにする．

　つぎに装置内あるいは装置外部からの**物質量**，**モル**[mol]と熱[J]の移動について学ぶ．以下では2.2節以降に共通する用語と重要な点のみはじめにまとめておく．物質の移動速度は**モル流量** $J[\mathrm{mol} \cdot \mathrm{s}^{-1}]$ で表し，この断面積当たりの値を**モル流束** $N[\mathrm{mol} \cdot \mathrm{m}^{-2} \cdot \mathrm{s}^{-1}]$ と呼ぶ．同様に熱の移動速度は**熱流量** $Q[\mathrm{J} \cdot \mathrm{s}^{-1}]$ で表し，この断面積当たりの値を**熱流束** $q[\mathrm{J} \cdot \mathrm{m}^{-2} \cdot \mathrm{s}^{-1}]$ と呼ぶ．これらの解析に当たっては通常は**定常状態**を仮定し，このときモル流量，熱流量は一定に保たれる．さらに，**平面座標**で平面に対して垂直な方向の定常流れについては，モル流束，熱流束も一定に保たれる．**円筒**あるいは**球系の座標**で，半径方向の定常流れの場合には，モル流束，熱流束は一定ではなく，それぞれ中心からの距離 $r$ および $r^2$ の逆数に比例する．

　物質量の**濃度** $C[\mathrm{mol} \cdot \mathrm{m}^{-3}]$ は直接計測が可能であるが，熱量の**濃度** $i[\mathrm{J} \cdot \mathrm{m}^{-3}]$ を計測することは難しい．代わりに**温度** $T[\mathrm{K}]$ が計測されるが，この両者は

$$i = C_p \rho T$$

により関係づけられる．ここで $C_p[\mathrm{J} \cdot \mathrm{kg}^{-1} \cdot \mathrm{K}^{-1}]$ は**熱容量**，$\rho[\mathrm{kg} \cdot \mathrm{m}^{-3}]$ は密度であり，特に指定しない限り一定として扱う．そのほかの物性値も同様に一定とする．この関係を用いることで，2.2節以下では，2.3節の一部で特殊な（物

質量の移動には相当しない）伝熱を扱う場合を除き，すべて物質量の移動と熱量の移動とは同等の式で記述されることになる．これを，熱と物質の**アナロジー**という．一部の式では，両辺に$i$が現れるため，これを$T$で置き換えても成立する．また，移動係数に関連する箇所では，直接測定される$T$で記述した方が使い勝手が良いためこれを用いるが，後述の無次元数を定義すれば，やはりアナロジーが成立する．以下では物質と熱とをできるだけ併記して記述する．

本節での最終的な目的は，特徴的な装置を用いて熱や物質の移動をさせたときに，どれだけ移動があるかを推算し，あるいは必要な移動量を確保するための装置設計を行う手法を学ぶことである．2.1節は基礎となる流れ，2.2節は同じく基礎となる移動現象の解説，2.3節はその移動現象を装置設計に適用するための新しい概念である「**移動係数**」の概念とその推算法やこれらの移動係数の組み合わせ（**総括移動係数**）を様々な系について学ぶ．2.4節では伝熱の場合の特殊な移動形態についても学び，最後に2.5節で装置内での（一部装置外への）移動解析への応用を解説する．

## 2.1 流れとエネルギー

### 2.1.1 連続の式

化学プロセスにおいては，管は流体の輸送によく用いられる．内径$D$[m]の円管内を$w$[kg·s$^{-1}$]の流体が流れるとき，$w$を**質量流量**という．管内の平均流速$\bar{u}$[m·s$^{-1}$]は

$$\bar{u} = w/\rho A = Q/A \tag{2.1}$$

ただし，$\rho$は流体の密度[kg·m$^{-3}$]，$A$は断面積[m$^2$]$= \frac{\pi}{4}D^2$，$Q$は体積流量[m$^3$·s$^{-1}$]である．

外部との物質のやりとりがない流路中では，$w$が時間によって変わらず，これを**定常流**という．質量流量$w$は圧力や温度，断面積によって変化しないが，平均流速$\bar{u}$は変化する．図2.1のように連続した管内では，質量流量$w$は管の断面積によらず一定となるので，断面①と②について次式が成り立つ．

$$w = \bar{u}_1 \rho_1 A_1 = \bar{u}_2 \rho_2 A_2 = 一定 \tag{2.2}$$

2.1 流れとエネルギー

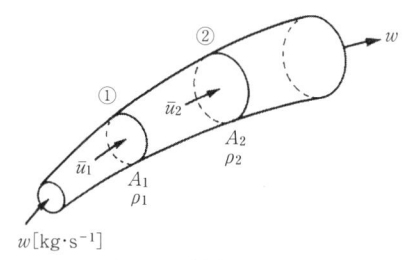

図 2.1 管内の流れ

この式は質量保存の法則を示し，物質収支式でもある．式 (2.2) を**連続の式**という．

内径 $D$ が一定の円管については

$$\bar{u}_1\rho_1 = \bar{u}_2\rho_2 = \text{一定} \tag{2.3}$$

さらに温度一定の液体では，$\rho_1 = \rho_2 = \rho$ となるから

$$\bar{u}_1 = \bar{u}_2 = \bar{u} = \text{一定} \tag{2.4}$$

となる．

[**例題 2.1**]　内径 $D_1 = 8\,\text{cm}$ の管内に $N_2$ ガスが流れている．ある断面①で圧力 $P_1 = 2.0 \times 10^5\,\text{Pa}$，温度 $T_1 = 330\,\text{K}$，平均流速 $\bar{u}_1 = 60\,\text{m·s}^{-1}$ であった．その下流の断面②（内径 $D_2 = 5.0\,\text{cm}$）では，$P_2 = 2.5 \times 10^5\,\text{Pa}$，$T_2 = 300\,\text{K}$ であった．断面②における平均流速 $\bar{u}_2$ を求めよ．ただし，$N_2$ は理想気体としてよい．

[**解**]　$A = \pi D^2/4$ であるから，式 (2.2) より

$$\bar{u}_2 = \bar{u}_1\rho_1 A_1/\rho_2 A_2 = \bar{u}_1\rho_1 D_1^2/(\rho_2 D_2^2) \tag{2.5}$$

理想気体の密度 $\rho$ は $P/T$ に比例するから

$$\frac{\rho_1}{\rho_2} = \frac{P_1/T_1}{P_2/T_2} = \frac{P_1 \cdot T_2}{P_2 \cdot T_1} = \frac{(2 \times 10^5)(300)}{(2.5 \times 10^5)(330)} = 0.727$$

題意より，$D_1 = 0.08\,\text{m}$，$D_2 = 0.05\,\text{m}$ であるから，式 (2.5) に代入すると

$$\bar{u}_2 = (60)(0.727)(0.08)^2/0.05^2 = 112\,\text{m·s}^{-1}$$

## 2.1.2 乱流・層流と相当径

レイノルズ数 $Re$ は，流れの状態を表す無次元数で

$$Re = Du\rho/\mu \tag{2.6}$$

によって定義される．ここで，$D$ は流れの代表長さ[m]，$u$ は流速[m·s$^{-1}$]，$\rho$ は流体の密度[kg·m$^{-3}$]，$\mu$ は粘度[kg·m$^{-1}$·s$^{-1}$]である．代表長さ $D$ としては流路を代表する値をとり，円管内の流れについては円管の内径 $D_t$，単一球のまわりの流れについては単一球の直径 $D_p$ をとる．

$Re$ の値は流れの状態を判別するのに用いられ，円管内の流れでは，$u$ として平均流速 $\bar{u}$ を用い

$Re < 2100$：層流　（laminar flow）

$2100 < Re < 4000$：遷移流

$Re > 4000$：乱流　（turbulent flow）

となる．

層流から乱流に移行するときの臨界 $Re$ は面がなめらかなほど 4000 に近く，粗くなると 2100 に近づく．また，管の入り口では本来の管の中の流れの状態にはない．層流の場合には管の入り口で管壁から**層流境界層**といわれる管壁部分の流れが形成され，これが管の中央で合わさって完全に発達した層流が形成される．乱流の場合にはまず層流境界層が形成され，**乱流境界層**に移行し同様に管の中央で合わさって完全に発達した乱流となる．未発達な領域の長さ $l_e$ は次式で与えられる．

層流　$l_e \fallingdotseq 0.0288Re \cdot D$

乱流　$l_e \leq 60D$

層流境界層の発達とともに，後述の移動係数は減少するが，乱流境界層に移行すると急激に移動係数は増大し，完全な乱流に移行するまで移動係数は徐々に減少する．以下では主に完全に発達した流れについてのみ取り扱うことにする．

流路の断面が円形ではないときには，直径として次式で定義される**円相当直径** $D_e$ を用いれば，円管に関する式がそのまま $Re$ 数の計算に利用できる．

$$D_e = 4(流路の断面積)/(浸辺長) \tag{2.7}$$

ここで，**浸辺長**とは，流路の断面において流体に接する壁の長さである．また，**動水半径**は次式によって定義される．

$$動水半径 = (流路の断面積)/(浸辺長) \tag{2.8}$$

**[例題 2.2]** 二重管における外管の内径 $D_3$, 内管の外径 $D_2$ の環状部の相当直径 $D_e$ を求めよ．

**[解]** 式 (2.7) より

$$D_e = 4(\pi/4)(D_3{}^2 - D_2{}^2)/[\pi(D_3 + D_2)] = D_3 - D_2 \tag{2.9}$$

図 2.2 に示すように，**層流**は流体の各要素が壁に平行に流れる流れであり，**乱流**は流れの各要素が勝手な方向に動きながら進む流れである．**遷移流**は層流と乱流の中間状態で，不安定で層流になったり乱流になったりする．

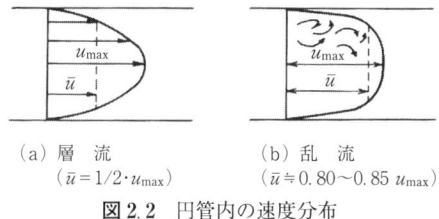

(a) 層 流 ($\bar{u} = 1/2 \cdot u_{\max}$)

(b) 乱 流 ($\bar{u} \approx 0.80 \sim 0.85\, u_{\max}$)

**図 2.2** 円管内の速度分布

**[例題 2.3]** 密度 1200 kg·m$^{-3}$，粘度 $1.0 \times 10^{-3}$ Pa·s の液体が内径 40 mm の円管内を 0.06 m$^3$·min$^{-1}$ の流量で流れるとき，$\bar{u}$ と $Re$ を求め，流れの状態を判別せよ．

**[解]** 題意より，$A = \pi D^2/4 = \pi (0.04)^2/4$ m$^2$，$Q = 0.06/60$ m$^3$·s$^{-1}$ なので，式 (2.6) に代入して

$$\bar{u} = Q/A = (0.06/60)/[\pi(0.04)^2/4] = 0.796 \text{ m·s}^{-1}$$

$$Re = D\bar{u}\rho/\mu = (0.04)(0.796)(1200)/(1.0 \times 10^{-3}) = 3.82 \times 10^4$$

$Re > 4000$ であるので，乱流である．

### 2.1.3 円管内の流速分布

図 2.3 のような水平円管内を流体が流れる場合を考える．流れの中に円管の中心軸と共軸で，内半径 $r$，外半径 $r + dr$，長さ $L$ の円筒形の流体要素を考える．この流体要素に力が右向きに働くときを正とする．円筒の左端の A 断面には静圧 $P_1(2\pi r dr)$ が働き，右端の B 断面には静圧 $-P_2(2\pi r dr)$

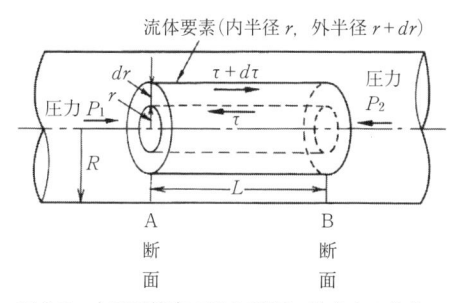

**図 2.3** 水平円管内の流体要素に働く力の釣合い

が働く．内壁には剪断力 $-\tau(2\pi rL)$ が働き，外壁には $(\tau+d\tau)2\pi(r+dr)L$ が働く．これらの力の釣合いより

$$P_1 2\pi r dr - P_2(2\pi r dr) - \tau(2\pi rL) + (\tau+d\tau)2\pi(r+dr)L = 0 \quad (2.10)$$

2次の微小項 $drd\tau$ を省略して整理すると

$$\frac{1}{r}\frac{d(r\tau)}{dr} = -\frac{P_1-P_2}{L} \quad (2.11)$$

円管の中心 $r=0$ で $\tau=0$ の境界条件で積分すると

$$\tau = -r(P_1-P_2)/2L \quad (2.12)$$

### (1) 層流の速度分布

層流のときは，水，空気のようなニュートン流体については，ニュートンの法則式（2.13）が成り立つ．

$$\tau = -\mu\frac{du}{dx} = -\nu\frac{d(\rho u)}{dx} \quad (2.13)$$

$$\nu = \mu/\rho \quad (2.14)$$

ここで，$\tau$ は運動量流束（剪断力）[Pa]，$\mu$ は粘度 [kg·m$^{-1}$·s$^{-1}$] または Pa·s］，$du/dx$ は速度勾配 [s$^{-1}$]，$\nu$ は動粘度 [m$^2$·s$^{-1}$] である．

式（2.13）中の $x$ を $r$ に変えて式（2.12）と等置し，管壁 $r=R$ で $u=0$ の境界条件で積分すると

$$u = \frac{(P_1-P_2)R^2}{4\mu L}\left[1-\left(\frac{r}{R}\right)^2\right] = u_{max}[1-(r/R)^2] \quad (2.15)$$

なお，運動量が移動するのは $x$ 軸方向であるが，流速や剪断力の方向はこれとは直交する方向であることに注意したい．

ただし，$u_{max}$ は管の中心 $r=0$ における流速で

$$u_{max} = (P_1-P_2)R^2/4\mu L = D^2\Delta P/16\mu L \quad (2.16)$$

式（2.15）は，層流の速度分布が回転放物面であることを示す．流量 $Q$ は

$$Q = \int_0^R 2\pi r u dr = \pi R^4(P_1-P_2)/8\mu L = \pi D^4\Delta P/128\mu L \quad (2.17)$$

式（2.17）を**ハーゲン・ポアズイユ**（Hagen-Poiseuille）**の式**という．

平均流速 $\bar{u}$ は，式（2.15）〜（2.17）より

$$\bar{u} = Q/A = D^2\Delta P/32\mu L = u_{max}/2 \quad (2.18)$$

ただし

$$\Delta P = P_1 - P_2 \quad (2.19)$$

## (2) 乱流の速度分布

乱流のときは，ニュートンの法則式（2.13）が成立しない．乱流内のある一点における速度は流れの方向（$z$方向）成分と，それに直角方向（$r$と$\theta$方向）成分をもち，時間的に不規則に変動し，速度の大きい所と小さい所で流体塊の移動が起こる．このため運動量の移動が生ずる．この流体塊の移動による運動量流束を**レイノルズ応力**という．

乱流の速度分布はレイノルズ応力のために，図2.2に示すように層流よりも均一に近い流速分布を示す．乱流の速度分布式は半理論的に求められている．速度$u$の分布は管壁の粗さによっても異なり，ガラス管や引抜銅管などの平滑管に対して次式が成り立つ．

$$u = u_{\max}(1-r/R)^{1/n} \tag{2.20}$$

$n$は表2.1に示すように，$Re$に依存する．$n=7$のとき，式（2.20）を**プラントル・カルマン**（Prandtl-Kármán）**の1/7乗則**という．

表2.1 平滑管の$n$の値*

| $Re$ | $4 \times 10^3$ | $10^4 \sim 3 \times 10^4$ | $1.2 \times 10^5$ | $3.5 \times 10^5$ | $3 \times 10^5$ |
|---|---|---|---|---|---|
| $n$ | 6 | 7 | 8 | 9 | 10 |

\* 化学工学協会編：化学工学便覧（改訂4版），p.117，丸善（1978）

鉄管やコンクリート管，レンガ管などの粗面管に対しては，$n$は$Re$と粗さ（$\varepsilon/R$）に依存し，表2.2のようになる．

表2.2 粗面管の$n$の値*

| $\varepsilon/R$ | $9.85 \times 10^{-4}$ | $1.98 \times 10^{-3}$ | $3.97 \times 10^{-3}$ | $8.34 \times 10^{-3}$ | $1.25 \times 10^{-2}$ | $3.33 \times 10^{-2}$ |
|---|---|---|---|---|---|---|
| $Re$ | $9.7 \times 10^5$ | $6.2 \times 10^5$ | $9.6 \times 10^5$ | $6.8 \times 10^5$ | $6.4 \times 10^5$ | $4.3 \times 10^5$ |
| $n$ | 7.7 | 6.8 | 6.25 | 5.5 | 4.8 | 4.2 |

\* 化学工学協会編：化学工学便覧（改訂4版），p.117，丸善（1978）

なお液本体中においては乱流であっても，壁の近くではほとんど流れが存在しない部分（**境膜**）があるという**境膜説**が提唱された．これは流体の粘性のために，壁により流れと乱れが押えられるために生ずる．境膜は伝熱や物質移動において大きな抵抗を生ずることが知られている．以下では特に述べないかぎり，境膜説に従う．

**[例題 2.4]** 乱流のときの速度分布式（2.20）を円管断面にわたって積分して平均流速 $\bar{u}$ を $u_{max}$ で表せ．

**[解]** 式（2.20）を積分すると

$$\bar{u} = \int_0^R 2\pi u r\, dr / \pi R^2 = \frac{2u_{max}}{R^2} \int_0^R (1-r/R)^{1/n} r\, dr$$

$$= 2u_{max} \int_0^1 \phi^{1/n}(1-\phi)\, d\phi = \frac{2n^2 u_{max}}{(n+1)(2n+1)}$$

ただし，$1-r/R=\phi$, $dr=-Rd\phi$ の置き換えを利用した．

1/7乗則が成り立つ場合には，$n=7$ を上式に代入して，$\bar{u}=0.82 u_{max}$ となる．

## 2.1.4 エネルギー収支

### (1) 全エネルギー収支式

図 2.4 に示す流れ系の断面①と②の間でエネルギー収支を考える．流体 1 kg を基準とし，外部から系に加えられる熱量を $q[\mathrm{J\cdot kg^{-1}}]$，仕事を $W[\mathrm{J\cdot kg^{-1}}]$，位置エネルギーを $zg[\mathrm{J\cdot kg^{-1}}]$，圧力エネルギーを $Pv[\mathrm{J\cdot kg^{-1}}]$，運動エネルギーを $\bar{u}^2/2[\mathrm{J\cdot kg^{-1}}]$，内部エネルギーを $U[\mathrm{J\cdot kg^{-1}}]$ で示すと，エネルギー保存則により

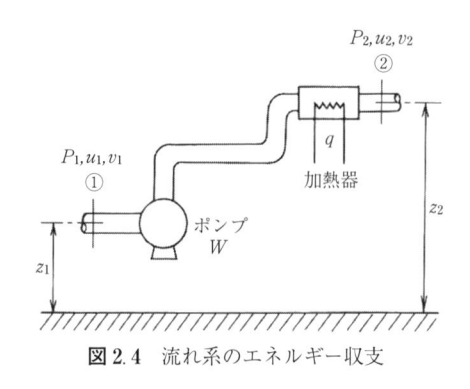

**図 2.4** 流れ系のエネルギー収支

$$U_1 + z_1 g + \bar{u}_1^2/2 + P_1 v_1 + W + q = U_2 + z_2 g + \bar{u}_2^2/2 + P_2 v_2 \quad (2.21)$$

ここで，$v$ は流体の比容積 $[\mathrm{m^3 \cdot kg^{-1}}]$ であり，密度 $\rho\,[\mathrm{kg\cdot m^{-3}}]$ の逆数である．$Pv$ は流体が圧力 $P$ によって押し込められる仕事を表す．式（2.21）を**全エネルギー収支式**という．

外部からの熱や仕事，粘性による摩擦がないときは，式（2.21）は

$$z_1 g + \bar{u}_1^2/2 + P_1 v_1 = z_2 g + \bar{u}_2^2/2 + P_2 v_2 \quad (2.22)$$

この式を**ベルヌーイ（Bernoulli）の式**という．

式（2.22）の両辺を重力加速度 $g$ で割ると

$$z_1 + \bar{u}_1^2/2g + P_1 v_1/g = z_2 + \bar{u}_2^2/2g + P_2 v_2/g \quad (2.23)$$

## 2.1 流れとエネルギー

この式の各項は長さの次元をもつ．$z$ を**位置ヘッド**，$\bar{u}^2/2g$ を**速度ヘッド**，$Pv/g$ を**静圧ヘッド**という．

### (2) 機械的エネルギー収支式

熱力学の第1法則によれば，系に加えられた熱量は内部エネルギーの増加と系のなした仕事の和に等しい．系に加えられた熱量は，加熱器による熱量 $q$ と流れの摩擦によって熱エネルギーに変わる機械的エネルギー（これを**摩擦損失** $F[\mathrm{J/kg}]$ という）の和であるから

$$q + F = U_2 - U_1 + \int_1^2 P dv \tag{2.24}$$

ここで，$\int_1^2 P dv$ は流体の膨張仕事である．

式 (2.24) を式 (2.21) に代入すると

$$z_1 g + \frac{\bar{u}_1^2}{2} + P_1 v_1 + W + \int_1^2 P dv = z_2 g + \frac{\bar{u}_2^2}{2} + P_2 v_2 + F \tag{2.25}$$

ここで

$$\int_1^2 d(Pv) = P_2 v_2 - P_1 v_1 = \int_1^2 P dv + \int_1^2 v dP \tag{2.26}$$

の関係が成り立つから，式 (2.25) は

$$z_1 g + \frac{\bar{u}_1^2}{2} + W = z_2 g + \frac{\bar{u}_2^2}{2} + \int_1^2 v dP + F \tag{2.27}$$

この式は熱エネルギーの項を直接含まないので，**機械的エネルギー収支式**という．

流体が液体のときは比容積 $v =$ 一定としてよいから，$dv = 0$ で $\int_1^2 P dv = 0$ または $\int_1^2 v dp = v(P_2 - P_1) = (P_2 - P_1)/\rho$ となる．気体のときも，圧力変化が大きくないときは $\int_1^2 P dv \approx 0$ または $\int_1^2 v dP = v(P_2 - P_1) = (P_2 - P_1)/\rho$ としてよい．このとき，式 (2.27) より $W$ は次式となる．

$$W = (z_2 - z_1)g + \frac{\bar{u}_2^2 - \bar{u}_1^2}{2} + (P_2 - P_1)/\rho + F \tag{2.28}$$

ここで，$W$ は流体 1 kg を送るのに必要なポンプの仕事 $[\mathrm{J \cdot kg^{-1}}]$ である．$F$ を**摩擦ヘッド**という．

ポンプまたはブロワーの総合効率を $\eta$ とすると，ポンプなどの所要仕事率 $W_e$ は

$$W_e = wW/\eta \tag{2.29}$$

ここで，$w$ は流体の質量流量 $[\mathrm{kg \cdot s^{-1}}]$ である．

**[例題 2.5]** あるパイプラインにおいて，油を流量 $100\,\mathrm{kg \cdot s^{-1}}$ で送るのに必要なヘッドの合計が $2000\,\mathrm{J \cdot kg^{-1}}$ であったとき，所要仕事率を求めよ．ただし，ポンプの総合効率を 70% とする．

**[解]** $w = 100\,\mathrm{kg \cdot s^{-1}}$，$W = 2000\,\mathrm{J \cdot kg^{-1}}$，$\eta = 0.70$ を式（2.29）に代入して
$$W_e = (100)(2000)/0.70 = 2.86 \times 10^5\,\mathrm{W}$$

## 2.1.5 円管流路の圧力損失

長さ $L$，半径 $R$ の円管壁面に働く応力 $2\pi RL\tau$ と，円管両端にかかる外力の差 $\pi R^2 \Delta P$ は釣り合うので
$$2\pi RL\tau = \pi R^2 \Delta P$$
$$\therefore \quad \tau = R\Delta P/2L \tag{2.30}$$

摩擦係数 $f$ の定義は $\tau = f\rho\bar{u}^2/2$ で与えられるので，式（2.30）に代入すると
$$f\rho\bar{u}^2/2 = R\Delta P/2L \tag{2.31}$$
$$\therefore \quad \Delta P = f\rho\bar{u}^2 L/R = 4f(\rho\bar{u}^2/2)(L/D) \tag{2.32}$$

摩擦損失 $F$ と圧力損失 $\Delta P$ との間には，次式が成り立つ．
$$F = \Delta P/\rho \tag{2.33}$$

式（2.32）を**ファニング**（Fanning）**の式**という．

**(1) 層流の摩擦係数**

式（2.18）と式（2.32）より
$$f = 16/Re \tag{2.34}$$

管壁の粗さに関係なく，摩擦係数 $f$ は $Re$ に反比例することがわかる．

**(2) 乱流の摩擦係数**

乱流の摩擦係数は，$Re$ と面の粗さに依存する．

(i) 平滑管

多くの実験式が知られているが，いずれの式によっても得られる値に大差はない．

$$f = 0.0791 Re^{-0.25}, \quad 3\times10^3 < Re < 10^5 \tag{2.35}$$
$$f = 0.0008 + 0.0552 Re^{-0.237}, \quad 10^5 < Re < 10^8 \tag{2.36}$$
$$f = 0.0014 + 0.125 Re^{-0.32}, \quad 3\times10^3 < Re < 2\times10^6 \tag{2.37}$$
$$1/\sqrt{f} = 4.06\log(Re\sqrt{f}) - 0.4, \quad 3\times10^3 < Re < 3\times10^6 \tag{2.38}$$

(ii) 粗面管

鋼管や鋳鉄管に対しては
$$1/\sqrt{f} = 3.2\log(Re\sqrt{f}) + 1.2 \tag{2.39}$$

さびた鉄管やコンクリート管などに対しては，$Re$ が大きくなると摩擦係数 $f$ は $Re$ に無関係になり，例えば
$$1/\sqrt{f} = 2.28 - 4\log(e/D) \tag{2.40}$$
が与えられている．ここで $e$ は凹凸の大きさであり，代表的な管については，0.02 〜 1.5 cm 程度の値となる．

図 2.5 に $f$ と $Re$ の関係を示す．

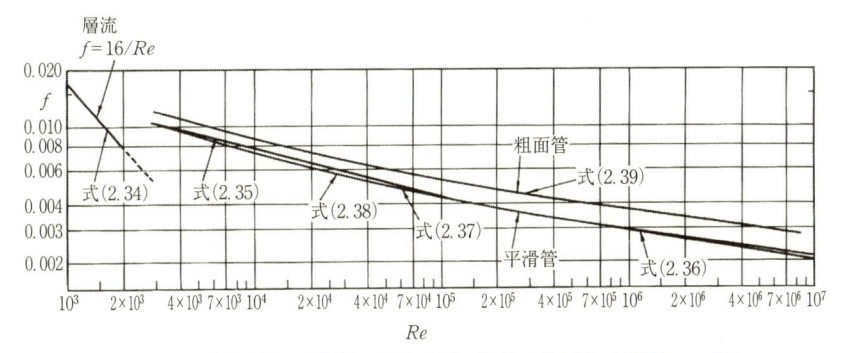

**図 2.5** 管の摩擦係数 $f$ ［化学工学協会編：化学工学便覧（新版），p. 111，丸善（1978）］

**[例題 2.6]** 水平な内径 100 mm の鋼管内を 300 K の水が平均流速 2 m·s$^{-1}$ で流れている．管長 200 m 当たりの摩擦ヘッドと圧力損失を求めよ．ただし，水の密度 1000 kg·m$^{-3}$，粘度 $0.8\times10^{-3}$ Pa·s とせよ．

**[解]** $\rho = 1000$ kg·m$^{-3}$, $\mu = 0.8\times10^{-3}$ kg·m$^{-1}$·s$^{-1}$, $\bar{u} = 2$ m·s$^{-1}$, $D = 0.10$ m であるから
$$Re = (0.10)(1000)(2)/(0.8\times10^{-3}) = 2.5\times10^5$$

鋼管は粗面管であるから，図 2.5 より，$f = 4.4\times10^{-3}$．式 (2.32) と式

(2.33) より
$$F = (4)(4.4 \times 10^{-3})(2)^2(200/0.10)/2 = 70.4 \text{ J·kg}^{-1}$$
$$\Delta P = \rho F = (10^3)(70.4) = 7.04 \times 10^4 \text{ Pa}$$

**(3) 管付属物や流路拡大縮小による損失**

管路中には直管の他,拡大縮小箇所があり,様々な継ぎ手,弁も使われている.このような場合のエネルギー損失 $F$ は,

$$F = \xi u^2/2 \tag{2.41}$$

で与える.$u$ には弁などの前後の流速,前後で流速が異なる場合には大きい方の流速,すなわち流路が狭い方を用いる.ここで $\xi$ は損失係数と呼ばれ,形状により 0.1〜10 程度の様々な値をとるが,同じ形状の場合には流速の二乗に比例してエネルギーが失われることに注意したい.

## 2.1.6 流速と流量の測定

化学プロセスにおいては流体を扱うことが多いので,流速と流量の正確な測定のため,その原理を理解しておくことが必要である.

**(1) 流速の測定法**

流速の測定法には種々の方法(表 2.3 参照)があるが,ここでは,**ピトー管**による測定の原理を説明する.

表 2.3 流速の測定法*

| 種　類 | 原　理 |
|---|---|
| ピ ト ー 管 | 総圧と静圧の関係(本文参照) |
| 熱 式 流 速 計 | 流速とともに熱線が冷やされ電気抵抗が変化する |
| 流体抵抗式流速計 | 流速とともに物体の受ける流体抵抗が増大する |
| 翼 車 式 流 速 計 | 流速とともに翼車の回転数が増大する |
| 電極反応流速計 | 流速とともに境膜内拡散電流が増大する |
| 流れの可視化 | 注入,発生した物質の移動速度をビデオ等で測定する |

\* 化学工学協会編:化学工学便覧(改訂 5 版),p. 305,丸善(1988)に加筆

ピトー管は,図 2.6 に示すように L 字形で,先端②とその近くの③に小孔があり,それらの点における流体の圧力が測定できる.流れの中へピトー管を入れると,流れは先端②で止められ,②においては圧力 $P_2$,流速 $u_2 = 0$ となる.③における圧力 $P_3$ は流れの静圧と考えられるので,$P_3 = P_1$ である.上流の①と②の間でベルヌーイの式 (2.22) を適用すると,管が水平である

とき $z_1 = z_2$ となり

$$u_1^2/2 + P_1/\rho_1 = P_2/\rho_2 \quad (2.41)$$
$$\therefore \quad P_2 - P_1 = \rho u_1^2/2 \quad (2.42)$$

ここで，$P_1$ を **静圧**，$P_2$ を **総圧**，$\rho u_1^2/2$ を **動圧** という．

差圧 $(P_2 - P_1)$ を U 字管マノメータで測定し，封液の液柱の差を $h$ とすると

$$u_1 = \sqrt{2gh(\rho_0 - \rho)/\rho} \quad (2.43)$$

ここで，$\rho_0$ はマノメータの封液の密度である．ピトー管においては，エネルギー損失 $F = 0$ としてよい．

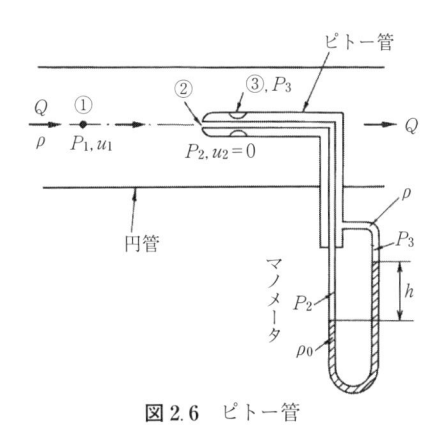

**図 2.6　ピトー管**

### (2) 流量の測定

図 2.7 に主な流量計を示す．

(i) オリフィス流量計

図 2.8 のように，流路の途中に薄板の中央に孔をあけたオリフィス板を入れて流れを絞ると，そこの流速は大きくなり，静圧は低下する．二つの断面①と②の間に式 (2.25) を適用する．エネルギー損失 $F$ は正確に求めることが困難なので，$F = 0$ と仮定し，後に補正する．

$W = 0$，$z_1 = z_2$，$\int P dv = 0$ なので，式 (2.25) より

$$(P_1 - P_2)v = (P_1 - P_2)/\rho = (\bar{u}_2^2 - \bar{u}_1^2)/2 \quad (2.44)$$

密度 $\rho_0$ の液封マノメータの読みを $h$ とすると

$$(P_1 - P_2)/\rho = g\left(\frac{\rho_0 - \rho}{\rho}\right)h = \frac{\bar{u}_2^2 - \bar{u}_1^2}{2} \quad (2.45)$$

断面①と②および孔で連続の式を適用すると

$$\bar{u}_1 = (A_0/A_1)\bar{u}_0 = m\bar{u}_0 \quad (2.46)$$
$$\bar{u}_2 = (A_0/A_2)\bar{u}_0 = \bar{u}_0/c_c \quad (2.47)$$

ここで，$m = A_0/A_1$ を **接近率**，$c_c = A_2/A_0$ を **収縮係数** という．

式 (2.46)，(2.47) を式 (2.45) に代入すると

$$\bar{u}_0 = \frac{c_c}{\sqrt{1 - m^2 c_c^2}}\sqrt{2g\left(\frac{\rho_0 - \rho}{\rho}\right)h} \quad (2.48)$$

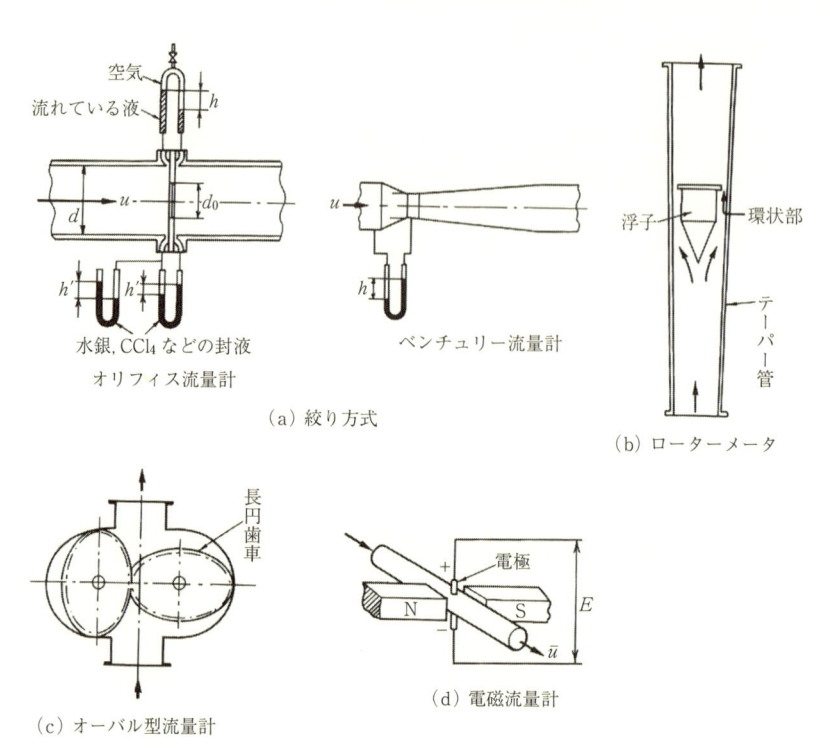

50　第2章　化学工学の基礎：流れと移動現象

(a) 絞り方式
　オリフィス流量計 ／ ベンチュリー流量計

(b) ローターメータ

(c) オーバル型流量計

(d) 電磁流量計

**図 2.7**　流量計 [化学工学協会編：化学工学便覧(改訂5版), p. 307, 丸善(1988)]

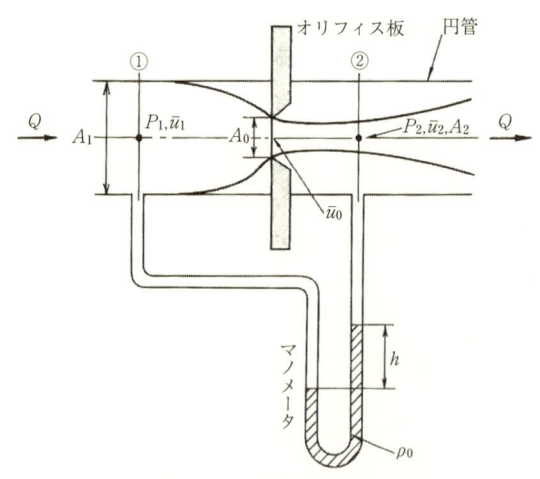

**図 2.8**　オリフィス流量計

オリフィス板挿入によるエネルギー損失の補正係数を $\beta$ とすると，流体の体積流量 $Q$ は

$$Q = \beta \bar{u}_0 A_0 = \alpha A_0 \sqrt{2g\left(\frac{\rho_0 - \rho}{\rho}\right)h} \tag{2.49}$$

$$\alpha = \frac{\beta c_c}{\sqrt{1 - m^2 c_c^2}} \tag{2.50}$$

ここで，$\alpha$ を**流出係数**［—］という．$Q$ と $h$ の検定曲線を作っておけば，マノメータの読み $h$ から直接 $Q$ を求めることができる．

(ii) ローターメータ

ローターメータは，図 2.7(b) に示すように，上の方が広いテーパー管内に回転子（ローター）を入れ，流体を下方から上方に流すようにしたものである．回転子は流速に応じて浮力により浮き上り，用語・記号の流体の抵抗と重力とが釣り合って止まる．その位置を目盛で読み，流量を測定する．

## 2.2 物質と熱の移動

### 2.2.1 流れによる移動

ある断面を通過する流れに乗った物質量と熱量の移動速度は以下の流速と濃度（あるいはエネルギー密度）との積で表される．用語・記号の定義については再度，本章のはじめを参照せよ．

(1) 物質の移動について
$$N = uC \text{ または } J = AN = FC \tag{2.51}$$

(2) 熱の移動について
$$q = ui = uC_p \rho T \text{ または } Q = Aq = Fi = FC_p \rho T \tag{2.52}$$

### 2.2.2 分子拡散と熱伝導

静止流体中では移動する「もの」すなわち物質量や熱量の移動流束は，「もの」の**密度勾配**に比例する．このような現象を**分子運動**による移動という．物質の移動現象を拡散という．熱が移動する場合でも**熱拡散**という用語を用いることがあるが通常は**熱伝導**という．層流でありかつ流速分布が無視できる流体中での移動速度は，分子運動による移動と前項で記載した流れによる移動との

和として表される．固体中であっても，同様に物質も熱も移動するが，固体中での熱伝導速度は大きいのに対し，固体中での物質の拡散速度は非常に小さい．

ここで密度勾配とは例えば物質量に対しては，**濃度勾配**となり，濃度差を距離で割った値が平均の濃度勾配を与える．濃度差が大きいほど，また距離が近いほど，移動量が大きいことは直感的に理解できる．このような考え方を式で表したものが，次の(1)以下である．なお，既に解説があった式 (2.13) のニュートンの法則も，$y$ 軸方向の流れによる**運動量密度** $\rho u$ の $x$ 方向の勾配に比例して，$x$ 方向の**運動量流束**（単位面積当たりの運動量の変化速度であり，これは，圧力あるいは剪断応力である）が与えられると考え同様な記述となっている．

(1) 物質の拡散については，次の**フィック**（Fick）**の法則**が成り立つ．
$$N = -\mathcal{D}(dC/dx) \qquad (2.53)$$
ここで，$N$ はモル流束 $[\mathrm{mol \cdot m^{-2} \cdot s^{-1}}]$，$dC/dx$ は濃度勾配 $[\mathrm{mol \cdot m^{-4}}]$，$\mathcal{D}$ は**拡散係数** $[\mathrm{m^2 \cdot s^{-1}}]$ である．流束は濃度勾配と方向が逆である．

(2) 熱の移動については，次の**フーリエ**（Fourier）**の法則**が成り立つ．
$$q = -\kappa(dT/dx) = -\alpha[d(C_p\rho T)/dx] = -\alpha(di/dx) \qquad (2.54)$$
ここで，$q$ は熱流束 $[\mathrm{J \cdot m^{-2} \cdot s^{-1}}]$，$\kappa$ は**熱伝導度** $[\mathrm{J \cdot m^{-1} \cdot s^{-1} \cdot K^{-1}}]$，$dT/dx$ は温度勾配 $[\mathrm{K \cdot m^{-1}}]$ である．エンタルピー密度 $i = C_p\rho T [\mathrm{J \cdot m^{-3}}]$ の勾配とは，**熱拡散係数** $\alpha = \kappa/C_p\rho [\mathrm{m^2 \cdot s^{-1}}]$ を用いて式 (2.53) と相似の関係が得られる．

[**例題 2.7**] 定圧系では，$A$, $B$ のみからなる気体中の $A$ の拡散係数と $B$ の拡散係数が一致することを証明せよ．

[**解**] $N_A = -\mathcal{D}_A \dfrac{dC_A}{dx}$

定圧であるから $C_A + C_B = $ 一定（$C_0$ とする）また，$N_A = -N_B$ を代入し

$-N_B = \mathcal{D}_A \dfrac{dC_B}{dx}$

この式の両辺に負号を付けた式は，$\mathcal{D}_B$ の定義式に他ならない．よって，$\mathcal{D}_A$ と $\mathcal{D}_B$ とを区別せずに用い，相互拡散係数 $\mathcal{D}_{AB}$ あるいは単に $\mathcal{D}$ とだけ書く．なお，ここでは省略するが，定圧系ではない場合，液体の場合でも同様に扱うことができる．

## 2.2 物質と熱の移動

**[例題2.8]** 平板の内部における伝導伝熱の1次元基礎方程式を導け.

**[解]** 概念図を図2.9に示す. 微小時間 $dt$ における, 微小体積 $Adx$ における温度上昇を $dT$ とする. また, $dx$ の間に温度勾配 $d(\partial T/\partial x)$ だけ変化する. 物質の密度を $\rho$, 比熱容量を $C_p$, 熱伝導度を $\kappa$ とすると

蓄熱量：$Adx \cdot C_p \rho dT$

流入熱量：$-A\kappa(\partial T/\partial x)dt$

流出熱量：$-(A+dA)\kappa[(\partial T/\partial x)+d(\partial T/\partial x)]dt$

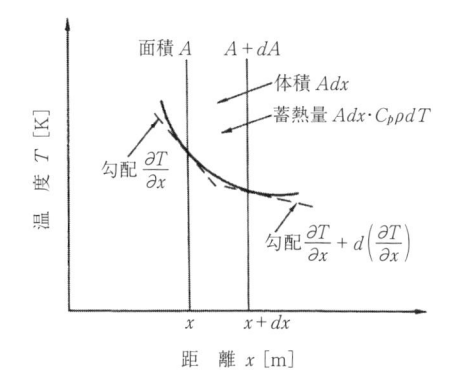

**図2.9** 伝導伝熱の基礎方程式の導出

平板であるので $dA=0$, 蓄熱量＝流入熱量－流出熱量より

$$C_p \rho dx dT = \kappa d(\partial T/\partial x)dt$$
$$dT/dt = [\kappa/(C_p \rho)]d(\partial T/\partial x)/dx$$

$x, t$ の2変数があるため, 偏微分の形に直すと

$$\partial T/\partial t = \alpha \partial(\partial T/\partial x)/\partial x$$
$$= \alpha \partial^2 T/\partial x^2$$

なお, $x, y, z$ 方向からの熱移動が同時にある場合には

$$\partial T/\partial t = \alpha(\partial^2 T/\partial x^2 + \partial^2 T/\partial y^2 + \partial^2 T/\partial z^2)$$

なお, **円筒座標**系で半径 $r$ 方向の1次元の移動を考える場合には, 対象としている円筒の長さを $L$ とし, $A$ は $2\pi rL$, $dA$ は $2\pi dr L$ とし, 流出熱量の計算にあたって, 2次の**微小項**（$d**$ と $d**$ との積）は無視する. また**球座標系**で半径 $r$ 方向の1次元の移動を考える場合には, $A+dA$ の計算でもまず2次の微小項を無視し, $4\pi(r+dr)^2 \fallingdotseq 4\pi r^2 + 8\pi r dr$ とし, さらに流出熱量の計算にあたっても再度2次の微小項を無視する.

このようにして得られた結果は, 最終的に以下の形にまとめられる（上記の計算から下記を得ることは因数分解と同様にテクニックが必要であるが, 以下の積の微分を行うことで, 上記の結果を導くことは可能である. 試みよ）

$$\frac{\partial T}{\partial t} = \frac{\alpha}{r^n} \frac{\partial \left(r^n \frac{\partial T}{\partial r}\right)}{\partial r} \tag{2.55}$$

ここで，**平面座標**，**円筒座標**，**球座標**のそれぞれについて，$n=0, 1, 2$となる．平面座標の場合には，半径$r$に代えて，位置$x$を使用する．ここでは$T$の変化を導いたが，$T$に代えてエネルギー密度，$i$を用いて式を作っても良い．

物質量についても全く同様の式が成り立つが，このときには$T$に代えて濃度$C$，$\alpha$に代えて相互拡散係数$\mathcal{D}_{AB}(\mathcal{D})$を用いる．

**[例題 2.9]** 円形断面の断面積$A[\mathrm{m}^2]$，深さ$H+L[\mathrm{m}]$の，一定温度に保たれた細い円筒状の容器中に深さ$L[\mathrm{m}]$まで水が入り，その上の高さ$H$の混合のない上部空間を通して水が蒸発する．円筒容器中では水の一方拡散による流れ以外には流れはなく，容器上に存在する空気中の水分は無いものとする．円筒最上部の水蒸気濃度は0，水表面の水蒸気濃度を$C^*$，空気と水蒸気との合計の濃度を$C_0$とし，a. 拡散により生じる管内の流れの流速を求めよ．b. $C^*/C_0=0.5$のときの蒸発速度は，同一境界条件で静止ガス中を相互に拡散する場合の何倍か．

**[解]** a. 管内では，水が蒸発する量だけ上方に流れが生じ，一方空気の流れは存在しない．すなわち，式 (2.51) により表される水面から上方への流れ（流速$u$一定）に乗った空気の流束と，式 (2.52) により表される拡散による流束とを合計すると，ゼロのはずである．空気の濃度を$C$とし，$x=0$で$C=C_0-C^*$と$x=H$で$C=C_0$の条件の下で

$$uC - \mathcal{D}dC/dx = 0 \text{ より}$$

を変数分離形として積分すれば

$$\frac{u}{\mathcal{D}}\int_0^H dx = \int_{C_0-C^*}^{C_0}\frac{dC}{C}$$

より $u=(\mathcal{D}/H)\ln[C_0/(C_0-C^*)]$．

b. 容器の最上面では，水蒸気の濃度はゼロゆえ，水蒸気のモル流束は

$$N = -\mathcal{D}d(C_0-C)/dx = uC_0 = C_0(\mathcal{D}/H)\ln[C_0/(C_0-C^*)]$$

この数字は，円管内のどこでも一定である．このような場合の移動を一方拡散という．等モル相互拡散の場合のモル流束は，2.62で後述するように平面座標系では

$$N = \mathcal{D}C^*/H$$

で与えられる．これより一方拡散では相互拡散の

$$C_0/\{C^*/\ln[C_0/(C_0-C^*)]\} = C_0/C_{\mathrm{lm}} \tag{2.56}$$

倍すなわち，全濃度を空気の**対数平均濃度** $C_{lm}$ で割った値がかけられている．値を代入して，$(\ln 2)/0.5 = 1.39$ 倍を得る．（注：$a$ と $b$ との対数平均は $(a-b)/\ln(a/b)$ で与えられる．本書でも何度か対数平均を使用するので，記憶しておくと良い）

## 2.2.3 動的物性値の推算

(1) 粘度の単位は $[\text{Pa·s}]$ で，水の粘度は常温でほぼ $10^{-3}\,\text{Pa·s}$ であり，他の液体では $0.1\text{-}1000$ 倍程度の粘度を示すが，液体では温度の上昇とともに減少する．気体粘度は $10^{-5}\,\text{Pa·s}$ 程度で圧力の影響は少なく，温度とともに上昇する．

(2) 気体の相互拡散係数は，水素，ヘリウムを含む系では $10^{-4}\,\text{m}^2\cdot\text{s}^{-1}$ 程度であり，一般には $10^{-5} \sim 10^{-4}\,\text{m}^2\cdot\text{s}^{-1}$ の範囲となる．液相中での拡散係数は $10^{-9}\,\text{m}^2\cdot\text{s}^{-1}$ 程度となる．多孔質固体内の流体の有効拡散係数は

$$\mathcal{D}_e = \mathcal{D}_{AB}\cdot\varepsilon/\chi \tag{2.57}$$

ここで，$\varepsilon$ は**空隙率**，$\chi$ は**屈曲度**といい，まっすぐに通じた管に対する，屈曲による拡散距離の増大率を拡散断面積の減少率で割った値である．

(3) 熱伝導度 $\kappa$ の単位は $[\text{W}\cdot\text{m}^{-1}\cdot\text{K}^{-1}]$ で，気体の熱伝導度は $0.01$ のオーダー（水素，ヘリウムは $0.1$ のオーダー）であり，温度とともに上昇する．液体では $0.1$ のオーダーで，水を除けば温度の上昇とともに減少するものが多い．金属では $100$ 程度で，電気伝導度とほぼ比例する．空隙率 $\varepsilon$ の多孔質の固体に対しては，有効熱伝導度 $\kappa_e = (1-\varepsilon)\kappa$ または (2) と同様に $(1-\varepsilon)\kappa/\chi$ を $\kappa$ に代えて用いる．レンガでは $0.1\text{-}10$ 程度の値となる．

## 2.2.4 無次元物性定数

物質，熱，運動量の移動に関する無次元数を次に示す．既に式 (2.6) で定義した $Re$ を含め，いずれも前出の拡散係数 $\mathcal{D}$ と同じ次元の $\alpha$，$\nu$ および $uD$ の比で与えられる．

(i) $Sc = \nu/\mathcal{D}$：**シュミット数**．運動量と物質の移動しやすさの比．空気中での値は $0.6\text{-}1.2$ 程度と狭い範囲にあるが，液体では数百-2000 の範囲となる．

(ii) $Pr = \nu/\alpha$：**プラントル数**．運動量と熱の移動しやすさの比．気体では主として $0.2\text{-}3$ 程度と狭い範囲にあるが，液体では $0.01\text{-}1000$ の広い範囲と

なる.

(iii) $Le = \alpha/\mathcal{D} = Sc/Pr$；**ルイス数**．熱と物質の移動しやすさの比．

[**例題 2.10**] 二原子分子理想気体のプラントル数 $Pr$ を推定せよ．ただし，$C_{pm} = 3.5R$，$M_A = M_B$ を仮定せよ．$Pr = \mu c_p/\kappa$．多原子分子の熱伝導度の推算式は $\kappa = (C_{vm} + 2.25R) \times 10^3 \mu/M$ である．

[**解**] まず，$\kappa$ を計算する．ここで，$C_{vm}$ は定容モル熱容量 $[\mathrm{J \cdot mol^{-1} \cdot K^{-1}}]$，$R$ は気体定数 $8.314 [\mathrm{J \cdot mol^{-1} \cdot K^{-1}}]$ である．$c_p$ の単位は $[\mathrm{J \cdot kg^{-1} \cdot K^{-1}}]$ で $C_{pm}$ は $[\mathrm{J \cdot mol^{-1} \cdot K^{-1}}]$ であるから，$c_p = 10^3 C_{pm}/M$，$C_{pm} = 3.5R$，$C_{vm} = C_{pm} - R = 2.5R$ を用いて整理すると $Pr = 0.74$ を得る．

### 2.2.5 乱流中の移動

既に 2.6 式に示した $Re$ 数も，$uD/\nu$ と表すことができ，$\mathrm{m^2 \cdot s^{-1}}$ の二つの変数の比となっている．

移動現象は，層流中では分子運動に支配されるが，乱流状態では，様々な大きさの渦により，物質，熱，運動量が同時に運ばれる．それぞれの移動のしやすさを物質，熱，運動量の**乱流拡散係数**（$\varepsilon_D$, $\varepsilon_H$, $\varepsilon_M$）といい，それぞれ近い値をとる．分子運動と乱流拡散の両者が存在するときの移動現象は次式で表される．

$$N = -(\mathcal{D} + \varepsilon_D) dC/dx \tag{2.58}$$

$$q = -(\alpha + \varepsilon_H) di/dx \tag{2.59}$$

$$\tau = -(\nu + \varepsilon_M) d(\rho u)/dy \tag{2.60}$$

十分発達した乱流中では，分子運動による項は無視できるようになる．

## 2.3 移動係数

### 2.3.1 移動係数や抵抗の定義

前節では，拡散や熱伝導がどのように起こるかという現象を整理した．特に非定常状態での解析ではこのような解析が必要であった．しかし，実際の現場では，濃度勾配や温度勾配を計測することは事実上難しいが，**濃度差や温度差**を計測することは比較的容易である．ほとんどの化学装置が定常で運転されて

2.3 移動係数　　57

いる状況を考えると，装置の形状や流れの状態は変化しておらず，このような定常状態での流束は，物質については**濃度差**，熱については温度差に比例するとして良い．濃度差や温度差のことを総称して推進力と呼び，比例係数のことを移動係数という．なお，2.2.2項で分子拡散による移動を考えたときには，濃度勾配あるいは温度勾配の方向と移動方向とが異なることを強調するため，負号を付したが，移動係数を扱うときには当然濃度が高い方から低い方に移動することを想定しているので，符号については特に注意を払う必要はない．

$$\text{流束} = (\text{移動係数}) \times (\text{推進力})$$

$N(\text{モル流束}[\text{mol}\cdot\text{m}^{-2}\cdot\text{s}^{-1}]) = k(\textbf{物質移動係数}[\text{m}\cdot\text{s}^{-1}])\cdot\Delta C(\text{濃度差}[\text{mol}\cdot\text{m}^{-3}\cdot\text{s}^{-1}])$

$q(\text{熱流束}[\text{J}\cdot\text{m}^{-2}\cdot\text{s}^{-1}]) = h(\textbf{伝熱係数}[\text{J}\cdot\text{m}^{-2}\cdot\text{s}^{-1}\cdot\text{K}^{-1}])\cdot\Delta T(\text{温度差}[\text{K}])$　(2.61)

**伝熱係数**のことを**熱伝達係数**とも呼ぶ．伝熱の場合には$[\text{J}\cdot\text{s}^{-1}]$は$[\text{W}]$で置き換えることができる．物質移動係数については，推進力をモル分率差，あるいは圧力差で定義する場合もあり，このとき，物質移動係数の単位は，式(2.61)とは異なる．なお，反応速度定数に$k$を用いているときは，混用を避けるため，$k$に代えて$k_c$を使うこともある．

ここでは物質と熱のみ扱ったが，流体の流れも圧力差$\Delta P$という推進力によりもたらされる．また，電流も電位差という推進力によりもたらされるとして良い．電位差(推進力)/電流(流束)は抵抗と呼ばれるが，物質移動や熱移動についても，**物質移動抵抗**あるいは**伝熱抵抗**という用語を定義することがある．電気の場合と同様に，直列に並んだ抵抗の**総括抵抗**は，各抵抗の和となることが，以下で同様に示されることになるので注意したい．

$$\text{抵抗} = \text{推進力} / \text{流束} = 1/\text{移動係数} \quad (2.62)$$

### 2.3.2　平面座標系での静止流体や固体板内の移動係数

厚み$\delta$の固体平板を考える．$x=0$のとき$T=T_0$，$x=\delta$のとき$T=T_\delta$とすれば，両面の温度差は$\Delta T=T_0-T_\delta$である．このときの，定常状態での熱流束を計算する．例題2.8に示した解から，

$$\frac{\partial T}{\partial t} = \alpha\frac{\partial^2 T}{\partial x^2} \quad (2.63)$$

定常状態故，左辺はゼロである．従って，

$$\partial T/\partial x = dT/dx = 一定(Bと置く) \tag{2.64}$$

変数分離後 $x=0 \sim \delta$ の範囲で積分し

$$T_0 - T_\delta = -B\delta \tag{2.65}$$

フーリエの法則より

$$q = -\kappa dT/dx = -\kappa B = \kappa(T_0 - T_\delta)/\delta = (\kappa/\delta)\Delta T \tag{2.66}$$

すなわち以下の式 (2.67),(2.68) を得る．物質移動の場合も同様な結果を与えるが，通常固体内の拡散速度は小さく，あるいは燃料電池などの非常に薄い2枚の電極間での移動などの適用例も考えられるが，本式の適用範囲は決して広くはない．

一方多孔質体の中に流体が静止した状態で分離，断熱などに用いられる例は多く，この場合には既に述べたように伝熱の場合には固体中，拡散の場合には流体中での移動が支配的になるため，以下の $\kappa$ や $\mathcal{D}$ に代えて既に定義した有効熱伝導度 $\kappa_e$ や有効拡散係数 $\mathcal{D}_e$ を用いる．

$k = \mathcal{D}/\delta$ （平面座標系での静止流体や固体板内の物質移動の場合） (2.67)

$h = \kappa/\delta$ （平面座標系での静止流体や固体板内の熱移動の場合） (2.68)

### 2.3.3 円管壁，球殻，静止流体中に置かれた球表面の移動係数

#### (1) 円管壁内の移動係数

円管壁を通しての移動に対しては，通常，外表面積 $A_2$ か内表面積 $A_1$ 基準で移動定数を定義することが多い．例えば，外表面積基準で移動定数を定義した場合には，移動定数は以下で与えられる．ここで $\delta$ は，壁の厚みであり，外半径と内半径の差 $R_2 - R_1$ である．

$$k_0{}^* = J/(A_2 \Delta C) = (A_{lm}/A_2)\mathcal{D}/\delta = (R_{lm}/R_2)\mathcal{D}/\delta \tag{2.69}$$

（円管壁内の物質移動の場合，外面積基準）

$$h_0{}^* = Q/(A_2 \Delta T) = (A_{lm}/A_2)\kappa/\delta = (R_{lm}/R_2)\kappa/\delta \tag{2.70}$$

（円管壁内の熱伝導の場合，外面積基準）

ここで，外表面積基準であることを明示するために，それぞれの移動係数には*をつけて区別した．$A_{lm}$ は対数平均面積[例題2.3中，式(2.56)参照]である．

$$A_{lm} = (A_2 - A_1)/\ln(A_2/A_1) \tag{2.71}$$

**[例題2.11]** 上記の円管壁内の熱伝導の場合の式を与えよ．

[解] 図 2.10 に示す内半径 $R_1$, 外半径 $R_2$, 長さ $L$ の円筒を考える．この場合では，伝熱面積が半径に比例して変化する．半径 $r$ の円筒面を通過する熱の移動速度 $Q$ は，フーリエの法則式 (2.54) より

$$Q = -\kappa(2\pi rL)dT/dr \quad (2.72)$$

定常状態では，$Q$ は $r$ によらず一定となる．式 (2.72) を境界条件 $r=R_1$ で $T=T_1$ の下で積分し，$r=r_2$ で $T=T_2$ とおくと

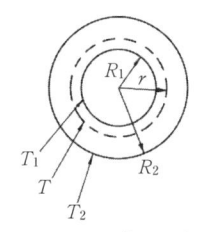

図 2.10 円管壁の伝導伝熱

$$Q = \kappa(2\pi L)(T_1-T_2)/\ln(R_2/R_1) = \kappa A_{lm}(T_1-T_2)/(R_2-R_1) \quad (2.73)$$

**(2) 球殻内およびそのほかの形状の場合の移動係数**

球殻内については同様に以下で与えられる．

$$k_0^* = J/(A_2 \Delta C) = (A_m/A_2)\mathcal{D}/\delta = (R_m^2/R_2^2)\mathcal{D}/\delta \quad (2.74)$$

(円管壁内の物質移動の場合，外表面積基準)

$$h_0^* = Q/(A_2 \Delta T) = (A_m/A_2)\kappa/\delta = (R_m^2/R_2^2)\kappa/\delta \quad (2.75)$$

(円管壁内の熱伝導の場合，外表面積基準)

ここで，$A_m$, $R_m$ は幾何平均面積および幾何平均半径である．

$$A_m = \sqrt{A_1 A_2} \quad (2.76)$$

$$R_m = \sqrt{R_1 R_2} \quad (2.77)$$

箱形の場合にも同様に $A_m$ を用いて近似式とすることができる．

**(3) 静止流体中に存在する球からの移動係数**

静止流体中に置かれた直径 $D$ の球体からの移動係数は以下で与えることができる．

$$k = 2\mathcal{D}/D \quad \text{(物質移動の場合)} \quad (2.78)$$

$$h = 2\kappa/D \quad \text{(熱移動の場合)} \quad (2.79)$$

[例題 2.12] 半径 $R$ (直径 $2R$) の球の表面での濃度が $C^*$ であり，静止流体中へ定常的に拡散する．無限遠点では濃度は 0 である．この時の $R$ から無限遠点までの濃度分布を求めよ．拡散係数を $\mathcal{D}$ とせよ．また球表面での物質移動係数 $k$ が式 (2.78) で与えられることを示せ．

[解] $\partial C/\partial t = (\mathcal{D}/r^2)\partial(r^2 \partial C/\partial r)/\partial r$

よりこの方程式の右辺 $=0$ とおく．偏微分を常微分になおし，$r^2 dC/dr = B$

(一定) とおく．$r=R$ で $C=C^*$，$r=\infty$ で $C=0$ の境界条件で解き，$B=-RC^*$，$C=RC^*/r$ を得る．$dC/dr=-RC^*/r^2$ をフィックの式に代入し，物質移動係数の定義から上式を得る．

### 2.3.4 境膜移動係数

図 2.11 に境膜の考え方を示す．図 2.11 は，左側の灰色の部分が，例えば氷砂糖であり，これから水中に砂糖が溶けだしている．液本体はよく撹拌されていても氷砂糖のすぐそばには全く流れがない部分が膜状で存在しており，これを境膜と呼ぶことにする．**境膜厚み**は，物質の場合の $\delta_D$ と熱の場合の $\delta_H$ とで若干異なることが知られ

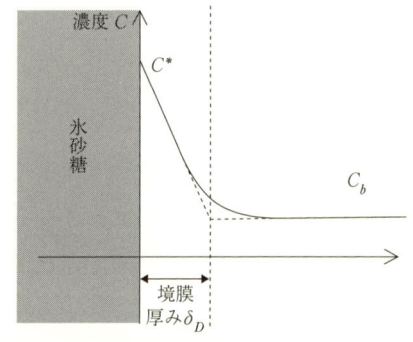

**図 2.11** 境膜の考え方

ているが，良く撹拌されている条件下では境膜の厚みはいずれも 0.1 mm のオーダーである．本体の濃度は $C_b$ 均一であり，液が氷砂糖に接している部分の濃度は**飽和溶解度** $C^*$ であるとすれば，**境膜内**の濃度勾配は $(C^*-C_b)/\delta_D$ とで与えられ（前述のようにこの勾配は左記に負号を付けておくべきものであるが，方向を考えずに正値で与えることにする），物質移動係数 $k$ は以下で与えられる．同様に伝熱係数も以下に与えておく．

$$k = \mathcal{D}/\delta_D \tag{2.80}$$

$$h = \kappa/\delta_H \tag{2.81}$$

このように境膜厚みがわかれば移動係数を計算することも可能となったが，実際には境膜厚みを測定する手段はなく，実験的に移動係数を推算することになる．さらに，図には点線で書いたように，境膜と本体との境目が必ずしもはっきりと存在しているとはいえないことから実線で書いたように境膜付近の濃度分布は曲線で与えられることになる．このとき，固体壁のところでの濃度勾配をそのまま延長し，$C=C_b$ となる点が境膜厚みを与える．

円柱表面あるいは球表面など平面と異なる場合には，境膜の内側と外側とで面積が異なり，境膜内で濃度分布は直線とはならないため，上記の議論は厳密には成立しない．しかし，基準となる面積は固体界面などの界面の面積，すな

わち境膜の内側の面積を用いて本来の定義である式 (2.61) により与えられる.

### 2.3.5 装置内移動に関する無次元数――次元解析の利用

円管内を流れる流体に外部から加熱／冷却または溶出／除去されるときの移動係数は流体の物性や流れの状態に関係するため，主に実験によって求められている．実験式を求める前に次元解析により式の形を定める．伝熱を例に解説する．

伝熱係数 $h[\mathrm{W \cdot m^{-2} \cdot K^{-1}}]$ は，流体の粘度 $\mu[\mathrm{kg \cdot m^{-1} \cdot s^{-1}}]$，密度 $\rho[\mathrm{kg \cdot m^{-3}}]$，熱容量 $C_p[\mathrm{J \cdot kg^{-1} \cdot K^{-1}}]$，熱伝導度 $\kappa[\mathrm{W \cdot m^{-1} \cdot K^{-1}}]$，管径 $D[\mathrm{m}]$，管長 $l[\mathrm{m}]$，平均流速 $u[\mathrm{m \cdot s^{-1}}]$ の関数と考えられるので，次式のようにおく．

$$h = A\mu^a \rho^b C_p{}^c \kappa^e D^f l^g u^i \tag{2.82}$$

ここで，$A$ は比例定数 [—] である．

これらの量を時間 $T$，質量 $M$，長さ $L$，温度 $\theta$ の次元で表すと（なお，1.1.8 のように，$T:\mathrm{s}$，$M:\mathrm{kg}$，$L:\mathrm{m}$，$\theta:\mathrm{K}$ とし単位を表す記号と用いても全く同様である）

$$\mu : ML^{-1}T^{-1} \quad \kappa : MLT^{-3}\theta^{-1} \quad u : LT^{-1}$$
$$\rho : ML^{-3} \quad D : L \quad h : MT^{-3}\theta^{-1}$$
$$C_p : L^2 T^{-2} \theta^{-1} \quad l : L \quad A : —$$

これらにより，式 (2.89) は

$$[MT^{-3}\theta^{-1}] = [—][ML^{-1}T^{-1}]^a [ML^{-3}]^b [L^2 T^{-2} \theta^{-1}]^c [MLT^{-3}\theta^{-1}]^e [L]^f$$
$$[L]^g [LT^{-1}]^i$$
$$= [M]^{a+b+e}[L]^{-a-3b+2c+e+f+g+i}[T]^{-a-2c-3e-i}[\theta]^{-c-e}$$

式の両辺の次元が一致するためには

$$M : 1 = a + b + e$$
$$L : 0 = -a - 3b + 2c + e + f + g + i$$
$$T : -3 = -a - 2c - 3e - i$$
$$\theta : -1 = -c - e$$

変数が7個で，式が4個であるから，3個は不定となる．$b, c, g$ を用いて残りの変数を表すと

$$a = c - b, \quad e = 1 - c, \quad f = -1 + b - g, \quad i = b$$

これらを式 (2.89) に入れると

$$h = A\mu^{c-b}\rho^{b}C_{p}{}^{c}\kappa^{1-c}D^{-1+b-g}lg u^{b}$$
$$= A\left(\frac{D\rho u}{\mu}\right)^{b}\left(\frac{C_{p}\mu}{\kappa}\right)^{c}\left(\frac{l}{D}\right)^{g}\left(\frac{\kappa}{D}\right)$$

すなわち
$$\frac{Dh}{\kappa} = Nu = ARe^{b}Pr^{c}(l/D)^{g}$$

以上により伝熱係数を含む無次元数であるヌセルト数, $Nu = Dh/\kappa$ があらたに定義され, これが既に定義された $Re$, $Pr$, および $l/D$ の無次元数の関数として与えられるであろうことが予想された. 物質移動の場合にも同様である. また, 相関式の表記にあたっては**ペクレ数**が用いられることもある. これらを整理して以下に示す.

(i) $Sh = kD/\mathcal{D}$ ; **シャーウッド数** = 装置代表長さ/物質移動の境膜厚さ
(ii) $Nu = hD/\kappa$ ; **ヌセルト数** = 装置代表長さ/伝熱の境膜厚さ
　これらは一般に $Sc$ または $Pr$ と $Re$ の関数となる. 他に
(iii) $Pe = uD/\mathcal{D} = Re \cdot Sc$ (物質移動の場合), $= uD/\alpha = Re \cdot Pr$ (熱移動の場合) ; **ペクレ数** = 流れによる移動/(熱)拡散による移動

### 2.3.6　境膜移動係数の推算式

ここでは代表的な移動係数の推算式のみ与えておく.
円管内の層流では管壁濃度一定の下で
$$Sh = 3.66 + 0.0668Pe(D/L)/[1 + 0.04(Pe \cdot D/L)^{2/3}] \quad (2.83)$$
により管入口から $L$ までの平均の管壁物質移動係数が得られる.
円管内乱流では
$$Sh = 0.023Re^{0.8}Sc^{1/3} \quad (Re > 10000, \ L/D > 60) \quad (2.84)$$
球のまわりの移動係数は, $u$ として相対流速, $D$ として球直径を用い
$$Sh = 2.0 + 0.60Re^{1/2}Sc^{1/3} \quad (2.85)$$
伝熱の場合には, $Sh$ を $Nu$ に, $Sc$ を $Pr$ に置き換え, $Pe = Re \cdot Pr$ を用いる.
　式 (2.85) は, ランツマーシャルの式と呼ばれるが, ここの 2.0 という数字は 2.3.3 項中の例題 2.12 で導いた, 静止流体中の球からの移動係数に対し理論的に与えられた式 (2.78) (2.79) を, $Sh$ あるいは $Nu$ 数の定義に代入することで得られた値である.

## 2.3.7 総括移動係数(平板)

ここまで述べてきた各々の移動過程が連なったときの全体の移動係数を総括移動係数という.総括物質移動係数は$K[\mathrm{m \cdot s^{-1}}]$,**総括伝熱係数**は$U[[\mathrm{J \cdot m^{-2} \cdot s^{-1} \cdot K^{-1}}]$と記載する.$A_b$は基準とした面積,$\Delta C_t$は全体での濃度差,$\Delta T_t$は全体での温度差である.

$$J = A_b K \Delta C_t \tag{2.86}$$
$$Q = A_b U \Delta T_t \tag{2.87}$$

総括移動係数の逆数は**総括移動抵抗**と呼び,それぞれの移動過程の移動抵抗の和として表される.平板状の抵抗が連なっている場合には,それぞれの抵抗での面積($A_b$)が変化しないため,それぞれの抵抗内での流束($N=J/A_b$, $q=Q/A_b$)が同一であるとの式から,熱移動の場合には以下を得る.

$$1/U = 1/h_0 + 1/h_1 + 1/h_2 \cdots \tag{2.88}$$

または

$$U = 1/(1/h_0 + 1/h_1 + 1/h_2 \cdots) \tag{2.89}$$

ここで,熱移動の場合には異なる相が接触している場合でも界面では温度は変化しないためこれ以上の考慮は不要である.しかし,物質移動の場合には異相間では濃度の値が異なる.そこで,物質移動に関する以下の同様な式は,相変化が無い場合に限定して成立する.

$$1/K = 1/k_0 + 1/k_1 + 1/k_2 \cdots \tag{2.90}$$

または

$$K = 1/(1/k_0 + 1/k_1 + 1/k_2 \cdots) \tag{2.91}$$

ついで気相と液相とが接しており,濃度$C_{Gb}$の気相本体から気相境膜(物質移動係数を$k_G$とする)を通り気液界面を介して液相にとけ込み,液相境膜(物質移動係数を$k_L$とする)を通り,濃度$C_{Lb}$の液相本体に至る,図2.12に示した系を考える.界面では

$$C_G^* = H C_L^* \tag{2.92}$$

の平衡関係が成立しているとすれば,これまでと同じように式を作ることができる.

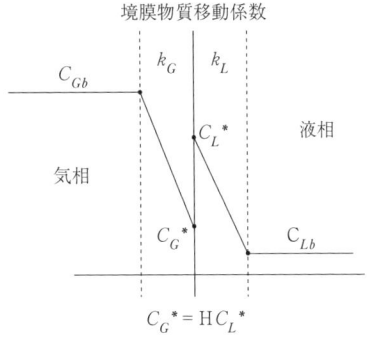

**図2.12** 気相から液相に物質移動するときの総括物質移動係数

それぞれの抵抗内での流束（$N = J/A$）が同一であることを式で表すと

$$N = k_G(C_{Gb} - C_G^*) \tag{2.93}$$

$$N = k_L(C_L^* - C_{Lb}) \tag{2.94}$$

変形して

$$N/k_G = C_{Gb} - C_G^* \tag{2.95}$$

$$NH/k_L = HC_L^* - HC_{Lb} \tag{2.96}$$

2式を加え，式（2.92）の関係をも用いて

$$N(1/k_G + H/k_L) = C_{Gb} - HC_{Lb} \tag{2.97}$$

を得る．この式は，$\Delta C = C_{Gb} - HC_{Lb}$ が推進力であるが，液相濃度をも式（2.92）を用いて気相濃度に換算している．このとき，以下は気相基準総括物質移動係数と呼ばれる．

$$K_G = 1/(1/k_G + H/k_L) \tag{2.98}$$

同様に気相濃度をも液相濃度に換算して与える液相基準総括物質移動係数は以下で与えられる．

$$K_L = 1/(1/Hk_G + /k_L) \tag{2.99}$$

### 2.3.8 総括移動係数（円筒・球）

円筒状あるいは球殻状の抵抗が連なっている場合には，それぞれの抵抗での面積が変化するため，それぞれの抵抗内での流束ではなく移動速度（$J, Q$）が同一であるとの式から，総括移動係数を求める必要がある．この結果，総括移動係数は，どの面積を基準とするかにより異なる．例えば円管の内側を1，外側を2，壁内を0とすれば，外表面積基準の総括移動係数は

$$K_2 = 1/(1/k_0^* + 1/k_1^* + 1/k_2) \tag{2.100}$$

$$U_2 = 1/(1/h_0^* + 1/h_1^* + 1/h_2) \tag{2.101}$$

で与えられる．ここで，壁内の移動係数には2.3.3項(1)で与えた $k_0^*$，$h_0^*$ を用いる．また，円管内境膜移動係数に対しては，以下の面積補正を行った上で用いる．なお本式の導出は，次の例題による．また，球殻に対しても全く同様である．

$$k_1^* = (A_1/A_2)k_1 \tag{2.102}$$

$$h_1^* = (A_1/A_2)h_1 \tag{2.103}$$

**[例題 2.13]** 円管（外径 100 mm，内径 90 mm，熱伝導度 80 W·m$^{-1}$·K$^{-1}$）の外側に 293.2 K の水を流し，内側に 363.2 K の高温流体を流す．高温流体および水側の伝熱係数はそれぞれ 2500，1500 W·m$^{-2}$·K$^{-1}$ である．外表面積基準の総括伝熱係数 $U$ および内壁と外壁の表面温度を求めよ．

**[解]** 壁表面温度を $T$，管 1 m 当たりの伝熱面積を $A$，管内を添字 $i$，管外を添字 $o$ とする．

円管内の式：$Q[\text{W}] = A_i h_i (\Delta T)_i = (0.283)(2500)(363.2 - T_i)$

管 中 の 式：$\quad\quad\quad = A_{av} \kappa (T_i - T_o)/l = (0.298)(80)(T_i - T_o)/0.005$

円管外の式：$\quad\quad\quad = A_o h_o (\Delta T)_o = (0.314)(1500)(T_o - 293.2)$

これより $T_i$，$T_o$ を消去して，$U = (Q/A_o)/\Delta T = 1/[A_o/(A_i h_i) + A_o l/A_{av}\kappa + 1/h_o]$
$= 850\text{ W·m}^{-2}\text{·K}^{-1}$ を得る．このように伝熱面積が変化するときも，伝熱面積の補正を行った抵抗の和の逆数として**総括伝熱係数** $U$ が与えられる．$Q = UA_o\Delta T$
$= (850)(0.316)(363.2 - 293.2) = 18700\text{ W}$ より $T_i = 336.8\text{ K}$，$T_o = 332.9\text{ K}$ を得る．

### 2.3.9 汚れ係数

熱交換器等の伝熱装置においては，伝熱面に炭酸カルシウムなどの析出が起こり伝熱抵抗が増大することがある．スケールあるいは汚れと呼び，この部分にも伝熱係数に相当する汚れ係数として，通常 $10^3 \sim 10^4$ J·m$^{-2}$·s$^{-1}$·K$^{-1}$ 程度の値を与え，他の係数と同様にその逆数を抵抗として加える．

## 2.4 様々な伝熱

### 2.4.1 伝導伝熱と強制対流伝熱

固体中あるいは静止流体中における熱伝導による伝導伝熱，強制的に流通している流体と固体との間の強制対流伝熱についてはそれぞれフーリエの法則，伝熱係数により記述できることを既に示した（2.2，2.3 節参照）．

### 2.4.2 自由対流伝熱と沸騰伝熱・凝縮伝熱

加熱，冷却により流体温度が変化することにより，密度変化が生じ，浮力による流動が生じる．流動により，加熱（冷却）面の伝熱量は，伝導伝熱だけの

場合に比べ増大する．$Nu$ 数は，$Pr$ 数と，体膨張による浮力の効果を無次元化した**グラスホッフ数**（$Gr = \beta g \rho^2 L^3 \Delta T / \mu^2$，$\Delta T$ は代表温度差，$\beta$ は体膨張率，$L$ は代表長さ）の関数となる．

沸騰や凝縮は伝熱による相変化を伴う伝熱特有の現象である．固体表面から液体に熱を与え沸騰させたり，あるいは水蒸気を固体表面に凝縮させ固体に熱を与える場合は，伝熱係数が増大する．

### 2.4.3 放射伝熱

電磁波により温度 $T[\mathrm{K}]$ の物質から放射される熱流束 $q[\mathrm{W \cdot m^{-2}}]$ は

$$q = \varepsilon \sigma T^4 \quad (\sigma = 5.675 \times 10^{-8} \, \mathrm{W \cdot m^{-2} \cdot K^{-4}}) \tag{2.104}$$

ここで，$\varepsilon$ は**熱放射率**あるいは**黒度**と呼び，理想的な放射率を有する物体（黒体）に対する相対的放射率を示す．黒度が温度によらず一定とみなせるとき，**灰色体**といい，熱吸収率は $\varepsilon$ に一致する．物体1で放射された熱量の内，物体2に到達する割合を角関係 $F_{12}$ といい，閉空間においては $\Sigma F_{12} = 1$ となる．$A_1 F_{12} = A_2 F_{21}$ の関係を用い，黒体1から黒体2への熱の移動量 [W] は

$$Q_{1 \to 2} = q_1 A_1 F_{12} - q_2 A_2 F_{21} = \sigma A_1 F_{12} (T_1^4 - T_2^4) \tag{2.105}$$

**[例題 2.14]** 太陽光に垂直に置かれた平面が受ける熱量を $1.37 \, \mathrm{kW \cdot m^{-2}}$ とする．真空の宇宙空間（太陽は十分遠く，また周囲は温度を有する物体が存在しないものとせよ）に置かれた球体（球体の表面はすべて温度均一とせよ）の温度を求めよ．ただし，太陽光の内 30% が反射し，球体には 70% が吸収されるとせよ．この数字は地球についての数字であるが，地表温度がこの計算上の温度とはならずに，実際にはこの地球の温度がこれよりもずっと高い値となっている理由を述べよ．なお，ステファンボルツマン定数は $5.675 \times 10^{-8} \, \mathrm{W \cdot m^{-2} \cdot K^{-4}}$ とせよ．

**[解]** 地球（球体）の半径を $R$ とすると地球が受け取る熱は，$1370 \times 0.7 \times \pi R^2$

これが地球から宇宙に放射している熱

$$5.675 \times 10^{-8} T^4 \times 4 \pi R^2$$

に等しいと置き，$T = 254.95 \mathrm{K} = -18.2 \,°\mathrm{C}$（約 $-18\,°\mathrm{C}$）

実際には地球には水蒸気，二酸化炭素などの温室効果ガスに囲まれており，太陽から地球への放射伝熱抵抗にはならないが，地球から宇宙への伝熱抵抗と

して働くため,定常状態では地表温度が計算より高くなる.地球温暖化とは,この抵抗が増大することにより定常時の地球の温度が上がることである.よく,温室効果ガスが増えたため「地球に熱が貯まり暖まった」といわれるが,仮に地球表層の熱容量がゼロであり,地球に熱が貯まらなくとも,定常時の地表温度は上昇するので,上記の表現は厳密には正しくない.

### 2.4.4 熱交換器

高温流体から低温流体への熱の移動を行わせるための装置を熱交換器という.工業的に用いられる様々な熱交換器を図2.13に示す.このほかに,熱容量の大きい固体中に高温ガスを通し熱を固体に貯め,その後,低温ガスを通すことにより低温ガスに熱を伝える蓄熱式熱交換器も知られている.最も簡単な構造を持つ二重管式では向流,並流のいずれについても伝熱量 $Q[\mathrm{W}]$ の計算に

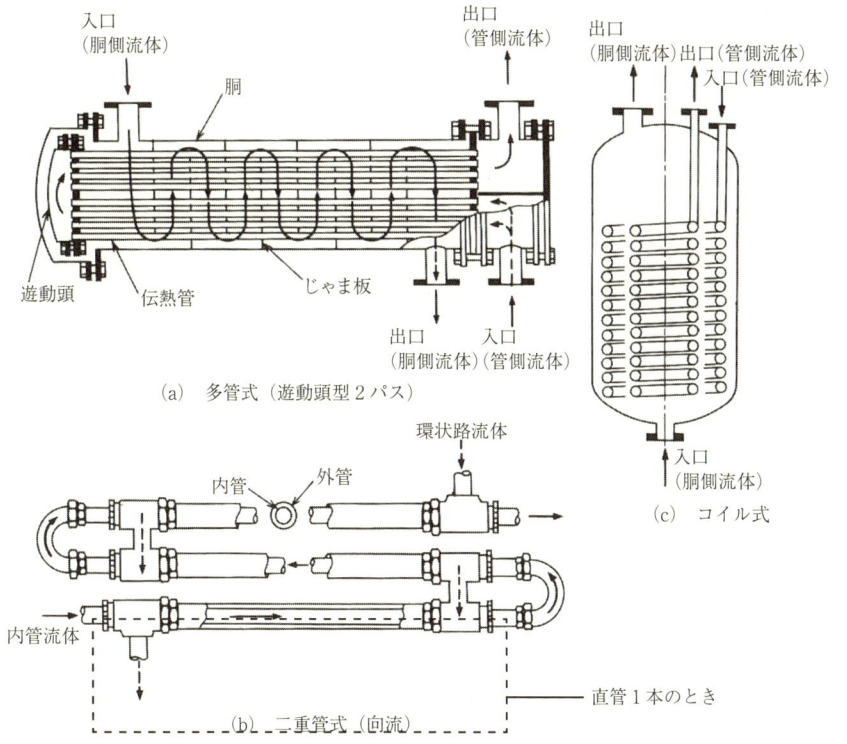

図 2.13　熱交換器 [基礎化学製図編集委員会編:基礎化学製図, p.92, 産業図書 (1988)]

あたり，両端の温度差 $\Delta T_1$ と $\Delta T_2$ が異なるときは対数平均温度差を用いる．
$$Q = UA(\Delta T_1 - \Delta T_2)/\ln|\Delta T_1/\Delta T_2| \tag{2.106}$$
二重管式などの熱交換器では並流と向流とでは大きな性能の違いが現れる．これを例題で，熱収支と，伝熱面積の両方から検証する．また，式 (2.106) は，次節 2.5 例題 2.19 で導くことにする．

[例題 2.15] a. 向流および並流二重管式熱交換器を用い，流量 $1\,\mathrm{m^3 \cdot s^{-1}}$ の 80℃ の温水（高温流体）により $1\,\mathrm{m^3 \cdot s^{-1}}$ で流れる 30℃ の冷水（定温流体）を 50℃ まで暖めたい．温水の出口温度を求めよ．図 2.13b で，直管一本のときの**管内の温度変化を**図示せよ．
 b. 上問で，30℃ の冷水を 60℃ まで暖めることは可能か？　理由も述べよ．
 c. a. において，温水流量が $0.5\,\mathrm{m^3 \cdot s^{-1}}$ の場合にはどうなるか．また，高温流体が，温水ではなく，熱容量が水の 1/2 の油で流量 $1\,\mathrm{m^3 \cdot s^{-1}}$ であったときにはどのようになるか．

[解]　図 2.14 に示すとおりである．a. 向流並流とも 60℃，ただし，並流では図からわかるように図の左では温度差が 50℃ であるのに対し右側では 10℃ しかない．そのため，左側の方が熱移動量が大きいため，温度変化が急となり，温度分布は曲線となる．b. 向流 50℃（並流では温度が逆転することはあり得ないので不可能．以下 c も同様に不可能），c. はいずれも向流のみで成り立ち，かつ同一の解になる．温度は 40℃．a. と同様に両端で温度差が異なるため，温度分布は曲線となる．

[例題 2.16]　例題 2.15 a. で，必要な伝熱面積は，向流と並流とではどれほど異なるか．
 [解]　向流の場合には温度差は常に 30℃ である．一方並流では，式 (2.106) 中で，対数平均温度差 $\Delta T_{lm} = (50-10)/\ln(50/10) = 24.9\,℃$　必要面積は式 (2.106) 中で温度差に逆比例するので，1.21 倍となる．

## 2.4.5　蒸 発
蒸発装置は外部から熱を与え，水溶液から水を蒸発させる装置である．沸点の圧力依存性を利用し，一度蒸発させた水蒸気を次の蒸発装置に導き，昇圧し

2.4 様々な伝熱    69

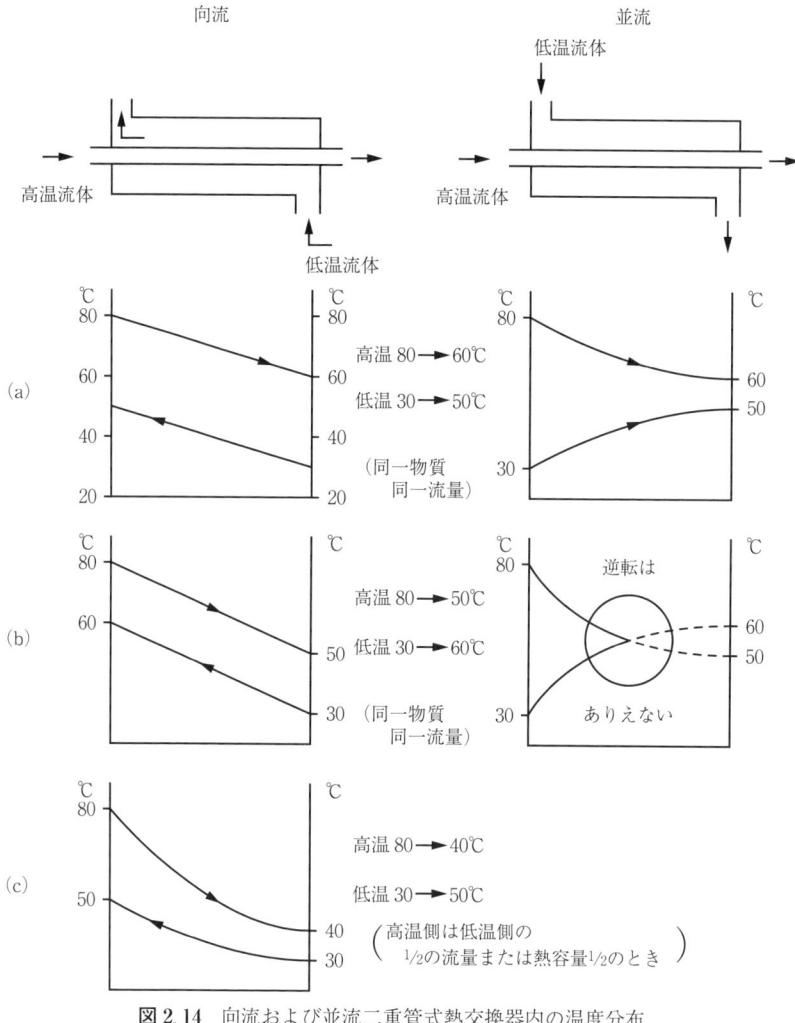

**図2.14** 向流および並流二重管式熱交換器内の温度分布

た水蒸気を配管内で凝縮させ，凝縮熱を配管壁を介して蒸発潜熱を再利用することが可能である．これを**多重効用缶**という．加熱管を用いない多段フラッシュ法もあり，スケール付着による伝熱抵抗の増大の問題を避けることができる．

## 2.4.6 乾燥

乾燥操作では湿潤物質表面はまず湿球温度に至り，次いでほぼ一定の速度で水分が蒸発（恒率乾燥）し，最後に乾燥速度が遅くなる（減率乾燥）．このとき固体の有する熱容量はほとんど無視でき，空気は断熱冷却される．

乾燥特性曲線を図 2.15 に示す．

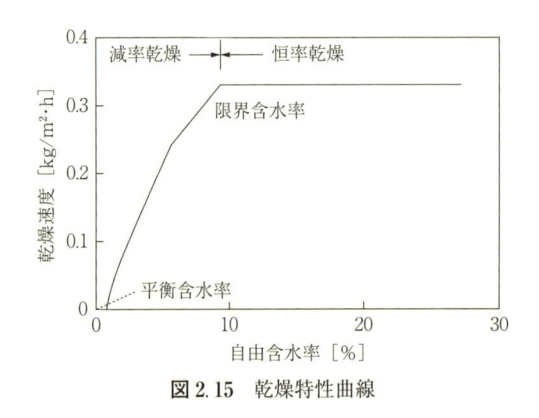

図 2.15 乾燥特性曲線

## 2.5 装置内外への移動解析

本節は，装置内への移動のみを取り扱い解析するが，以下で移動項を反応項に置き換えると反応装置解析にそのまま置き換えることができることに注意したい．

### 2.5.1 完全混合流とピストン流（管型装置）

装置内の流動状態として理想的な二つの状態として，1.3.2項で述べた，完全混合流，すなわち濃度または温度が一定とみなせる**完全混合槽**（**槽型装置内の理想的流れであり，槽型装置というだけで完全混合流を仮定していることもあるので注意せよ**）と，**押し出し流れ**（**ピストン流れ**，**栓流**，**プラグ流れ**ともいう．**管型装置内の理想的流れであり，管型装置というだけでピストン流を仮定していることもあるので注意せよ**）を有する押し出し流れ装置の両者を考える．一般の装置では両者の中間的な流動状態を示し，完全混合槽列あるいは逆混合を有する押し出し流れとして解析される．本節ではこのような流れの装置

の外部から物質または熱が出入りする（溶出除去，熱損失加熱）場合の解析方法を学ぶ．

### 2.5.2 ステップ応答とインパルス応答

ステップ入力とは，流体が充満された装置に，$t=0$ までは $C=C_i$（普通は $C_i=0$）の濃度の溶液を供給し，従って $t=0$ では装置内は $C=C_i$ であるが，$t=0$ から，$C=C_0$ の濃度に切り替えそのまま流し続ける場合である．インパルス入力とは，$t=0$ のみで $n[\mathrm{mol}]$ の $A$ を供給する場合で，このとき $C_0=n/V$ と定義する．これらの入力曲線を，本節の最後に，図 2.17 として示す．

このような入力を連続的な流れを持つ装置に入れた場合の出口での濃度の時間変化（あるいは温度の時間変化）を，ステップ応答およびインパルス応答と呼ぶ．応答曲線から装置内の混合状態を知ることができる．

[例題 2.17] 装置内の流れがピストン流，完全混合流およびその中間的な流れである三つの装置（それぞれ流量 $F$, 容積 $V$）にステップおよびインパルス入力を与えたときの装置出口での応答曲線を直感的に書け．

[解] 解は，本節の最後に図 2.17 にまとめて示す．

### 2.5.3 完全混合装置内の移動解析

完全混合装置内では，層内が完全に混合されており均一である．すなわち装置内濃度（あるいは温度）分布は考える必要はない．容積 $V[\mathrm{m}^3]$ の完全混合装置に，濃度 $C_i[\mathrm{mol\cdot m^{-3}}]$ の比圧縮性流体が流量 $F[\mathrm{m}^3\cdot\mathrm{s}^{-1}]$ で流入するとき，出口流量は $F[\mathrm{m}^3\cdot\mathrm{s}^{-1}]$ で，出口濃度は層内のそれ $C$ と等しい．この装置に，ある透過面積 $A[\mathrm{m}^2]$ を介して，流束 $N=K(C^*-C)[\mathrm{mol\cdot m^{-2}\cdot s^{-1}}]$ で溶入（溶解）が起こるときの $\mathrm{mol\cdot s^{-1}}$ 単位での基礎収支式は以下で与えられる．

$$V\left(\frac{dC}{dt}\right)=F(C_i-C)+AK(C^*-C) \qquad (2.107)$$

ここで $K$ は前項までに定義してきた総括移動係数であるが，単一抵抗の場合には通常の移動係数 $k$ を用いて良い．$C^*$ は外部濃度，特に外部が飽和平衡にあるときはその濃度である．非定常状態での槽内（＝出口）濃度変化は，与式を変数分離により解析解を得る．一方定常状態での槽内濃度は，左辺をゼロ

と置くことで代数的に得ることができる．

同様に入熱がある時の熱の基礎収支式は，収支を $J\cdot s^{-1}$ で取るため，一部 $T$ に $C_p\rho$ をかける必要があるが，$C \rightarrow T$, $K(k) \rightarrow U(h)$ の置き換えにより同様の式を得る．ここでも $C_p\rho$ を用いることでアナロジーが成立する．溶出（放散）や除熱があるときには，右辺最終項は負の値となるが，式の形は同一である．

**[例題 2.18]** 温度 $T_0$[K] の流体で満たされた完全混合容器（容積 $V$[m³]，表面積 $A$[m²]）に温度 $T_i$[K] の流体が流量 $F$[m³·s⁻¹] で連続的に流入し，同一流量で流出する．容器内温度の経時変化を，(i) 熱損失を無視できるとき，(ii) 外気温が $T_e$[K] で $Q = hA(T - T_e)$ の熱損失があるときについて求めよ．

**[解]** 0 K 基準の熱収支を単位 [W] で取る．
(i) 蓄積：$C_p\rho V dT/dt$，入熱：$C_p\rho F T_i$，出熱：$C_p\rho F T$ より $dT/dt = (T_i - T)F/V$．初期条件 $t = 0$ で $T = T_0$ を用いて解き，$(T_i - T)/(T_i - T_0) = e^{-tF/V} = e^{-t/\tau}$ （ここで $\tau = V/F$）．
(ii) 上述の式に熱損失項を加えると，$C_p\rho V dT/dt = C_p\rho F(T_i - T) - hA(T - T_e)$，変形して $dT/dt = (T^* - T)/t^*$ より $(T^* - T)/(T^* - T_0) = e^{-t/t^*}$．ここで，$T^* = (C_p\rho F T_i + hA T_e)/(C_p\rho F + hA)$，$t^* = C_p\rho V/(C_p\rho F + hA)$

### 2.5.4 押し出し流れ装置内の移動解析

押し出し流れ装置内では，流れの方向には混合が無く，流れ方向の解析が可能である．流れ方向に $x$ 軸を取ると，非定常状態では偏微分方程式となるが，ここでは省略し，定常状態での解析を述べる．図 2.16 に示すように，$x$ と $x + dx$ との間で，以下の式を得る．また，$F$ は，流路断面積を $S$ とすれば，$F = uS$ の関係がある．また，$dA$ は $dx$ 間での溶入あるいは入熱が起こる面積であり，当然 $S$ とは異なる．径 $D$ の円管の場合には，$dA = \pi D dx$，また $S = \pi D^2/4$ である．以下，熱の場合も物質と同様であるが，一部 $C_p\rho$ を温度にかける必要がある．

$$(蓄積 = 0) = (流入 - 流出) + (溶入または入熱) \quad (2.108)$$

物質の場合には $K$ を総括物質移動係数として，

$$0 = F[C - (C + dC)] + K(C^* - C)dA \quad (2.109)$$

熱の場合には $U$ を総括伝熱係数として，

$$0 = FC_p\rho[T - (T + dT)] + U(T^* - T)dA \quad (2.110)$$

2.5 装置内外への移動解析

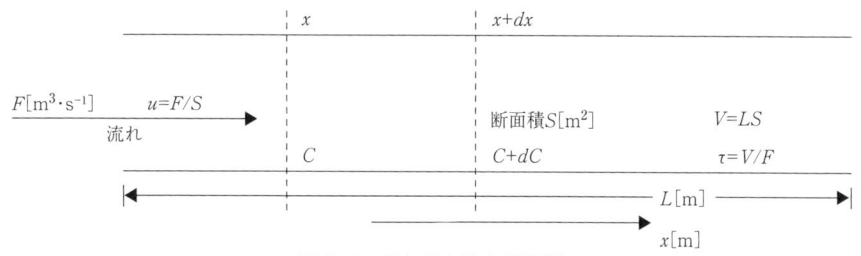

**図2.16** 押し出し流れ型装置

これを，変数分離形の微分式で表すと，またさらに $F$ を $u$ と $D$ で表すと
$$dC/(C-C^*) = -(\pi DK/F)dx = -(4K/uD)dx \tag{2.111}$$
$$dT/(T-T^*) = -(\pi DK/FC_p\rho)dx = -(4K/uDC_p\rho)dx \tag{2.112}$$
入り口 $x=0$ で $C=C_0$，$x=x$ で $C=C$ で解くと，管内の濃度分布が得られる．
$$(C-C^*)/(C_0-C^*) = \exp(-(\pi DK/F)x) = \exp(-(4K/uD)x) \tag{2.113}$$
$$(T-T^*)/(T_0-T^*) = \exp(-(\pi DK/F)x) = \exp(-(4K/uD)x) \tag{2.114}$$

### 2.5.5 混合のモデル化（完全混合槽列モデルと逆混合モデル）

2.5.2項の例題の解を図2.17に示す．押し出し流れでは，入り口の濃度変化が出口では時間 $\tau=V/F$ だけ遅れて再現される．ここで，押し出し流れの場合の $V$ は出口までの全容積で，長さ $x$ までの容積は $Sx$ で与えられる．完全混合槽では2.5.3項で与えた式（2.107）の微分方程式を，溶入・加熱等が無い条件で変数分離形に直し解く．熱についても $C_p\rho$ は両辺にあり，消去される．
$$dC/(C-C_0) = -Fdt/V \tag{2.115}$$
$$dT/(T-T_0) = -Fdt/V \tag{2.116}$$
ステップ応答については $t=0$ までは $C=0$ のときには，$t=t$ で $C=C$ までの範囲で積分すれば，
$$C/C_0 = 1-\exp(-t/\tau) \tag{2.117}$$
を得る．$t=\tau$ のときの流入流体濃度と槽内濃度との差は，流入流体濃度の $1/e$ にまで減少している．

インパルス応答については，$t=0$ で $C=C_0$ とし，流入流体の濃度は $C_i=0$ と置くと
$$VdC/dt = F(-C) \tag{2.118}$$

$$dC/C = -dt/\tau \tag{2.119}$$
$$C/C_0 = \exp(-t/\tau) \tag{2.120}$$

ここで，式 (2.117) と式 (2.120) との右辺を加えると1になることから，完全混合槽の場合には，インパルス応答はステップ応答をひっくりかえした形になる．結果を図2.17に示す．

一般の装置では，完全混合装置からの相違を考えると，実際には入り口の変化が槽内にすべて行きわたることは無い．このような点から，立ち上がりを遅らせることになる．完全混合槽列といって，いくつかの完全混合槽を並べたモデルも解析として提案されている．

一方，押し出し流れからの相違を考えると，鋭角的変化が出口まで継続するとは考えにくく，途中で流れの前後に拡散すると考える方が自然である．これ

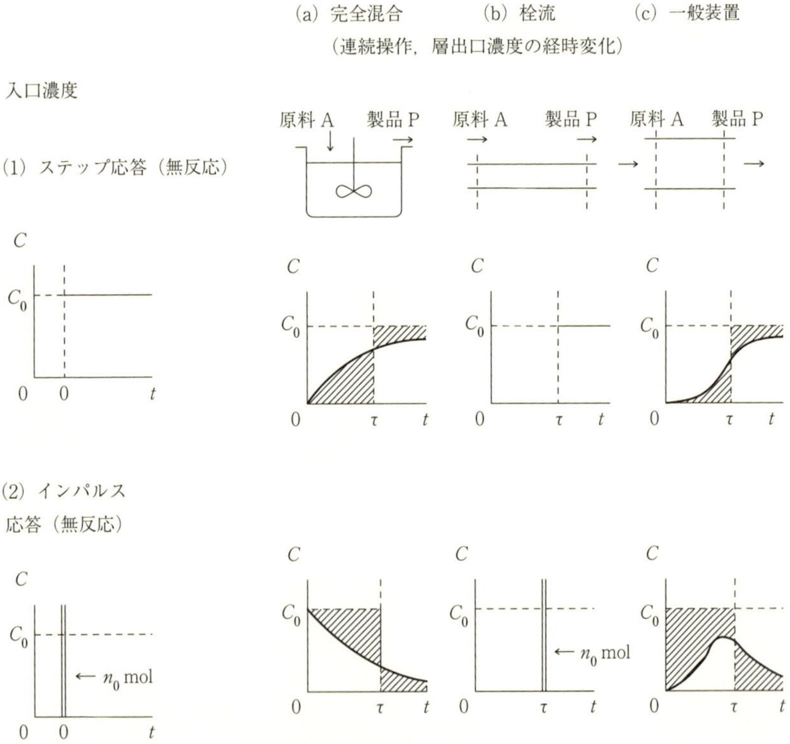

**図2.17** 流通式完全混合槽および押し出し流れ装置のインパルスおよびステップ応答
［化学工学会編：化学工学の基礎と実践，p.107, アグネ承風社 (1998)］

## 2.5 装置内外への移動解析

を逆混合という．

このようなことを考慮し，一般の装置の応答曲線を（c）に一例として与える．なお，完全混合槽，押し出し流れ装置，一般のいずれであっても，入力時に装置内の容積 $V$ には，過去の濃度の流体が存在していたはずであり，ステップ応答では時間無限大で $C = C_0$ となるまでの $C = C_0$ との差の部分の積分値は，同一である．インパルスでも同様である．

なお上記では完全混合槽の解析は濃度が $0$ から $C_0$ と変化する場合についてのみ紹介したが，$t = 0$ まで $C = C_i$ で，それ以降は $C = C_0$ が流入するとして，また熱の場合も同様に以下を得る．

$$(C - C_0)/(C_i - C_0) = \exp(-t/\tau) \tag{2.121}$$

$$(T - T_0)/(T_i - T_0) = \exp(-t/\tau) \tag{2.122}$$

$t = 0$ のときの流入流体濃度と槽内濃度との差が，$t = \tau$ では $1/e$ に減少するすなわち入り口濃度に近づく．インパルス応答も同様である．確認せよ．

[**例題 2.19**] 向流二重管式熱交換器について，式（2.106）を導け．

[**解**] 二重管であるため，高温側と低温側の両者の変化を，同一の微小区間について計算することになるが，両者の熱の収支を考えることで式は簡略化され，解くことができる．

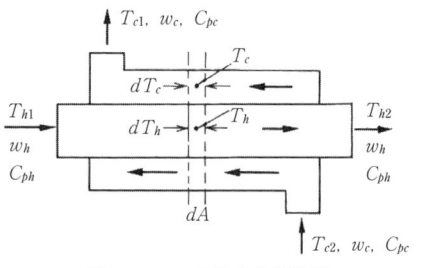

**図 2.18** 二重管式熱交換器

図 2.18 に示すように，内管に高温流体を $w_h [\mathrm{kg \cdot s^{-1}}]$ 流し，$T_{h1}[\mathrm{K}]$ から $T_{h2}[\mathrm{K}]$ に冷却するために環状路に反対方向から低温流体を $w_c [\mathrm{kg \cdot s^{-1}}]$ 流し，$T_{c2}[\mathrm{K}]$ から $T_{c1}[\mathrm{K}]$ に上昇したとする．二つの流体の熱容量 $C_{ph}$，$C_{pc}[\mathrm{J \cdot kg^{-1} \cdot K^{-1}}]$ は温度によらず一定とし，外部への熱の損失はないとする．熱交換器の微小伝熱面積 $dA$ についての伝熱速度 $dQ$ は

$$dQ = U(T_h - T_c)dA \tag{2.123}$$

高温流体と低温流体の熱収支より

$$dQ = C_{ph} w_h dT_h = C_{pc} w_c dT_c \tag{2.124}$$

式（2.94）より

$$dT_h = dQ/C_{ph}w_h \qquad (2.125)$$

$$dT_c = dQ/C_{pc}w_c \qquad (2.126)$$

$$\therefore \quad d(T_h - T_c) = d(\Delta T) = mdQ \qquad (2.127)$$

ここで，$\Delta T = T_h - T_c$，$m = 1/C_{ph}w_h - 1/C_{pc}w_c$ である．

式（2.93）を式（2.97）に入れると

$$d(\Delta T)/\Delta T = mUdA \qquad (2.128)$$

$U=$ 一定として，式（2.128）を全伝熱面積にわたって $A=0$ から $A=A$ まで積分すると

$$\ln(\Delta T_1/\Delta T_2) = mUA \qquad (2.129)$$

ここで，$\Delta T_2 = T_{h2} - T_{c2}$，$\Delta T_1 = T_{h1} - T_{c1}$ である．

式（2.127）を積分すると

$$Q = (\Delta T_1 - \Delta T_2)/m \qquad (2.130)$$

式（2.129）と式（2.130）より $m$ を消去すると

$$Q = UA\Delta T_{lm} \qquad (2.131)$$

ここで

$$\Delta T_{lm} = (\Delta T_1 - \Delta T_2)/\ln(\Delta T_1/\Delta T_2) \qquad (2.132)$$

式（2.132）より，二重管式熱交換器の平均温度差は，入口と出口の温度差の対数平均値をとればよいことがわかる．

## 2.6　移動現象の定式化手法のまとめ

本節では，これまで学んだ移動現象を定式化する手法を整理してまとめる．解析は以下の手順で進めることになる．2.1節で解説したように，以下の物質量[mol]，熱量[J]に代えて運動量[kg·m·s$^{-1}$]の収支をとることも可能であるが，詳細はここでは述べない．また，以下で，微小時間，微小区間の両者が関わる場合には常微分記号 d ではなく，偏微分記号 ∂ を用いる．

  (1)　収支をとる対象：物質か，熱か
   a.　物質収支をとる場合：単位を通常[mol·s$^{-1}$]とする．[mol]で収支をとることも可能．
   b.　熱収支をとる場合：単位を通常[J·s$^{-1}$]とする．[J]で収支をとることも可能．ただし，熱収支をとる場合には，基準温度に対する熱量とな

る．基準温度としては，0K，0℃，あるいは室温25℃などが良く用いられる．

平面座標系で面あたりの収支をとる場合には，$[*\cdot m^{-2}]$で収支をとることも可能である．このときの収支は，

蓄積量＝主要な流れに伴う（入量−出量）
　　　　＋主要な流れ以外の装置周囲からの（入量−出量）

(2) 蓄積量：収支をとるべき領域を定め，蓄積量として，$VdC/dt$, $VC_p\rho dT/dt$ を与える．ただし，c. の場合を含め，定常状態の場合には 0 とする．

　a. 微小ではない均一な濃度あるいは温度（以下濃温度と記載）を有する完全混合槽の場合，体積 $V$ として与える．

　b. b1. 1次元球座標で $r$ 方向に濃温度分布があるとき，$r$ 方向に垂直な断面の面積 $A$ の微小区間 $dr$ の体積 $V=Adr=(4\pi r^2)dr$

　　b2. 無限に長い1次元円筒座標で $r$ 方向に濃温度分布があるとき，$r$ 方向に垂直な断面の面積 $A$ の微小区間 $dr$ の体積 $V=Adr=(L2\pi r)dr$（ただし，$L$ は軸方向の長さ）

　　b3. 平面座標の場合には同様に $V=Adx$

　c. すべての流入流出が一軸上であり，かつ定常状態であるときには断面で収支をとる．

(3) 主要な流れに伴う（入量−出量）の内，流れによるもの：流量を $F[m^3\cdot s^{-1}]$ 一定とすれば，$F(C_{in}-C_{out})$，あるいは $FC_p\rho(T_{in}-T_{out})$ で与えられる．

　a. 完全混合槽では，$C_{in}$ は流入濃度，$C_{out}$ は装置内濃度で与えられる．$T$ も同様．

　b. $r$ （または $x$，以下同様）方向に濃温度変化があり，微小区間で収支をとる場合には，$C_{in}$ は $C$，$C_{out}$ は $C+dC$ とおく．$T$ も同様．(2) c. の場合も同様．

(4) 主要な流れに伴う（入量−出量）の内，拡散によるもの：$AN-(A+dA)(N+dN) \fallingdotseq -(NdA+AdN)$ で計算される．熱伝導の場合には $N$ に代えて $q$ を用いる．

　a. $N$ は 2.2.2 項で与えた式 (2.53) により，また，$N+dN$ は式 (2.53) で $dC/dr$ に代えて $dC/dr+d(dC/dr)$ を用いる．$q$ についても式 (2.54) を用い同様に．

b. b1. 1次元球座標では，$A = 4\pi r^2$, $A + dA = 4\pi(r+dr)^2 \approx 4\pi(r^2+2rdr)$
　　 b2. 1次元円筒座標では，$A = 2\pi rL$, $A + dA = 2\pi(r+dr)L$
(5) 装置周囲からの入量（または出量）：2.3.7項または2.3.8項で与えた総括移動係数を用いて$N$または$q$を計算し，周囲の移動面積をかける．直径$D$の円管について$dx$の微小区間の周囲の移動面積は，$\pi Ddx$となり，(2), (4) で与えた$A$とは異なる．
(6) 微分方程式として与える．最も簡単な場合には変数分離形となり，積分範囲を指定して解を得る．

## 演習問題

**2.1** 20.000℃の水が，断面積1 m$^2$の流路中を流量10 m$^3\cdot$s$^{-1}$で流れ出たのち，その出口から15 m下の容器の中に落下している．容器中での水の運動エネルギーは無いものとして，定常状態で熱損失がないとき，容器の中の水の温度を求めよ．重力加速度は10 m$\cdot$s$^{-2}$　1 cal = 4 Jとする．水の熱容量には，適当な値を用いよ．
(20.05℃)

**2.2** 図2.6に示すピトー管で管が水平ではないときでも，流れに沿って置かれている場合には，非圧縮性流体については式(2.6)が成立することを示せ．（略）

**2.3** 管内（管入口を1，出口を2とし，それぞれ添字として用いよ）を流れる非圧縮性流体について①下記に関する機械的エネルギーの両端での差を[J$\cdot$kg$^{-1}$]の単位で与えよ．それぞれ何のエネルギーと呼ばれるか．平均流速を$u$[m$\cdot$s$^{-1}$]（管内半径方向の流速分布を無視せよ），圧力を$P$[Pa]，標準高さに対する管の端の高さを$z$[m]とせよ．これ以外に必要な記号（重力加速度，密度）は，説明と単位をつけてから使用せよ．②外部とのエネルギーの出入りが無いときの，ベルヌーイの式を与えよ．③管の途中に設置したポンプによる仕事を$W$[J$\cdot$kg$^{-1}$]，摩擦損失を$F$[J$\cdot$kg$^{-1}$]とするとき，これらも考慮した機械的エネルギー収支式を与えよ．④摩擦損失とはどのようなエネルギー間の変換をいうものか．
(② $W = \Delta u^2/2 + g\Delta z + \Delta P/\rho + F$，他略．いずれも教科書にてまとめているのでもしこの問題ができないときには，教科書を読み直せ)

**2.4** 断面積$A$ m$^2$の水槽の底に断面積$a$ m$^2$の小穴をあけ，水を放出する．はじめに水位が$Z_0$ mであった．流れ初めの流速はどれ程か．また$Z_1$ mまで水位が減

少するには何秒かかるか.　　　　　　　　　　　　　　　（略）

2.5　深さ2.5 m まで水が入っている水槽の下に開けた小穴から流出する水の流速を求めよ．摩擦損失は無視せよ．$g = 9.8\,\text{m}\cdot\text{s}^{-1}$ とする．　　　$(7.0\,\text{m}\cdot\text{s}^{-1})$

2.6　深さhの水が入った断面積 $A\,\text{m}^2$ の水槽の底に断面積 $a\,\text{m}^2$ の小穴をあけ，水を放出する．水位の変化を式で表せ．　　　$([\sqrt{h}-(a/A)\sqrt{(g/2)}\,t\,]^2)$

2.7　空気気流中にピトー管を置き流速を測定した．水を封液としたときの液面差は 10 cm であった．空気の密度を $1.2\,\text{kg}\cdot\text{m}^{-3}$ として流速を求めよ　$(40\,\text{m}\cdot\text{s}^{-1})$

2.8　円管内層流条件では摩擦係数 $f$ は $16/Re$ と表される．摩擦係数は，壁の単位面積当りの剪断応力 $\tau_W$ の，単位体積当りの流体の運動エネルギーに対する比として定義される．円周長さあたりの剪断応力は管の長さ当りの圧力損失に比例する．ある流体が層流で管内を流れている．ここで同じ流体を同一流量で内径が半分の同じ長さの管内に流すと，流速および圧力損失は何倍となるか？
　　　　　　　　　　　　　　　　　　　　　　　　　　　　　　（4倍，16倍）

2.9　密度 $10^3\,\text{kg}\cdot\text{m}^{-3}$，粘度 1 mPa·s の水が，内径 20 cm の管内を，流量 $942\,\text{L}\cdot\text{min}^{-1}$ で流れている．a. $Re$ はいくつか，b. 乱流か，層流か．c. 流速測定のため，この流れの中にピトー管を挿入した．測定された動圧 [Pa] はいくつか．d. 水柱ではいかほどか．　　　　　　　　$(10^5,\ 乱流,\ 125\,\text{Pa},\ 0.0128\,\text{m})$

2.10　静止流体中におかれた球形の吸着剤表面に一方拡散により物質Aが移動，吸着するときの，$Sh$ 数を求めよ．Aのモル分率を $x_A$ とせよ．　$(Sh = 2/(1-x_A)_{lm})$

2.11　ある薄い面積A厚み $\delta$ の多孔質体の右側に濃度 $C^*$ の砂糖水が十分に撹拌されて存在する．左側には真水が存在する．多孔質内の空隙率は $\varepsilon$，屈曲度は $\chi$ である．①有効拡散係数 $\mathcal{D}e$ を，水中の砂糖の拡散係数 $\mathcal{D}$ を用いて表せ．以下では $\mathcal{D}e$ だけを用いよ．②流れがないときの真水への砂糖の流束 $N\,[\text{mol}\cdot\text{m}^{-2}\cdot\text{s}^{-1}]$ を求めよ．③真水側から流量 $F\,[\text{m}^3\cdot\text{s}^{-1}]$ の流れが多孔質内にしみ出している．このときの砂糖濃度Cに関する微分方程式を示せ．④ $C_0$ を与えよ．
　　$(\mathcal{D}e = \mathcal{D}\varepsilon/\chi,\ N = \mathcal{D}eC^*/\delta,\ FC = A\mathcal{D}e(dC/dx),\ C_0 = C^*\exp(-F\delta/A\mathcal{D}e))$

2.12　ある厚みを有する多孔質壁からなる六角形断面形状を有する管状流路内を，濃度 $C\,[\text{mol/m}^3]$ の物質Aの水溶液が流れている．外部は濃度0の水溶液である．多孔質壁内の物質Aの水柱の有効拡散係数は $\mathcal{D}e\,[\text{m}^2\cdot\text{s}^{-1}]$ であった．このとき，流路 1m あたりの物質Aの拡散による移動速度は $J\,[\text{mol/s}]$ であった．
　　全く同一の形状を有する孔を有しない金属からなる管状流路内に温度 $T_h\,[\text{K}]$

の高温水を流し，外部には温度 $T_1$[K] の冷水を流したときの，流路1mあたりの伝熱速度 $Q$ を求めよ．ただし，壁の内外部の境膜移動抵抗は無視せよ．金属の熱伝導度は $\kappa$[W·m$^{-1}$K$^{-1}$] である．

$$[Q = \kappa \Delta TJ/(De\Delta C) = \kappa (T_h - T_1)J/(DeC)]$$

**2.13** a. 冷凍室のコンクリート壁の厚みは 8 cm であり，内壁面の温度は $-10$℃，外壁面温度は 15℃ である．壁面積は十分広いとして，定常時における単位面積当たりの伝熱量を求む．b. 厚み 1.8 cm の断熱材を内壁に取り付けると伝熱量はどうなるか？但しコンクリートと断熱材の熱伝導度は 1.6 および 0.04 W·m$^{-1}$·K$^{-1}$ とする．

(500 W·m$^{-2}$  50 W·m$^{-2}$)

**2.14** 前問 a で外壁温度が，急激に暖められたときの壁の中の温度分布の変化を図示せよ．

(略)

**2.15** 長い円柱の内部に，長い発熱体を埋め込む．

a) 円柱内の半径方向1次元伝熱基礎方程式を導くための，熱収支式を与えよ．（図示した上で熱収支式を立てよ．）結果が以下となることを参考にせよ．

$$\partial T/\partial t = (\alpha/r)(\partial (r \cdot \partial T/\partial r)/\partial r)$$

b) 定常状態において微分方程式を解き，温度分布の式を求めよ．ここで熱伝導度を $\kappa$，円柱単位長さ当りの熱流量を $Q$[W·m$^{-1}$]，半径 $R$[m]，外部温度を $T_0$[K] とし，これらを用いて半径 $r$ における温度 $T$[K] を表せ．

c) 発熱体の半径が 1 mm，発熱量が 2 kW·m$^{-1}$，半径 0.1 m の銅製（$\kappa = 400$ W·m$^{-1}$K$^{-1}$）円柱の外部温度が 300 K のとき，発熱体表面の温度を求めよ．

d) 同一発熱体（黒体とせよ）が半径 0.1 m の円筒容器中にあり，真空に保たれている．外壁表面が同様に 300 K のとき，発熱体表面温度を求めよ．なおステファンボルツマン定数は $5.675 \times 10^{-8}$ W·m$^{-2}$·K$^{-4}$

(略, $T_0 - (Q/2\pi\kappa) \cdot \ln(r/R)$, 304 K, 1539 K)

**2.16** a) 定常状態にある表面温度 $-73$℃，直径 1 m の球体が，宇宙空間にある．この物体からの宇宙への熱の移動量を求めよ．b) この物体が，太陽からだけ熱を受けて定常温度になっているとき，物体と太陽との距離は，地球と太陽との距離の何倍か．宇宙空間は真空，0 K，ステファンボルツマン定数は $5.7 \times 10^{-8}$ W·m$^{-2}$·K$^{-4}$，地球が太陽から受ける熱量を 1.0 kW·m$^{-2}$ とする．

(91.2 W·m$^{-2}$, 1.656 倍)

**2.17** 濃度 $C^*$ の水溶液が入った容積 $V$[m$^3$] の完全混合槽に，時間 $t=0$ から $F$[m$^3$·

s⁻¹］の流量で濃度 $C_0$ の水溶液を連続的に流入させ，また同じ流量で流出させる．①時間が十分経過した後($t=\infty$)の槽内および槽出口濃度，$C_\infty$[mol·m⁻³]を与えよ．②流入液の平均滞留時間，$\tau$[s]を与えよ．③槽内の濃度を $C$[mol·m⁻³]，時間を $t$[s] とし，非定常時の収支式（微分方程式）を示せ．④微分方程式を初期条件，$t=0$ で $C=C^*$ の下で解き，出口（すなわち槽内）濃度，$C$ の経時変化を式で与えよ．⑤濃度の経時変化の概略を図に示せ．$C^* < C_0$ とする．

（③ $dC/dt = F(C_0 - C)/V = (C_0 - C)/\tau$, $(C_0 - C)/(C_0 - C^*) = \exp(-t/\tau)$ ⑤ $C^*$ から急に上がり，ゆっくり $C_0$ に至る．）

**2.18** 幅 $w$[m]，深さ $w$[m] の矩形流路（断面は正方形，長さ $L$[m]）中を，最水深で $0.5w$[m]，すなわち下半分を平均流速 $u$[m·s⁻¹] で流れている．流路の上半分は水に可溶な純粋なガス状物質 $A$ で常に満たされており，水面で $A$ が水に溶解してゆくとき，管出口での $A$ 濃度を求む．流路入口の水中の $A$ 濃度は 0，ガス $A$ の水への飽和溶解度を $C^*$[mol·m⁻³]，水面での水相側物質移動係数を $k$[m/s]とする．管内一断面での流速分布，$A$ の濃度分布は無いものとする．

$$(C = C^*\{1 - \exp(-kL/wu)\})$$

**2.19** 内半径 $R$（直径は $2R$）の管状流路を高温水が平均流速 $u$[m/s]で流れている．流路周囲の管は厚み $\delta$[m]，熱伝導度 $\kappa$[W·m⁻¹·K⁻¹]の物質よりなり，その周りは室温 $T^*$[K]に保たれている．内壁の伝熱係数を $h$[W·m⁻²·K⁻¹]一定とする．水の密度 $\rho$[kg·m⁻³]，比熱 $C_p$[J·kg⁻¹·K⁻¹]は一定とする．

(1) 内壁基準の総括伝熱係数 $U$[W·m⁻²·K⁻¹]を与えよ．また $\delta$ が薄い場合にはどの様に簡略化されるか．（種々の解答を期待する）．以下では $U$ を用いて記述せよ．

(2) 流路微小長さ $dz$[m]間での熱損失量 $Q$[W]を管内本体の温度 $T$[K] を用い求む．

(3) 流路微小長さ $dz$[m]の間での熱収支を与え，$T$ の微分方程式を求めよ．管内の流速分布を無視し，一断面での平均温度は本体温度に等しいものと仮定する．

(4) 流路入口の温度を $T_i$[K]とし，管長 $L$ の管の出口温度を与えよ．

［(1)略．～$R+\delta/2$～$R$, (2) $U(T-T^*)2\pi R dz$, (3) $dT/(T-T^*) = -(2U/uC_p\rho R)dz$, (4) $(T_o-T^*)/(T_i-T^*) = \exp(-2UL/uC_p\rho R)$］

**2.20** 大気圧下で外部から 200℃の水蒸気が常に供給されている容器がある．容器の

中には銅管が通っており，銅管内部には冷水が流れ，管外表面は常に100℃となっている．(1) 100℃となる理由を簡単に示せ．(2) 冷水の入，出口温度をそれぞれ $T_i$，$T_o$[℃]とするとき，$T_o$ を $T_i$，内管基準総括伝熱係数 $h$[W·m$^{-2}$·K$^{-1}$]，流量 $F$[m$^{-3}$·s$^{-1}$]，管内径 $D$[m]，管長 $L$[m]を用いてあらわせ．水の比熱を $C_p$ [J·kg$^{-1}$·K$^{-1}$]，密度を $\rho$[kg·m$^{-3}$]とする．(3) 冷水の出入り口温度をそれぞれ55℃，30℃，流量を1.00 m$^3$·s$^{-1}$とするとき，水蒸気の供給速度を kg·s$^{-1}$ の単位で求めよ．なお，水の比熱は4200 J·kg$^{-1}$·K$^{-1}$，密度は1000 kg·m$^{-3}$，水蒸気の比熱は2000 J·kg$^{-1}$·K$^{-1}$，水の蒸発熱は2300 kJ·kg$^{-1}$とする．装置外への熱損失は無いものとする．

(略，$T_0 = 100 - (100 - T_i)\exp(-\pi DhL/C_p\rho F)$，42 kg·s$^{-1}$)

**2.21** ある固体の水への飽和溶解度は C*[mol·m$^{-3}$]である．十分に撹拌されている容器（容積 $V$[m$^3$]，底面積 $A$[m$^2$]）に純水が流量 $F$[m$^3$·s$^{-1}$]で連続的に流入，濃度 $C$ で流出する．

(1) はじめに，その容器が飽和溶解している水で満たされていたとき，容器内濃度（$C$[mol·m$^{-3}$]均一）の経時変化を求めよ． [$C = C^* e^{-tF/V}$]

(2) 容器底面には十分な量の固体が存在し，常に底面固体から $kA(C^* - C)$[mol·s$^{-1}$] の溶出があるとき，定常時の容器内濃度はどれほどか． [$kAC^*/(kA + F)$]

# 第3章

# 反応工学

## 3.1 均相系での化学反応速度

### 3.1.1 反応にかかわる量論

化学反応に関係する量論関係は,化学反応量論式により表される.この点に関しては既に「1.3 プロセスの構成と物質収支」中の「1.3.3 **化学量論式と過剰物質・限定物質**」に,発熱量およびエンタルピー変化についてまとめた.また,反応に関する用語について,「1.3.4 **複合反応と,転化率・選択率・収率**」の項や「1.3.5 **燃料と燃焼**」の項さらに「1.3.7 **リサイクル,パージとバイパス操作**」では,プロセス中での反応装置の役割が記載されている.「1.4.2 プロセス熱収支」の項では,反応に伴う熱収支計算に関しても示されているので,本章に入る前にまず参照されたい.

### 3.1.2 反応速度の表し方

1.3.3 項に既に示した**化学量論反応式** (1.7) を再度,式 (3.1) として示す.

$$aA + bB \rightarrow cC + dD \quad \triangle H = -Q \tag{3.1}$$

反応式 (3.1) に対する反応速度 $r [\mathrm{mol \cdot m^{-3} \cdot s^{-1}}]$ を以下で定義する.ここでの mol は,→ が進行した mol 数を表す.A〜D のそれぞれの物質の mol 数 $n_A$〜$n_D$ の体積当たりの増加速度は,以下で与えられる.

$$r = -(1/aV)dn_A/dt = -(1/bV)dn_B/dt$$
$$= (1/cV)dn_C/dt = (1/dV)dn_D/dt \tag{3.2}$$

定容反応系,すなわち反応に伴う体積変化がほぼ無視できる系では温度一定

の下では，$C_X = n_X/V$ から，$dn_X/dt/V$ の代わりに $dC_X/dt$ を用いる．ここで $X$ は例えば反応式（3.1）に対しては A～D を表す．$r_X$ を $X$ の生成速度と定義すれば以下を得る．ただし，反応物である A や B については，生成ではなく消費されるので，$r_X$ は負の値となる．

$$r = -r_A/a = -r_B/b = r_C/c = r_D/d \tag{3.3}$$

一方，1.3.3 項で記載した式（1.7）′のように係数がすべて 2 倍となると，同じ条件で反応させた場合 $r_X$ の値には当然違いはないが，$r$ の値は式（3.3）の 1/2 倍となる．

### 3.1.3 反応次数と平衡

反応機構として $a$ 分子の A と $b$ 分子の B とが直接反応し，$c$ 分子の C と $d$ 分子の D とが生成する場合には，当然反応式は式（3.1）の形で書かれる．このような反応を**素反応**という．素反応の場合には，正反応速度式は，式（3.4）のようになる．なお「正」は「逆反応」と特に区別したいときに付ける．このとき，「A について $a$ 次，B について $b$ 次の反応」，あるいは A，B の区別をせずに $n = (a + b)$ 次の反応といい，$k$ を $n$ 次反応速度定数と呼ぶ．

$$r = -r_A/a = -dC_A/dt = kC_A^a C_B^b \tag{3.4}$$

同様に式（3.1）の右辺から左辺に向かう反応を逆反応という．逆反応が無視できる場合を不可逆反応，逆反応が無視できない場合を可逆反応という．基本的には，すべての反応は可逆であるが，条件によっては不可逆とみなしてもかまわない．

逆反応も素反応である場合にはその速度は以下で表される．

$$r' = r_A/a = dC_A/dt = k'C_C^c C_D^d \tag{3.5}$$

正反応と逆反応の速度が等しくなり，それぞれの濃度が変化しない状態を**平衡状態**といい，このとき

$$r = kC_A^a C_B^b = r' = k'C_C^c C_D^d \tag{3.6}$$

が成立し，これより平衡定数 $K$ が以下で与えられる．

$$K = k/k' = C_C^c C_D^d / C_A^a C_B^b \tag{3.7}$$

### 3.1.4 アレニウスの式（温度の影響）と活性化エネルギー，反応熱

反応速度は濃度に加え，温度に依存する．反応速度定数 $k$ の温度依存性を

$$k = A\exp(-E/RT) \quad \text{または} \quad \ln k = \ln A - E/RT \quad (3.8)$$

のアレニウス（Arrhenius）の式を用いて表す．活性化エネルギー $E[\text{J}\cdot\text{mol}^{-1}]$ は，通常数十〜200 kJ·mol$^{-1}$ 程度の値を有する．$E$ は速度定数 $k$ を $1/T$ に対して**常用片対数グラフ**用紙にプロット（アレニウスプロットという）することにより求める．相関した直線の傾きは，$(-E/R)/\ln 10$ に等しい．ここで $\ln$ は自然対数 $\log_e$ であり，$\ln 10 \fallingdotseq 2.303$ である．$R = 8.314$ J·mol$^{-1}$·K$^{-1}$ から $E$[J·mol$^{-1}$] の値を得る．頻度因子 $A$[s$^{-1}$] は数学的にはアレニウスプロットの y 切片の値から読めるが，得られた $E$ の値を用いて相関した直線の傾きが A[s$^{-1}$] の値に大きく影響する．そのため，式 (3.8) で温度依存性を表現する場合には，用いた R，E の値を計算に用いた桁数まで正確に記載しておく必要がある．

### 3.1.5　速度に与える圧力の影響

理想気体での気相反応に限定すれば，濃度を [mol·m$^{-3}$] の単位で表し，かつその濃度が同一であれば，全圧の影響は無いとしてよい．一方，モル分率で表した気相組成が同一である場合には全圧に比例して濃度 [mol·m$^{-3}$] が増大するため，反応速度も増大する．

濃度と圧力との関係は次式で与えられ

$$C = n/V = P/RT \quad (3.9)$$

により式 (3.4) は，圧力に基づく式に置き換えることができる．定容・定温系では

$$r = -dC_A/dt = dP_A/dt/RT$$
$$= kC_A{}^a C_B{}^b = [k/(RT)^{a+b}]P_A{}^a P_B{}^b = k_p P_A{}^a P_B{}^b \quad (3.10)$$

となるため，みかけの圧反応速度定数 $k_p$ を式 (3.8) と同様のアレニウス型の式

$$k_p = A_p\exp(-E_p/RT) = [A/(RT)^{a+b}]\exp(-E_p/RT) \quad (3.11)$$

で，かつ式 (3.8) と同一の $E$ を用いて表すとすれば，$A_p$ も一般に（$a+b=0$ の場合を除き）温度の関数となる．そのため，$k_p$ をアレニウスプロットして得た活性化エネルギー $E_p$ は $E$ とは異なる可能性はあるが，$A_p$ の温度依存性は，$\exp(-E/RT)$ の項の温度依存性に比べ小さいので，$k$ をプロットして得た活性化エネルギーとでは大差がない．

[**例題 3.1**] 反応速度定数 $k$ と温度 $T[\mathrm{K}]$ の関係を $k = A \cdot \exp(-E/RT)$ で表す．ただし $R = 8.314\ \mathrm{J \cdot mol^{-1} \cdot K^{-1}}$ である．

320 K で $9.0 \times 10^{-3}$，280 K で $1.1 \times 10^{-3}\ \mathrm{s^{-1}}$ の 1 次反応速度定数が得られた．反応速度定数 $k$ の温度依存性を定式化せよ．さらに，得られた反応速度を，通常のグラフ用紙に 0～10000 K の範囲でプロットしてみよ．

[**解**] 図 3.1 に 2 点をプロットする．本問の場合には 2 点を結ぶことで直線を得，それらの値から解析的に活性化エネルギーを得ることもできるが，一般には複数のデータ点を最も良く相関する直線を引き，直線上の読み取りやすい 2 点，例えば $k$ の値が $10^{-2}$ と $10^{-3}$ のところの $T$ の値を読み取り，以下のように活性化エネルギーの値を計算する．ここで，$\log 10 = 1.0$，$\ln 10 = 2.303$ なので，

$E = 1.0/(3.59 \times 10^{-3} - 3.10 \times 10^{-3}) \times 2.303 \times 8.314 = 39.1\ \mathrm{kJ\ mol^{-1}}$

この値を $k = A \cdot \exp(-E/RT)$，320 K で $9.0 \times 10^{-3}$ に代入し

$9.0 \times 10^{-3} = A \cdot \exp[-39100/(8.314 \times 320)]$ より $A = 21700\ \mathrm{s^{-1}}$

これより

$$k = 21700 \exp[-39100/(8.314\ T)]$$

なおここで，$E$ あるいは $R$ の値が少しでも変化すると，$A$ の値は大きく変化する．そのため，用いた数字の有効数字も含め，数字を用いて式を表しておく方が望ましい．少なくとも用いた $R$ や $E$ の値がいくつであったかを図中に記載しておく必要がある．

この式の値を図 3.2 に $T[\mathrm{K}]$ に対してプロットする．0 K では反応

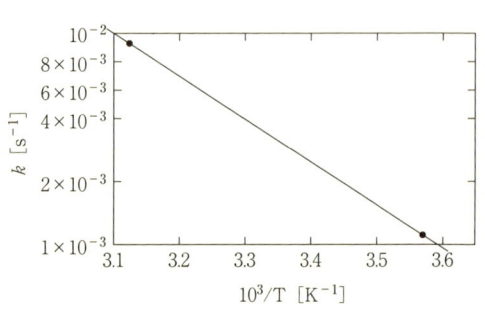

**図 3.1** 例題 3.1 のアレニウスプロット

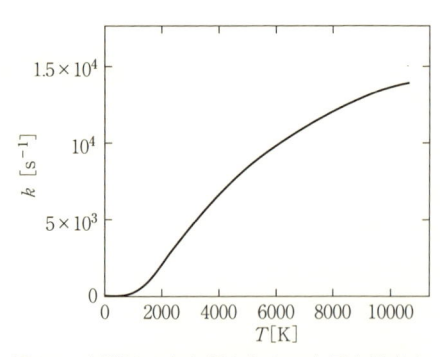

**図 3.2** 例題 3.1 から得られた 1 次反応速度定数の温度依存性

速度定数がゼロで，1000 K 程度までは桁が急激に増大するが，それ以上ではゆっくりと，そして徐々に頭打ちになり，A の値に近づく．

### 3.1.6 温度と圧力の違いが反応平衡に与える影響

実用上，反応圧力，温度の選択にあたっては，速度論だけではなく平衡論的議論も必要となる．**ルシャトリエの法則**により，モル数が増大する反応では，全圧が大きくなると平衡は右にシフトし，反応が起こりやすくなり，一方，減少する反応では逆反応が起こりやすくなる．また，温度を上げると正反応も逆反応も反応速度は高くなるが，発熱反応の場合には高温ほど平衡は左にシフトし，平衡に近付くと反応速度が急激に低下する．吸熱反応では低温ほど平衡は左にシフトするが，正逆反応とも反応速度は低下する．

なお，逆反応も正反応と同様に式 (3.12) で表すと，平衡定数の温度依存性は，平衡状態が $k=k'$ になったときであるとすることにより，式 (3.13) で表すことができる．

$$k' = A'\exp(-E'/RT) \qquad (3.12)$$
$$K = k/k' = (A/A')\exp(-\Delta H/RT) \quad \Delta H = E - E' \qquad (3.13)$$

図 3.3 に示すように，正反応の活性化エネルギーより逆反応の活性化エネルギーが大きいときに $\Delta H$ は負，すなわち発熱反応となる．

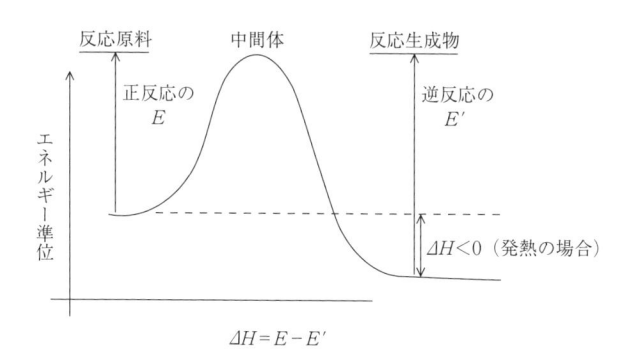

**図 3.3** 活性化エネルギーと反応のエンタルピー

また，装置内の均一性の観点や，後述の複合反応で目的とする生成物の選択性を高めるためには，反応速度を犠牲にしても低温で反応が行われることがあ

る．拡散係数は反応速度に比べて温度依存性が小さいため，低温では装置内の均一性が確保されやすい．拡散係数の温度依存性も，式 (3.12) と同様の形で表すことが多く，そのとき定義される活性化エネルギーは，反応の活性化エネルギーに比べると，通常桁違いに小さい．

### 3.1.7 複合反応の反応速度

ある原料群から生成する生成物群が一種類であり，常に式 (3.1) のような量論式で表される反応が生じる反応を単一反応という．素反応一つだけが起こる場合には必ず単一反応であるが，**単一反応**が素反応とは限らない．これは，中間生成物の濃度が無視できるほど小さい場合など，式 (3.1) の形で書かれていても二つ以上の素反応が組合わさった結果を量論式が表している場合があるからである．

単一反応が二つ以上組合わさった反応を**複合反応**という．複合反応では，ある物質の消失速度あるいは生成速度は，二つ以上の単一反応による消失生成の和として表される．これを例示する．係数は現実的ではないが，理解を助けるため以下のようにおいてみる．

$$A + 2B \rightarrow 3C : r_1 \quad 4C \rightarrow 5D : r_2 \quad 6A \rightarrow 7E : r_3 \quad (3.14)$$

反応 1 と反応 2 のようにひき続いて起こる反応を**逐次反応**，1 と 3 のように同一の反応物から異なる生成物が同時に起こる反応を**並発反応**と呼ぶ．このときそれぞれの物質の消失速度あるいは生成速度は，以下で表される．

$$-r_A = r_1 + 6r_3, \quad -r_B = 2r_1, \quad r_C = 3r_1 - 4r_2, \quad r_D = 5r_2, \quad r_E = 7r_3 \quad (3.15)$$

### 3.1.8 複雑な反応の反応速度解析：律速段階法と定常状態法

単一反応でも，いくつかの素反応からなるときには，素反応の場合のように量論式に基づく次数を用いた反応速度式になるとは限らない．当然，複合反応の場合には，上記のように単一反応の合計となるため，より複雑となる．このような場合でも，ある条件下では単純化した反応速度式で近似的に表すことが可能となる．代表的な近似手法として**律速段階法**と**定常状態法**が知られている．これを例題によって示そう．

[例題 3.2] 素反応 $r_1, r_2$ の正反応速度および $r_1$ については逆反応速度およ

び平衡定数がそれぞれ以下で与えられている．Eの生成速度 $r_E$ の濃度依存性を**中間生成物**Dの濃度の経時変化が十分小さく無視できるとして定めよ（定常状態法）．ただし，$k_2'$は無視できるものとする．

$$A + B \underset{k_1'}{\overset{k_1}{\rightleftarrows}} D : r_1 \quad C + D \underset{(k_2')}{\overset{k_2}{\rightleftarrows}} E : r_2 \quad K_1 = \frac{k_1}{k_1'}$$

[**解**]　二つの素反応の複合反応は

$$A + B + C = E : r$$

で表される．Dの濃度変化が無視できるので，Dの反応1による生成速度から1の逆反応と2の反応による消費を考えたDの生成速度 $r_D$ をゼロとおき

$$r_D = k_1 C_A C_B - k_1' C_D - k_2 C_C C_D = 0$$

より，$C_D$ をA, B, Cの濃度で表し $r_E$ に代入することにより以下を得る．

$$r_E = k_2 C_C C_D = k_1 k_2 C_A C_B C_C / (k_1' + k_2 C_C)$$

なお，中間生成物Dの濃度がほとんど無視できる場合には，当然中間生成物の濃度変化も無視できることになるため，単一反応と近似的にみなせる．中間生成物の存在を仮定してメカニズムを検証する場合にはこの式を用いることができるが，この複合反応が素反応である場合の反応速度式

$$r_E = k C_A C_B C_C$$

とは濃度依存性が異なることに注意したい．

[**例題 3.3**]　上述の例題 3.2 と同一の素反応からなる同一の複合反応であるが，反応第一段目の正，逆反応が十分早く，平衡状態とみなせ，一方，第二段目の反応が遅い（律速段階）ときのEの生成速度 $r_E$ の濃度依存性を求めよ（律速段階法）．

[**解**]　第一段の平衡関係

$$K_1 = C_D / C_A C_B$$

を用いて $C_D$ をA, Bの濃度で表し $r_E$ に代入することにより以下を得る．

$$r_E = k_2 C_C C_D = K_1 k_2 C_A C_B C_C$$

以上より，一段目の平衡を仮定した場合には $r_E$ の濃度依存性は全体の反応が素反応の場合と同じ濃度依存性を示す．また例題 3.2 の解中で $k_1' \gg k_2 C_C$ とみなせる場合は本解答と一致する．

**[例題3.4]** 下記の酵素と基質とが反応し，中間生成物 M を作る．M は分解して生成物と再び酵素とができる．この二つの素反応よりなる複合反応の速度（P の生成速度 $r_P$）の濃度依存性を $r_M = 0$（定常状態法）として定めよ．なお，ここで，$C_E + C_M = C_{E0}$（＝ E の初期濃度，一定）とおけることに注目し，反応速度を $C_{E0}$ を用いて記述せよ．

$$E + S \underset{k_1'}{\overset{k_1}{\rightleftarrows}} M \overset{k_2}{\rightarrow} E + P$$

**[解]** $r_M = k_1 C_E C_S - k_1' C_M - k_2 C_M = 0$ に $C_E = C_{E0} - C_M$ を代入して，$C_M$ を $C_{E0}$ を用いて表し，これを $r_P$ に代入すると

$$r_P = k_2 C_M = k_1 k_2 C_{E0} C_S / (k_1' + k_2 + k_1 C_S)$$
$$= k_2 C_{E0} C_S / [(k_1' + k_2)/k_1 + C_S]$$
$$= V_{max} C_S / (K_m + C_S)$$

ここで，$V_{max} = k_2 C_{E0}$，$K_m = (k_1' + k_2)/k_1$

この式は，**ミハエリス・メンテン**（Michaelis–Menten）式と呼ばれ，酵素（E）により基質（S）から生成物（P）を生成する反応に広く用いられている．

## 3.2 様々な均相系反応装置と設計

### 3.2.1 様々な反応装置

既に 1.3.1 項で装置と操作については概説した．また，2.5 節では，流通系での完全混合槽あるいは押し出し流れ装置に流入がある非定常の場合，そして定常時でさらに装置外との物質のやりとりあるいは熱の出入りがある場合についての解析法について学んだ．本節では(1) **回分式反応器**内で反応が起こる場合の非定常解析についてまず学ぶ．ついで，原料が連続的に流入し装置内で反応が起こり，反応後の流体が連続的に流出する，(2) **完全混合槽反応器**内および(3) **押し出し流れ反応器**内の定常解析，について学ぶ．ただし，反応に加えて発熱吸熱があり，途中で温度や圧力，体積（あるいは流量）が変化する場合の詳細は言及せず計算結果のみ表にて示す．すなわち，解析にあたっては，定温，定圧で体積（流量）変化が無いことを仮定する．さらに，装置外との物質のやりとりがある場合は解析が複雑になることから，本節での定量的な取り扱

いでは考えない．また，押し出し流れ装置では，拡散や混合の影響は無いものとする．

反応器の体積を $V[\mathrm{m}^3]$，連続の場合には常に流量 $F[\mathrm{m}^3 \cdot \mathrm{s}^{-1}]$ で流入流出がある．押し出し流れでは管型反応器を想定し，流路断面積を $S[\mathrm{m}^2]$，距離を $x[\mathrm{m}]$，管の長さを $L[\mathrm{m}]$ とする（$V=SL$）．$\tau$ は連続装置での平均滞留時間（$=V/F$，装置に入った物質が，装置から排出されるまでの平均の時間）とする．

以下では，原料 A の「消失」速度を $r(=-r_A)$ と定義して用いることにする．また，例示としては，不可逆一次反応速度

$$r(=-r_A)=kC_A \qquad (3.16)$$

を用いる．例示以外の複雑な反応速度の場合，反応による体積変化がある場合，あるいは 2.5.5 項で述べた多段混合槽の解析については，本節の最後に化学工学便覧を引用し，注意事項を説明する．

(1)〜(3)のいずれでも，以下の基礎方程式 (3.17) の一部が簡略化（ゼロ）された形となる．

装置内の物質の蓄積量（$VdC/dt$）
$$=（反応による生成は+，消失は-）+（流入）-（流出） \qquad (3.17)$$

また，A の転化率は以下で与えられる．以下では，いずれの記号も添え字「A」を省略して，$C_A$ を $C$ で $X_A$ を $X$ または $x$ で略記することがある．

$$X_A = 1 - C_A/C_{A0} \qquad (3.18)$$

なお，特に気相反応の場合には，反応に伴う mol 数変化が生じることが多く，その際，定圧回分系では容積変化，定容回分系では圧力変化，定圧連続装置では流量変化が生じる．このような場合には体積増加率

$$\varepsilon =（\text{A の転化率が 1 のときの体積}）/（\text{A の転化率が 0 のときの体積}）-1 \qquad (3.19)$$

を用いて計算を行うことになる．さらにそれぞれの化合物の濃度も体積変化により下記となることに注意する必要がある．

$$C = C_0(1-X)/(1+\varepsilon X) \qquad (3.20)$$

## 3.2.2 回分式反応器内で反応が起こる場合の非定常解析

基礎方程式（3.17）は，回分式であり流入流出が無いため，

$$VdC/dt = Vr_A = -Vf(C)$$

この微分方程式を解いた結果は，$C = C_0(1-X)$ であるから

$$t = \int_0^t dt = \int_{C_0}^C dC/r_A = C_0 \int_0^X dX/(-r_A) \tag{3.21}$$

で与えられ，これを**回分式槽型反応器**の**設計基礎式**といい，この結果は表3.1

**表3.1** 反応装置の設計基礎式［化学工学協会編：化学工学便覧（改訂5版），丸善（1988）］

| 操作 | 装置 | 物質収支式 | 設計基礎式（体積変化のない場合） | （体質変化を伴う場合） | $n$ 次反応 $r_A = -kc_A^n$ |
|---|---|---|---|---|---|
| 回分式 | 槽（定容） | $\frac{dn_A}{dt} = r_A V$ | $t = C_{A0} \int_0^{X_A} \frac{dX_A}{(-r_A)}$ | $= C_{A0} \int_0^{X_A} \frac{dX_A}{(-r_A)}$ | $= \frac{1}{kC_{A0}^{n-1}} \int_0^{X_A} \frac{dX_A}{(1-X_A)^n}$ |
| 回分式 | 槽（定圧） | $\frac{dn_A}{dt} = r_A V$ | $t = C_{A0} \int_0^{X_A} \frac{dX_A}{(-r_A)}$ | $= C_{A0} \int_0^{X_A} \frac{dX_A}{(1+\varepsilon X_A)(-r_A)}$ | $= \frac{1}{kC_{A0}^{n-1}} \int_0^{X_A} \frac{(1+\varepsilon X_A)^{n-1}}{(1-X_A)^n} dX_A$ |
| 流通式 | 槽 | $\Delta N_A = r_A V$ | $\tau = V/F = \frac{C_{A0} - C_A}{(-r_A)} = \frac{C_{A0} X_A}{(-r_A)}$ | $= \frac{C_{A0} X_A}{(-r_A)}$ | $= \frac{1}{kC_{A0}^{n-1}} \frac{X_A(1+\varepsilon X_A)^n}{(1-X_A)^n}$ |
| 流通式 | 多段混合槽 | $\Delta N_{Ai} = r_A V_i$ | $\tau_i = V_i/F = \frac{C_{A0}(X_{Ai} - X_{Ai-1})}{(-r_A)}$ | $= \frac{C_{A0}(X_{Ai} + X_{Ai-1})}{(-r_A)}$ | $= \frac{(X_{Ai} - X_{Ai-1})}{kC_{A0}^{n-1}} \frac{(1+\varepsilon X_{Ai})^n}{(1-X_{Ai})^n}$ |
| 流通式 | 管 | $dN_A = r_A dV$ | $\tau = \frac{V}{F} = \int_0^{X_A} \frac{dC_A}{(-r_A)}$ | $= C_{A0} \int_0^{X_A} \frac{dX_A}{(-r_A)}$ | $= \frac{1}{kC_{A0}^{n-1}} \int_0^{X_A} \frac{(1+\varepsilon X_A)^n}{(1-X_A)^n} dX_A$ |

$N_A$：Aのモル流量，$n_A$：装置内のAのモル数，$c_A$：Aの濃度（$= n_A/V$），添字0：初期条件または入口条件，$V$：反応器容積，$X_A = (n_{A0} - n_A)/n_{A0}$ または $(N_{A0} - N_A)/N_{A0}$：反応率，$\tau = V/F$：滞留時間，$\varepsilon$：体積増加率，$(F_{X_A = 1} - F)/F$，または $(V_{X_A = i} - V_{X_A = 0})/V_{X_A = 0}$（回分式定圧）．

に示されている．反応式の前後（反応前と反応後）で気体モル数が変化する場合には，定圧系の場合には体積変化を伴うことになり，補正が必要となる．このような場合の設計基礎式をあわせて表3.2に示す．反応速度が以下のように1次反応の場合には

$$-r_A = f(C) = kC = C_0 k(1-X) \tag{3.22}$$

を代入し積分形に直すと以下を得る．これは1次反応の場合であるが，さらに一般的に $n$ 次反応の場合にこれを拡張した結果も，表3.2にあわせて示した．

$$t = \int_0^t dt = -\int_{C_0}^C dC/f(C) = -\int_{C_0}^C dC/kC = (1/k) \int_0^X dX/(1-X) \tag{3.23}$$

積分を実行すると以下の式（3.24）を得る．これを反応装置の積分型設計式という．

3.2 様々な均相系反応装置と設計

**表 3.2** 反応装置の設計式（積分形）

(a) 等温，体積変化なし

| 量論式 | 反応速度式 | 反応装置 | |
|---|---|---|---|
| | | 回分式および流通式押し出し流れ* | 流通式完全混合流れ |
| A→P | $r_A = -k$ | $\theta = (C_{A0} - C_A)/k = C_{A0}X_A/k$ | $\tau = (C_{A0} - C_A)/k = C_{A0}X_A/k$ |
| | $r_A = -kC_A$ | $\theta = -(1/k)\ln C_A/C_{A0} = -\left(\dfrac{1}{k}\right)\ln(1-X_A)$ | $\tau = \dfrac{C_{A0} - C_A}{kC_A} = \dfrac{X_A}{k(1-X_A)}$ |
| | $r_A = -kC_A{}^n$ | $\theta = \dfrac{C_A{}^{1-n} - C_{A0}{}^{1-n}}{(n-1)k} = \dfrac{C_{A0}{}^{1-n}}{(n-1)k}\{(1-X_A)^{1-n} - 1\}$ | $\tau = \dfrac{C_{A0} - C_A}{kC_A{}^n} = \dfrac{C_{A0}{}^{1-n}X_A}{k(1-X_A)^n}$ |
| A+B→P | $r_A = -kC_AC_B$ | $\theta = \dfrac{\ln(MC_A/C_B)}{kC_{A0}(1-M)} = \dfrac{\ln\{M(1-X_A)/(M-X_A)\}}{kC_{A0}(1-M)}$ (M≠1) $\theta = \dfrac{1}{k}\left(\dfrac{1}{C_A} - \dfrac{1}{C_{A0}}\right) = \dfrac{1}{kC_{A0}}\dfrac{X_A}{(1-X_A)}$ (M=1) | $\tau = \dfrac{1}{k}\dfrac{C_{A0} - C_A}{C_A(C_{B0} - C_{A0} - C_A)}$ $= \dfrac{1}{kC_{A0}}\dfrac{X_A}{(1-X_A)(M-X_A)}$ |
| A+2B→P | $r_A = -kC_AC_B$ | $\theta = \dfrac{\ln(MC_A/C_B)}{kC_{A0}(2-M)} = \dfrac{\ln\{M(1-X_A)/(M-2X_A)\}}{kC_{A0}(2-M)}$ (M≠2) $\theta = \dfrac{1}{2k}\left(\dfrac{1}{C_A} - \dfrac{1}{C_{A0}}\right) = \dfrac{1}{2kC_{A0}}\dfrac{X_A}{(1-X_A)}$ (M=2) | $\tau = \dfrac{1}{k}\dfrac{C_{A0} - C_A}{C_A\{C_{B0} - 2(C_{A0} + C_A)\}}$ $= \dfrac{X_A}{kC_{A0}(1-X_A)(M-2X_A)}$ |
| A+2B→P | $r_A = -kC_AC_B{}^2$ | $\theta = \dfrac{1}{kC_{A0}{}^2(2-M)^2}\left[\dfrac{(2-M)(C_{B0} - C_B)}{MC_B} + \ln\dfrac{C_B}{MC_A}\right]$ $= \dfrac{1}{kC_{A0}{}^2(2-M)^2}\left[\dfrac{(2-M)2X_A}{M(M-2X_A)} + \ln\dfrac{(M-2X_A)}{M(1-X_A)}\right]$ (M≠2) $\theta = \dfrac{1}{8k}\left\{\dfrac{1}{C_A{}^2} - \dfrac{1}{C_{A0}{}^2}\right\} = \dfrac{1}{8kC_{A0}{}^2}\left\{\dfrac{1}{(1-X_A)^2} - 1\right\}$ (M=2) | $\tau = \dfrac{1}{k}\dfrac{C_{A0} - C_A}{C_A\{C_{B0} - 2(C_{A0} - C_A)\}^2}$ $= \dfrac{1}{k}\dfrac{X_A}{C_{A0}{}^2(1-X_A)(M-2X_A)^2}$ |
| A+B+C→P | $r_A = -kC_AC_BC_C$ | $\theta = \dfrac{1}{k}\left\{\dfrac{1}{C_{A0}{}^2(1-M)(1-N)}\ln(C_{A0}/C_A)\right.$ $-\dfrac{1}{C_{A0}{}^2(1-M)(N-M)}\ln\dfrac{C_{C0}}{C_B}$ $\left.+\dfrac{1}{C_{A0}{}^2(1-N)(M-N)}\ln\dfrac{C_{C0}}{C_C}\right\}$ $= \dfrac{1}{kC_{A0}{}^2}\left\{\dfrac{1}{(1-M)(1-N)}\ln\dfrac{1}{1-X_A}\right.$ $-\dfrac{1}{(1-M)(N-M)}\ln\dfrac{M}{M-X_A}$ $\left.+\dfrac{1}{(1-N)(M-N)}\ln\dfrac{N}{N-X_A}\right\}$ (M≠1, N≠1,) | $\tau = \dfrac{1}{k}\dfrac{C_{A0} - C_A}{C_AC_BC_C}$ $\tau = \dfrac{1}{kC_{A0}{}^2}$ $\times \dfrac{X_A}{(1-X_A)(M-X_A)(N-X_A)}$ |
| A⇌P (可逆系) | $r_A = -k\left(C_A - \dfrac{C_P}{K}\right)$ | $\theta = \dfrac{K}{k(K+1)}\ln\dfrac{KC_{A0} - C_{P0}}{(K+1)C_A - C_{A0} - C_{P0}}$ $= \dfrac{K}{k(K+1)}\ln\dfrac{KC_{A0} - C_{P0}}{(K+1)C_{A0}(1-X_A) - C_{A0} - C_{P0}}$ | $\tau = \dfrac{C_{A0} - C_A}{k(C_A - C_P/K)}$ $= \dfrac{X_A}{k\left\{(1-X_A) - \dfrac{1}{K}\left(\dfrac{C_{P0}}{C_{A0}} - X_A\right)\right\}}$ |

**表3.2** 反応装置の設計式（積分形）

(b) 等温, 体積変化, 定圧

| 量論式 | 反応速度式 | 反応装置 | |
|---|---|---|---|
| | | 回分式および流通式押し出し流れ** | 流通式完全混合流れ |
| $A \rightarrow pP$ | $r_A = -k$ | $\theta = C_{A0}X_A/k$ | $\tau = C_{A0}X_A/k$ |
| $A \rightarrow pP$ | $r_A = -kC_A$ | $\theta = \dfrac{1}{k}\{-(1+\varepsilon_A)\ln(1-X_A) - \varepsilon_A X_A\}$ | $\tau = \dfrac{X_A(1+\varepsilon X_A)}{k(1-X_A)}$ |
| $2A \rightarrow pP$ | $r_A = -kC_A^2$ | $\theta = \dfrac{1}{kC_{A0}}\left\{2\varepsilon_A(1-\varepsilon_A)\ln(1-X_A)\right.$ $\left. + \varepsilon_A^2 X_A + (\varepsilon_A + 1)^2 \dfrac{X_A}{1-X_A}\right\}$ | $\tau = \dfrac{X_A(1-\varepsilon X_A)^2}{kC_{A0}(1-X_A)^2}$ |

\* 回分式では$\theta = t$, 流通式押出し流れでは$\theta = \tau$, $M = C_{B0}/C_{A0}$, $N = C_{C0}/C_{A0}$, $X_A$：Aの反応率
\*\* 回分式では$\theta = t$, 流通式押出し流れでは$\theta = \tau (= V/F$, $F$は入口体積流量), $p$：量論係数, $\varepsilon_A$：容積増加率$= (F_{X_A=1} - F)/F$.

$$t = -(1/k)\ln(C/C_0) = -(1/k)\ln(1-X) \tag{3.24}$$

あるいは以下の形で表すこともできる.

$$(1-X) = C/C_0 = \exp(-kt) \tag{3.25}$$

これを表3.2に, 1次反応のほか, 様々な反応条件について示す. 後述のように, 回分式**槽型反応器**の非定常計算結果と**流通式管型反応器**の定常計算結果は, 前者の$t$を後者の$\tau = V/F$に置き換えることにより全く同一の式をえる. そのため, 表3.2では, $t$あるいは$\tau$の代わりに$\theta$を用いて表現している.

反応原料が2種類, AだけではなくBも関与する場合で, 例えば反応量論式が

$$A + bB \rightarrow pP$$

で表される場合には$M = C_{B0}/C_{A0}$および, $X_A C_{A0} = C_{A0} - C_A = (C_{B0} - C_B)/b$を用いて$C_{B0}$および$C_B$を$C_{A0}$および$C_A$で表すことにより, $C_A$だけの式に変換し解析できる.

また, 可逆反応の場合には, $C_{A0} = C_A + C_P$の関係と, 平衡定数$K = k/k'$を用いることにより$C_A$だけの式に変換し解析できる.

このときの設計基礎式も表3.2に併せて記載する.

### 3.2.3 完全混合槽反応器の定常解析

完全混合槽（以下槽型と略す）を反応器として用い, 定常状態で運転する場合には, 装置内の濃度は均一であり, これを$C$（$C_A$の略記）とおく. 定常状態であるので$C$は時間の関数ではなく, 以下の基礎方程式（3.27）の左辺を

ゼロとおくことで解を得る．
$$0 = (流入) - (流出) + (反応による生成は+, 消失は-) \quad (3.26)$$
$$0 = FC_0 - FC + Vr_A \quad (3.27)$$
で与えられる．これより，上述のように装置内の滞留時間 $\tau = V/F$ は
$$\tau = V/F = (C_0 - C)/(-r_A) = C_0 X/(-r_A) \quad (3.28)$$
で与えられる．この場合には必要な滞留時間は反応速度式さえ与えれば，解は代数的に与えられる．結果を表3.2に示す．

### 3.2.4 押し出し流れ反応装置の定常解析

押し出し流れ反応装置の解析は，すでに2.5.4項にまとめた，溶入がある場合の解析とほぼ同様となる．図2.16も同様に参照されたい．物質Aが装置内を流れながら反応により消費されてゆく．このとき，式(3.27)と全く同様に，ただし，図2.16の微小区間 $x$ と $x+dx$ の間での収支をとり

$$(蓄積 = 0) = (流入 - 流出) + (反応による生成は+, 消失は-)$$
$$0 = F[C - (C+dC)] + r_A S dx$$

あるいは
$$FdC/dx = r_A S = -Sf(C)$$

この微分方程式を解いた結果は
$$\tau = V/F = xS/F = S/F \int_0^x dx = \int_{C_0}^C dC/r_A = C_0 \int_0^X dX/(-r_A) \quad (3.29)$$

で与えられ，これを押し出し流れ反応装置の設計基礎式という．本結果も表3.1に示す．式(3.29)を式(3.21)と比べると，回分式槽型反応器の式(3.21)で，$t$ を，距離 $x$ までの体積を流量 $F$ で通過するための滞留時間 $\tau$ で置き換えただけの式となっている．これは，「流れに乗った微小な回分式反応装置が，押し出し流れ反応装置内を流れていった」と考えると直感的にも容易に理解できる．以下，反応により気体モル数が変化する場合も回分式と同様な式となるが，体積変化を伴うことになり，補正が必要となる．このような場合の設計基礎式をあわせて表3.2に示す．反応速度が以下のように1次反応の場合には

$$-r_A = f(C) = kC = C_0 k(1-X) \quad (3.30)$$

を代入し積分形に直すと以下を得る．

$$\tau = V/F = xS/F = (S/F)\int_0^x dx = -\int_{C_0}^{C} dC/f(C) = -\int_{C_0}^{C} dC/kC = (1/k)\int_0^X dX/(1-X)$$
(3.31)

これは1次反応の場合であるが，さらに一般的にn次反応の場合にこれを拡張した結果も，表3.2に示した．積分を実行すると以下の式（3.32）を得る．これを反応装置の積分型設計式という．これを表3.2に，1次反応のほか，様々な反応条件について示す．

$$\tau = -(1/k)\ln(C/C_0) = -(1/k)\ln(1-X) \tag{3.32}$$

あるいは以下の形で表すこともできる．

$$(1-X) = C/C_0 = \exp(-k\tau) \tag{3.33}$$

以上のように，回分式槽型反応器の非定常計算結果と流通式管型反応器の定常計算結果は，前者の$t$を後者の$\tau = V/F$に置き換えることにより全く同一の式を得る．そのため，表3.2では，$t$あるいは$\tau$の代わりに$\theta$を用いて表現している．

### 3.2.5 完全混合槽と押し出し流れの比較

同一の原料濃度，流量，反応率で反応を行わせる場合，完全混合槽型反応器およびピストン型反応器とのいずれが優れた反応器と考えられるかを議論する．そこで，同じ転化率を得るにはどちらの反応器容積が大きいかを比較する．この点だけから評価するのであれば，当然容積は小さいほうが優れるということになる．

例えば1次反応であれば式（3.28）と式（3.32）の大小関係を比較し，大きい$\tau$を与える方が，$V$の値が大きいことになる．しかしここでは解析的証明は省略し，直感的理解により解を得る．Aは反応により消費され，同一の転化率となって出るという条件であるので，出口の濃度は両者で同一である．そのとき，完全混合槽では，装置内が出口と同一の濃度に保たれているのに対し，押し出し流れ型では出口に向かって徐々に反応が進むので，装置内は出口より高い濃度である．したがって，通常Aの反応による消費速度はAの濃度が大きいほど大きいので（すなわち反応次数が0次以下ではない限り），単位体積あたりの反応速度は押し出し流れ型の方が大きい．従って全反応器容積は小さい．

実際には，いずれに近い反応器も工業的には用いられていることからわかるように，上記だけの理由では優劣はつけられない．例えば高価な触媒を充填して反応を行わせる場合には，押し出し流れ装置が優れることになるが，同じ内容積であっても，壁の面積は，槽型より管型の押し出し流れ装置の方が大きくなる．壁面積が大きい方が，発熱反応の場合の除熱，吸熱反応の場合の熱供給には優れていることになる．

### 3.2.6 完全混合槽列モデルによる反応解析

完全混合槽と押し出し流れは，いずれも極端な理想的条件の下にある場合の解析であった．一般の装置ではこれらの中間的挙動を占める．その場合の解析例としては完全混合槽列モデルがあることは 2.5.5 項に述べた．ここでは解析の詳細は述べないが，$n$ 個の完全混合槽を並べたものであり，逐次計算することにより解を得ることができる．設計基礎式を表 3.1 に示しておく．

## 3.3 様々な装置を用いた反応速度の求め方と反応速度式の決定

反応装置の設計には，正しい反応速度の測定が必要である．反応速度の測定にも様々な装置が用いられる．反応速度式はまず一定温度の下で，反応速度の各濃度依存性を測定することから開始する．ここでは体積変化がなく，反応温度一定の条件の下では特に記載がない限り A の反応速度は，A の濃度のみの関数となるが，その関数形は明らかになっていないものとする．

なお，実験的に定めた反応速度式は，その実験条件範囲を超えた場合には，成り立たなくなる可能性があることは，注意しておく必要がある．また，A の消費速度が A 以外の物質（例えば 2 次反応時のもう一方の物質の濃度や生成物）の濃度にも影響される場合には，以下のような単純な計算が適用できなくなる．このような場合については，詳細は述べないが，以下で適宜コメントすることにする．

### 3.3.1 回分式完全混合槽を用いた反応速度の測定

回分式完全混合槽で反応を行わせたときには，濃度 $C$ が時間 $t$ の関数として，図として与えられる．これを図 3.4 ①に示す．これを 1.2.4 項に示したよ

うに図微分することにより，濃度変化 $-dC/dt$ の時間 t に対する変化を図 3.4 ②に示すような図として与えることができる．同じ時間 $t$ の時の，濃度 $C$ と濃度変化 $dC/dt$ を読み取り，前者に対して後者をプロットし図 3.4 ③を得る．このようにして描いた曲線は，濃度変化 $dC/dt$ を濃度 $C$ に対してプロットしたものであり，反応速度の濃度依存性，$-r_A = -dC/dt = f(C)$ を与える．さらに 1.2.5 項に示した方法により，反応速度式の定式化を行うことができる．

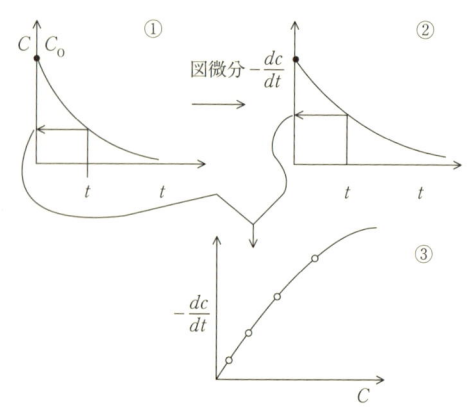

**図 3.4** 回分式完全混合槽を用いた速度解析

①，②で，$C = g(t)$，$dC/dt = h(t)$ の両者（片方のみ得ている場合には微積分によりもう一方を得る）が定式化されていれば，$t$ を消去して反応速度式を得ることもできる．

　本方法は，原理的には，実験的に定めたい範囲の濃度の上限からスタートし，一度の実験の濃度の経時変化を測定するだけで速度式を与えることが可能という特徴を有するが，A 以外の物質の濃度が，反応速度に影響を与える場合には解析は困難となる．

## 3.3.2　流通式完全混合槽を用いた定常状態での反応速度式の決定

　完全混合槽では出口濃度 $C$ が槽内での反応時の濃度を与える．このときの反応速度は式（3.27）より，入り口と出口の濃度差から

$$r = -r_A = (C_0 - C)F/V = (C_0 - C)/\tau \tag{3.34}$$

により与えられる．入り口濃度あるいは流量を変化させて，定常状態となるのを待ち，必要な範囲の濃度で必要な点数を測定する．反応装置内の温度差や濃度分布が存在すると正確な測定は困難となる．

### 3.3.3 流通式微分反応装置を用いた反応速度の測定

広義には，上記のように濃度と速度との関係をプロットし，その関係を定式化する方法を広く**微分法**という．押し出し流れ，あるいは通常の管型反応器でも同様であるが，管の出入り口での反応条件がほぼ同一と見なされる条件が達成できている場合の反応器を特に**微分反応装置**ということがある．微分反応装置の場合には装置内の流動混合状態を注意する必要がない．

微分反応装置では，反応率が十分小さく，装置内の濃度が出口（あるいは入口）濃度とほぼ同一とみなせる．このとき，出入口の濃度差が非常に小さいため，この濃度差から反応量を求めると，誤差が非常に大きくなる．一方生成物については入口濃度をゼロとできるので，出口の生成物濃度から反応速度を得ることができる．

原料Aのほかの成分Bが反応速度に影響を与える場合には，Bの濃度を一定に保った条件で測定することにより，その影響も定式化することができる．しかし，生成物が反応を阻害する場合（生成物阻害）には，生成物濃度をも一定に保った条件での測定が必要であるため，その生成物の濃度から反応速度を測定することはできない．なお，化学的性質はほぼ同一であるが，質量の違いから区別が可能となる同位体を使用することで，このような測定を可能にすることもできる．

### 3.3.4 積分反応装置を用いた反応速度の測定

反応速度式の形（べき乗型の速度式の場合には反応次数など）が既に与えられており，係数だけが未知の場合に用いることができる解析法である．回分式完全混合槽内の濃度の経時変化あるいは連続式管型押し出し流れ反応器内の滞留時間を変えて測定したデータを積分データという．これを，適当なグラフ用紙に表3.2に示した反応速度式をあらかじめ積分した式に従って，$x$軸と$y$軸との関係が直線となるように軸を取りプロットを行うことにより，係数を求めることができる．このような方法で反応速度式を求める方法を**積分法**という．また特に連続式押し出し流れ装置で，原料の転化率が大きく，微分反応管とはみなせないような装置を**積分反応装置**という．

[例題3.5] 1次反応 $r = -r_A = -dC/dt = kC$ で表されることがわかってい

る反応系がある．このとき，等温定容回分反応器を用い，①濃度 $C$[mol·m$^{-3}$] の経時変化から直接反応速度定数 $k$ を定めるにはどのようなグラフ用紙を用い，どのようなプロットを行うべきか．② 20 分後に反応物質の濃度は初期濃度の 1/10 となった．速度定数 $k$[s$^{-1}$] を求めよ．

[解] ①与えられた式を積分すると，$C/C_0 = \exp(-kt)$ または $\ln(C/C_0) = -kt$ を得る．よって片対数グラフに $C/C_0 = 1-X$ を $t$ に対してプロットする．②片対数グラフは $\log(C/C_0)$ が 1 となるように縦軸を決めているので，傾きを $\ln 10 = 2.303$ 倍した値が $k$ を与える．傾きは $\ln(1/10)/20 = -0.05$ がグラフの傾きになるので，$0.05 \times 2.303 [= \ln 10]/60$[s·min$^{-1}$] $= 1.92 \times 10^{-3}$ s$^{-1}$．

### 3.3.5 端効果を有する連続式管型押し出し流れ反応装置

実際の反応系では，例えば装置内に温度分布があるなどのために反応速度の測定が困難となることがある．管型押し出し流れ反応装置内をある温度に保って反応を行わせ，流量 $F$ あるいは容積 $V$ を変えて何点か測定することにより係数を定めたい．しかし，その両端は室温など，反応温度とは異なるために，両端付近の温度は徐々に変化している．そのような端効果がある場合には，$F$ は変化させずに，（適当な温度以上の範囲を用いて）仮に定めた $V$ を変えることにより，$\tau = V/F$ を変化させる．例えば，ほぼ温度が一定とみなせる管内に，原料を送入する水冷管と，生成物を抜き出す水冷管を挿入し，これらの 2 本の管の間の体積を反応体積 $V$ として，グラフを作成する．このとき，両端の端効果は，水冷管の位置を変えても変わらないと考えられるので，十分大きい $V$ の部分のみで整理することにより反応速度式を得ることができる．

上記のように等温部の長さを変化させることができず，速度定数を決定できない場合には，正確な反応速度定数を求めることが難しい．しかし，反応速度式の形が与えられている場合には，速度定数自身は決定できなくとも，その温度依存性だけは与えることが可能であり，これから式 (3.8) を用いて活性化エネルギーを求めることもできる．1 次反応の場合について説明する．式 (3.32) より

$$k = -(1/\tau)\ln(C/C_0) = -\ln(1-X)/\tau \tag{3.35}$$

ここで装置内でのガスの滞留時間 $\tau = V/F$ は $1/T$ に比例するので，仮にこれを $a/T$ とおく．よって

$$k = -T\ln(1-X)/a \tag{3.36}$$

この式を式 (3.8) に代入し，

$$\ln[-T\ln(1-X)] = \ln(aA) - E/RT \tag{3.37}$$

よって，片対数グラフに $[-T\ln(1-X)]$ を $1/T$ に対してプロットすることにより，3.1.4 項で記載したと同様に，活性化エネルギーを傾きから得ることができる．

## 3.4 異相反応

### 3.4.1 反応速度の表示

異相反応系，例えば**気固反応**，**液固反応**，**液液反応**，**気液反応**，**固体触媒反応**などの場合で，その両相の界面で反応が生じる場合には，**界面反応速度** $r_s$ は**界面積**あたりで与えられるべきであり，その単位は $[\mathrm{mol \cdot m^{-2} \cdot s^{-1}}]$ となる．一定の界面積を有する接触装置を用いれば，あるいは密な固体の粒子の場合には固体表面積を計算により求めることはできる．固体触媒のように**多孔質固体**の場合には，容易に測定できる物理量は質量であるため，固体触媒反応の場合には触媒単位重量当たりのみかけ速度として $r_m [\mathrm{mol \cdot kg^{-1} \cdot s^{-1}}]$ で与えることが多い．

また，液液あるいは気液反応で撹拌などにより界面積が操作により変化し，また測定が難しい場合には，比表面積 $a[\mathrm{m^2 \cdot m^{-3}}]$ を用い $r_s$ をかけた単位体積当たりの見かけの反応速度 $[\mathrm{mol \cdot m^{-3} \cdot s^{-1}}]$ を用いることもある．

一方，反応が界面で生じ，本来界面濃度の関数として速度式を表すべき場合であっても，界面濃度は測定することが困難であることから，濃度は流体中の濃度 $[\mathrm{mol \cdot m^{-3}}]$ で表す．このとき反応物・生成物は流体中濃度と界面濃度との間で，吸脱着などの平衡あるいは速度にも影響され，かつ界面積は限られている．そのため，3.1.7 項以下で述べた複合反応を考える必要が生じ，均相での素反応に用いる式 (3.4) のようなべき数式ではなく，分母にも濃度の項を含む**ラングミュア・ヒンシェルウッド**（Langmuir-Hinshelwood）式で表されることが多い．特に固体触媒反応では非常に多く使われる式である．

加えて，いずれの異相系反応でも，特に反応場が面あるいは境膜のような限られた場に限定される場合には，その場に反応物が到達するための物質移動の

影響があらわれることが多く,見かけの反応式はさらに複雑になる.

**[例題 3.6]** 反応 A → B が固体表面活性点で起こる.固体単位重量当たりの反応速度 $r$[mol·kg$^{-1}$·s$^{-1}$] の濃度依存性を表す式を求めよ.重量当たりの活性点数を $N$ [mol·kg$^{-1}$],この内 A が活性点に吸着している割合を $\theta$ とする.A の吸着は平衡状態にあり,上記の反応が律速段階であるとする.

**[解]** 反応 A → B の反応速度 $r$ は A が吸着している活性点量 $N\theta$ に比例するので $r = kN\theta$

A の吸着は A の濃度 C と A が吸着していない活性点量 $N(1-\theta)$ に比例するとして,一方 A の脱着は A が吸着している活性点量 $N\theta$ に比例するとして,両者が平衡状態にあることから $N\theta = CN(1-\theta)K$ より $\theta = KC/(1+KC)$ を上式に代入して $r = kNKC/(1+KC)$.$kNK$ をまとめて新たな係数 $k$ として置き直すと $r = kC/(1+KC)$.最も簡単なラングミュア・ヒンシェルウッド型の反応速度式を得る.なお,反応が律速ではなく脱離や吸着が律速となる場合,また吸着物質が様々であり,また表面上で二つの吸着物質が反応する場合など,場合に応じてさらに複雑な式となる.

### 3.4.2 気固系反応

気体と固体が直接反応する例としては,古くからは高炉による鉄鉱石の還元,石炭の燃焼・ガス化,最近ではバイオマスの燃焼・ガス化などがあげられ,工業的に重要な反応が多い.代表的な反応として,以下の式で与えられる気体と固体との反応(気固反応)を本節では主として考える.ここで生成物が気体の場合,固体の場合さらに両者が生成する場合がある.さらに広義の気固系反応としては,気相反応により固相が生成する,化学気相析出(CVD)法なども含まれる.

$$反応 \quad A(g) + bB(s) \rightarrow 生成物 \tag{3.38}$$

気固反応では,反応は次のいくつかのステップにより進行する.ここで反応による固体の変化量は,気体の変化量に比べ体積では3桁小さいので,はじめは気体の移動のみ考え,ついで固体の変化を考える.

1. 気相本体 ($g$) から固体表面 ($s$) への反応ガスの物質移動(ガス境膜拡散),
2. 固体粒子内の反応ガスの拡散

3. 反応
4. 反応により生成したガスの固体粒子内の拡散
5. 固体表面から気相本体への生成ガスの境膜拡散

不可逆反応を考える場合には，4 以下は反応に影響せず，無視して良い．3. の反応の進行に対し，次の二つの理想的なモデルが提案されている．

- Ⅰ．**体積反応モデル**：反応速度が固体内の拡散に比べて十分遅いため固体粒子全体で均一に反応が進み，固体の転化率 $X$ は固体内で均一．
- Ⅱ．**未反応核モデル**：未反応固体内の拡散が十分遅いため，反応が未反応固体の表面のみで起こる．

これらの反応の進行の様子を図 3.5 に示す．ここでは半径 $R$ の球形の固体と気体とがⅡ．未反応核モデルに従って反応するが，固体生成物が残留するため固体粒子の大きさが変化しない場合に限って，1., 2., 3. のそれぞれが律速段階の場合について，固体表面積基準の固体 B の総括反応速度 $r_0 [\text{mol·m}^{-2}\text{·s}^{-1}]$，（粒子全体では $J = 4\pi R^2 r_0 [\text{mol·s}^{-1}]$）を与える式を示す．

**(1) 反応物質の境膜拡散律速の場合**

固体内拡散も反応も十分速く，固体表面での A の濃度はゼロとみなせる．2.3.1 項で定義される境膜物質移動係数を $k_G$（一定）と書くと，はじめの固

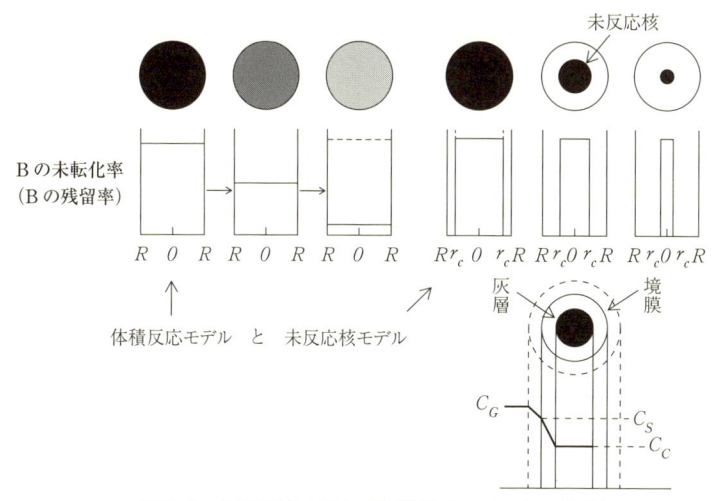

図 3.5 未反応核モデル（体積反応モデルとの比較）

体表面積（はじめの半径 $R$，よって表面積は $4\pi R^2$）当たりの反応速度は

$$r_0 = bk_G C_G \tag{3.39}$$

となる．ここで，全反応量は，未反応核の縮小分と等しいことから，未反応核の半径 $r_c$ や，固体のモル密度 $\rho_B [\text{mol}\cdot\text{m}^{-3}]$ を用い単位を合わせ，

$$J = 4\pi R^2 r_0 \, dt = 4\pi R^2 b k_G C_G \, dt = -4\pi r_c^2 \rho_B dr_c \tag{3.40}$$

これを $t=0\sim t$，$r_c = R \sim r_c$ で積分して

$$bR^2 k_G C_G t = \tfrac{1}{3}\rho_B (R^3 - r_c^3) \tag{3.41}$$

または

$$t = R\rho_B X_B / (3bk_G C_G) \tag{3.42}$$

ここで，固体 B の転化率 $X_B = 1 - (r_c/R)^3$ である．

ガス境膜内での反応ガスの拡散が律速段階の場合，活性化エネルギーは $20\sim 30$ kJ·mol$^{-1}$ 以下ときわめて小さい（温度依存性が小さい）．

なお，ここでは，反応に伴って固体粒子の半径 $R$ が変化せず，ガス境膜物質移動係数 $k_G$ が一定とみなせる場合を示したが，反応により灰層が生成せず，未反応核が表面にでる場合には，$k_G$ は式（2.85）で表されるように半径 $R$ の関数となるため，一定とはみなせない．

### (2) 灰層拡散律速の場合

ガス境膜内の拡散や未反応核表面での反応速度は充分に速く，$C_G = C_S$，$C_C = 0$ とおける場合である．灰層内における反応ガスの拡散方程式は，

$$4\pi R^2 r_0 = 4\pi R^2 \mathcal{D}e \, dC/dr|_{r=R} = 4\pi r^2 \mathcal{D}e \, dC/dr = J(\text{一定}) \tag{3.43}$$

最後の2項を変数分離形とし

$$J dr/r^2 = 4\pi \mathcal{D}e \, dC \tag{3.44}$$

を $r = R \sim r_C$，$C = C_G \sim 0$ の範囲で積分し，

$$J[1/r_C - 1/R] = 4\pi \mathcal{D}e \, C_G \tag{3.45}$$

式 (3.40) を用いて

$$t = [1 - 3(r_C/R)^2 + 2(r_C/R)^3] \rho_B R^2 / 6b\mathcal{D}e C_G \tag{3.46}$$

を得る．活性化エネルギーの大きさは(1)と同様に $20\sim 30$ kJ·mol$^{-1}$ 以下ときわめて小さい．

### (3) 表面反応律速の場合

境膜および固体内拡散が無視できる場合である．3.4.1で述べた $r_s [\text{mol}\cdot\text{m}^{-2}\cdot\text{s}^{-1}]$ が律速のときには，

$$J = -\rho_B \frac{dr_s}{dt} = bk_s C_G \tag{3.47}$$

$$t = \frac{\rho_B}{bk_s C_G}(R - r_c) \tag{3.48}$$

活性化エネルギーは，反応の種類により大きく異なるが，(1)や(2)の場合と比べて非常に大きい値となる．

[例題 3.7] 単一粒子の気固反応において(1)～(3)の段階のいずれが律速であるかを実験的に調べたい．どのように行えばよいか．

[解] まず，実験を行い，時間に対する転化率を測定する．転化率は反応により固体重量が変化する場合には重量で，また，ガスが生成する場合にはガス生成速度から測定することもできる．

【方法1】式(3.42)，(3.46)，(3.48)のそれぞれで$r_c=0$あるいは$X_B=1$と置いたときに計算される時間$\tau$は，未反応核が無くなる時間であり，「燃え切り時間」あるいは「反応完結時間」と呼ばれる．

ガス境膜拡散律速では
$$\tau = R\rho_B/3bk_G C_G \tag{3.49}$$

灰層内拡散律速では
$$\tau = \rho_B R^2/6b\mathcal{D}e C_G \tag{3.50}$$

界面反応律速では
$$\tau = \rho_B R/bk_s C_G \tag{3.51}$$

よって，粒子の直径を変えて，その影響が2乗で効く場合には灰層内拡散律速である．

【方法2】時間$t$を$\tau$で割った無次元時間を，固体の反応率$X_B$との関数として表すと，次を得る．

ガス境膜拡散律速では
$$t/\tau = X_B \tag{3.52}$$

灰層内拡散律速では
$$t/\tau = 1 - 3(1-X_B)^{2/3} + 2(1-X_B) \tag{3.53}$$

界面反応律速では
$$t/\tau = 1 - (1-X_B)^{1/3} \tag{3.54}$$

$t/\tau$ に対して未反応率 $1-X_B$ を図 3.6 にプロットする．直線的に反応が進行していればガス境膜拡散律速である．なおガス境膜拡散律速であることを確認するには，式（2.85）から予測されるガス境膜物質移動係数 $k_G$ から計算される値を代入し，反応速度を予測し，それ比較する．

【方法 3】上記の方法 1 と方法 2 を組み合わせれば，三つの段階の内いずれかが判定できるが，粒子径が変えられない場合には，温度を変えることにより判断が可能である．上述のように，活性化エネルギーが 20～30 kJ・mol$^{-1}$ を大きく超えるならば，表面反応律速であると考えられる．

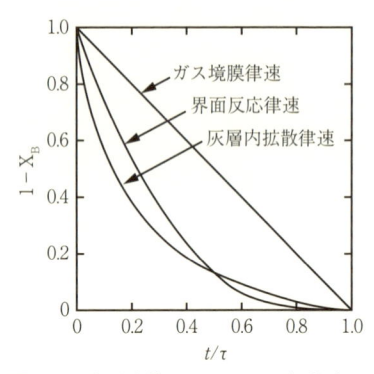

**図 3.6** 未反応核モデルによる転化率の変化

### 3.4.3 固体触媒反応

固体触媒は，気体反応あるいは液体反応に多く使用される．流体と分離が容易であるからである．固体触媒は通常多孔質体であり，その内部表面に存在する活性点で主たる反応が生じることが多い．ここでは単純に A（気体）→ P（気体）の固体触媒反応を考える．そのときの反応の概念図を，図 3.7 に示す．3.4.2 項で解説した気固反応と同様に，拡散過程が無視できないことが多い．また，同様に不可逆反応であるため生成物の移動は無視できるとするとき，以下の三つの段階を考える必要がある．

1. 気相本体（g）から固体表面（s）への反応ガスの物質移動（ガス境膜拡散）．
2. 固体粒子内の反応ガスの拡散
3. 反応

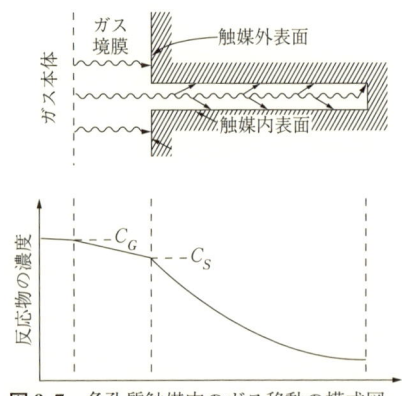

**図 3.7** 多孔質触媒内のガス移動の模式図

(1) ガス境膜拡散が律速の場合：
 既に3.4.2項の(1)で説明した内容と同一であり，活性化エネルギーは20～30 kJ·mol$^{-1}$と非常に小さい．
(2) 固体触媒内の反応ガスの拡散の特徴：
 固体粒子内の反応ガスの拡散については，3.4.2項の気固反応と異なる注意点を2点上げておく必要がある．一つは，触媒内細孔の細孔径は，その反応性を高めるために非常に細く設計されていることが多いことである．細孔半径$r$が分子の**平均自由行程**$\lambda$（飛行中の分子が他の分子と衝突するまでの平均的飛行距離．常温常圧の気体分子では100 nm程度で圧力に反比例する）に比べ十分大きい（$r/\lambda>10$）ときは**分子拡散**領域となり，これまで述べてきた分子拡散の概念がそのまま適用できる．一方，$r/\lambda<0.1$となると，**ヌッセン**（Knudsen）**拡散**領域と呼ばれる領域となり，細孔壁との衝突を繰り返しながら細孔内を移動するため，分子拡散よりも遅くなる．両者の遷移域ではヌッセン拡散係数の逆数と分子拡散係数の逆数の和となる．第二の注意点は，図3.7に示すように，**細孔内拡散**と**細孔内反応**とが，直列に起こるのではなく，並列，すなわち細孔壁で反応が起こしながら細孔のさらに奥の方まで拡散してゆくことである．そのため細孔内拡散のみが律速となる場合は通常は無い．以下では，反応が完全に律速な場合と，反応が拡散を伴いながら生じる過程が律速な場合との二つに分けて議論する．
(3) 固体触媒細孔表面での反応が律速の場合：
 前述のように，触媒反応速度を$r$[mol·kg$^{-1}$·s$^{-1}$]で表し，固体質量基準の反応速度定数を$k_m$[m$^3$·kg$^{-1}$·s$^{-1}$]，Aの気相濃度を$C_G$[mol·m$^{-3}$]，とすれば一般的には例題3.6のように$C_G$の様々な関数として表される．

$$r = f(C_G) \tag{3.55}$$

最も簡単な関数形は次式で与えられる．

$$r = k_m C_G \tag{3.56}$$

ここでもまずこの関数形で与えておき，以下では(2)の細孔内拡散が(3)の反応速度に，並列的に及ぼす影響について説明する．

(4) 固体触媒細孔内での拡散と反応とが並行して起こる過程が律速の場合：
 触媒粒子内部の原料Aの濃度は外表面における濃度より小さくなるので，

反応速度は内部ほど小さくなる．細孔内の詳細な計算は省略するが，細孔内の微小区間での拡散による細孔深部への流入と流出の差が反応による消費と等しいとして収支をとることにより，総括的な反応速度は，拡散と反応との両者の「平均」として以下のように表すことができる

$$r = (3C_G/R)\sqrt{(k_m \mathcal{D}_e/\rho_P)} \tag{3.57}$$

ここで，$k_m[\mathrm{m^3 \cdot kg^{-1} \cdot s^{-1}}]$ は，固体質量基準の反応速度定数，$\mathcal{D}_e[\mathrm{m^2 \cdot s^{-1}}]$ は粒子内の**有効拡散係数**，$\rho_P[\mathrm{kg \cdot m^{-3}}]$ は粒子密度（みかけ密度とも呼ばれ，粒子の重量を粒子の体積で割った値）である．$k_m$ と $\mathcal{D}_e$ の両者を，(3.8) のアレニウスの式で記述すると，(3.57) も同様にアレニウス式で記述することが出来，そのときの総括の活性化エネルギー $E_\mathrm{o}$ は反応の活性化エネルギー $E_r$ と拡散の活性化エネルギー $E_D$ の算術平均として与えられるが，通常 $E_r \gg E_D$ であることから，$E_r/2$ で近似される．上記は反応次数が1次の場合でありその場合には，総括の反応次数は1次のままであるが，一般的には総括の反応次数は拡散の反応次数1と表面反応の反応次数 $n$ との平均として以下で表される．

$$E_\mathrm{o} = (E_r + E_D)/2 \approx E_r/2 \tag{3.58}$$
$$n_\mathrm{o} = (n+1)/2 \tag{3.59}$$

(5) **触媒有効係数とチーレ数**：

上記の(3)と(4)の両者を補間する関係式として次式が与えられている．

$$\eta = \frac{1}{\phi}\left[\frac{1}{\tanh(3\phi)} - \frac{1}{3\phi}\right] \tag{3.60}$$

$$\phi = \frac{R}{3}\left(\frac{k_m \rho_P}{\mathcal{D}_e}\right)^{0.5} \tag{3.61}$$

$\eta$ は触媒有効係数と呼ばれ，固体触媒内も外部ガス濃度と同じ濃度であったときの反応速度に対する実際の反応速度の比を示す．$\phi$ はチーレ数と呼ばれ，拡散と反応との比を表している．両者の関係を図3.8に示す．チーレ数が0.1付近以下となると反応律速である(3)の領域，10付近以上になると拡散が大きく影響する(4)の領域となる．

これまでみてきたように，細孔内拡散は反応次数や活性化エネルギーに影響を与え，従って触媒反応の性能（転化率や選択性）に影響を与える．一方，発熱反応の場合には，拡散速度が大きく拡散が影響しないような条件では，触媒

粒子内温度が急激に上昇し，急激な触媒の劣化をもたらすこともあり，見方によっては粒子内拡散はこれを防止する役割を担っているともいえる．

### 3.4.4 気固系および気固触媒系反応装置

工業的に用いられる気固系反応装置として，代表的なものを図 3.9 に示す．他に，斜めに置かれた回転筒の中を重力に従って落下しながら，通常下方から流れてくる気体と接触反応する**ロータリーキルン**が著名であるが，ここでは詳細は省略する．なお以下の用語中，「層」を英語にすると [bed] であるが，ベッドの誤訳が「床」であり，例えば流動層のことを流動床と良く書かれているが，ここでは採用しない．

以下では**固定層**，**流動層**，**気流層**のそれぞれの特徴を述べるが，その選択のポイントは，気固接触効率と温度管理である．温度の変化は特に反応速度に影響するため，選択性に影響を与える．さらに，触媒には失活の原因となり，層粒子の融点に近づくと凝集が生じ運転すらできなくなる．温度分布の原因となる因子は，もちろん発/吸熱量であるが，それ以上に重要な因子は，伝熱特性である．

固定層では，充てんされた粒子間の間隙をガスが流れることにより反応が進行する．移動層も基本的には固定層と同じであるが，粒子が上方から供給され下方に重力によって落下する．いずれにおいても，粒子径は相対的に大きく，

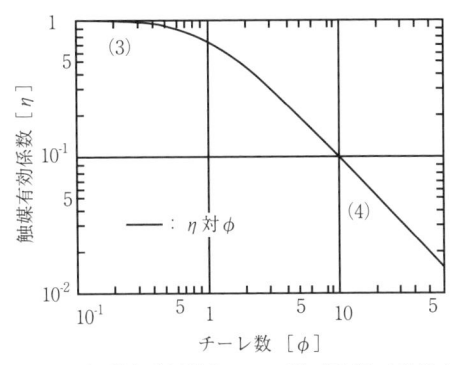

図 3.8 触媒有効係数とチーレ数 [化学工学協会編：化学工学便覧（改訂 5 版），p.1114，丸善（1988）]

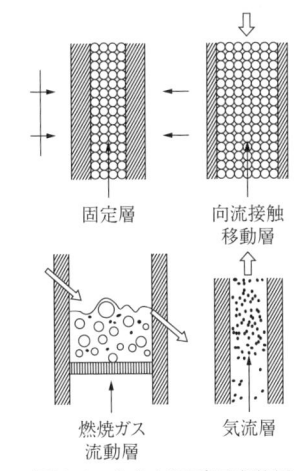

図 3.9 主な気固系反応装置 [化学工学協会編：化学工学便覧（改訂 5 版），p.1114 より抜粋，丸善（1988）]

通常 mm オーダー以上である．ガスクロマトグラフィーのパックドカラムは通常充填層と呼ばれるが，これも固定層である．しかし，粒子径が mm オーダー以下となると，十分な流量を流すための圧力損失が大きくなり，工業的反応装置には適さなくなる．そのため，固定層では，流すことができるガス流速には限界がある．固定層では，熱容量が大きい固体が固定されていることから，熱移動が起こりにくく，特に発熱反応の場合にはホットスポットと呼ばれる急激な温度上昇がもたらされる場所が生じることがある．このような場所が生じると，目的となる反応以外の予期せぬ反応が生じることもある．また，固体の凝結を招くことがある．層粒子自身の融点に大きく依存するが，一般的粒子（シリカ・アルミナに多量の不純物を含む砂の様な組成の粒子）の場合固定相反応器の運転温度は，数百℃程度迄であることが多い．また，伝熱速度が小さいことから，ボイラーのように，燃焼反応により生じる熱を回収することが目的となる場合には，固定層反応器を用いることはほとんど無い．

　充てんされた粒子間の間隙をガスが流れることにより，流通抵抗が生じる．この流通抵抗が，粒子の重力（－浮力）を上回ったときに，粒子は，固定層状態から開放され，ガス流に浮きながら自由に運動できるようになる．この状態を **流動層** という．従って，粒子を装置上方から供給するならば，装置内では非常に良く混合され（従って粒子は装置内完全混合されているとするモデル化がしばしばなされる），その一部をやはり重力により抜き出すことができるため，粒子のハンドリング性は高い．粒子径は固定層に比べ相対的に小さく，通常 mm オーダー以下であるが，数十 $\mu$m 以下の粒子では，ガス流に乗って装置外に「予期せずに」排出されることがある．未反応粒子飛び出しにより固体側平均反応率の低下を招くこともある一方，式（3.49）〜（3.51）に示したように小粒子の反応完結時間は短いことから転化が進んだ粒子のみ飛び出すような状況ではむしろ転化率を向上させる効果もある．流動層では圧力損失は粒子の重力がもたらす圧力と等しい．固定層に比べ，熱容量が大きい固体が運動していることから熱移動が起こり易く，ホットスポットや凝集は比較的生じにくい．流動層反応器の運転温度は，通常最大 1000℃ 程度である．伝熱速度が前述のように大きく，熱回収，熱供給には最も優れている．

　上述の流動層よりさらに小さい粒子を用いてガス流速を増大させてゆくと，粒子層が形成されずすべての粒子が飛び出す状態となる．このような状態で運

転される装置を**気流層**という．気流層を「**噴流層**」と呼ぶこともあるが，噴流層という用語は流動層（あるいは周囲が移動層状態となることもある）の中央部分のみにガスの吹き抜け箇所を作り，中央で粒子が上方に，管状部分で粒子が下方に流下する装置を指す場合もあり，混同を避けるために，気流層という用語の使用を勧めたい．気流層ではガス流により粒子が上方に移動するが，局所的には粒子，ガスとも乱流に近い情況であり，両者とも良好な混合接触情況がもたらされているため，熱移動速度も十分大きい．装置内の固体の滞留時間は小さく，ワンパスで十分な反応が期待できない場合や触媒反応の場合にはサイクロンなどにより粒子を捕集し反応器に戻すという操作がなされることもある．このとき層下部では比較的粒子濃度が高く，**循環流動層**と呼ばれる．粒子が希薄な状態で存在するため，運転温度は通常千数百℃まで可能である．

## 演習問題

**3.1** ① 1次反応の反応速度は $r = -dC/dt = kC$ で表される．$k$ の単位を SI で示せ．
② 1次反応速度定数 $k$ の温度依存性は，通常アレニウスの式

$$k = A \cdot \exp(-E/RT)$$

なる式で表される．片対数グラフ用紙を用いて両者の関係（データ）をアレニウスプロットするとき，横軸はなにを取るか．また頻度因子 $A$，活性化エネルギー $E$ およびガス定数 $R$ の単位を与えよ．$R$ の値を与えよ．③ グラフの傾きの求め方および傾きから $E$ を求める方法を説明せよ．④ 反応が，二つの異なる並列の素反応により同時に進行するとき，

$$k = k_1 + k_2 \quad k_1 = A_1 \cdot \exp(-E_1/RT) \quad k_2 = A_2 \cdot \exp(-E_2/RT) \quad E_1 \gg E_2$$

と表される．それぞれの素反応の活性化エネルギーが大きく異なる場合，グラフは上に凸となるか，下に凸となるか．また $T$ が十分大きいとき，アレニウスプロットから得られるみかけの活性化エネルギーはいずれの値に近づくか．⑤ グラフ中で，$T$ が十分大きいときの直線部分と，$T$ が十分小さいときの直線部分とをそれぞれ延長し，得た交点の $k$ の値に比べ，上式から予測される値は何倍を示すか．

（① $s^{-1}$，② $1/T$，$J \cdot mol^{-1}$，$R = 8.314\ J \cdot mol^{-1} s^{-1}$ ③略 ④下に凸，$E_1$　⑤ 2倍）

**3.2** 1次反応の反応速度は $r = -dC/dt = kC$ で表される．① 濃度 $C[kmol \cdot m^{-3}]$ の

経時変化は $C=C_0\exp(-kt)$ と表される．ここで $C_0$ は初期濃度である．反応速度定数 $k$ を定めるにはどのようなグラフ用紙を用いるべきか．②20分経過したとき，濃度は初期濃度の 1/10 となった．横軸を min でとったときのグラフの傾き $[\text{min}^{-1}]$ を求めよ．③速度定数 $k[\text{s}^{-1}]$ は，グラフの傾きを何倍すれば求まるか．$\ln 10 = 2.303$ とする．　　　　　（①片対数　②0.05 min$^{-1}$　③0.0384倍）

**3.3** SiH$_4$（モノシラン）の熱分解反応により Si（シリコン）と水素が生成する．この反応を，流動層（粒子が気相中で浮遊している）で行わせると，熱分解反応は粒子表面および気相中の両方で起こり，そのとき生成するシリコンはそれぞれ，粒子上への析出物あるいは細かい微粉として得られる．

粒子表面上における，粒子単位表面積あたりの多結晶シリコンの析出速度，$r_s$，および気相における気相単位体積あたりの微粉生成速度，$r_v$ はそれぞれ

$$r_s = 2.65\times 10^{10}\exp(-1.934\times 10^5/RT) C_{\text{SiH4}} \quad [\text{mol}\cdot\text{cm}^{-2}\cdot\text{s}^{-1}]$$
$$r_v = 9.3\times 10^{13}\exp(-2.315\times 10^5/RT) C_{\text{SiH4}} \quad [\text{mol}\cdot\text{cm}^{-3}\cdot\text{s}^{-1}]$$
$$[R=8.134\ \text{J}\cdot\text{mol}^{-1}\cdot\text{K}^{-1}]$$

で表される．ここで $C_{\text{SiH4}}$ はモノシラン濃度である．粒子直径 0.5 mm，空隙率（単位体積当りに存在する気相の割合．空間率ともいう）が60%であり，拡散速度は充分速い（流動層は均一とみなせる．気泡の存在は考えない．）ものとして，この反応を600℃で行わせた場合に反応したモノシランの内どれほどが微粉となるかを計算せよ．なお反応器壁での反応，生成した微粉上への析出反応，および生成した微粉が粒子表面に取り込まれる現象は無視できるものとする．

次に，層内に供給したモノシラン量を，30 NL/min（NL は標準状態での体積，リットル），層内粒子重量を 5 kg，粒子および析出物の密度を 2.3 kg·m$^{-3}$，層内での反応率（転化率）をほぼ100%とするとき，粒子直径は1時間でどれほど大きくなるか？　　　　　　　　　　　　　（82.6%, 0.031 mm·h$^{-1}$）

**3.4** 反応速度定数 $k$ と温度 T[K] の関係は　$k = A\cdot\exp(-E/RT)$　で表される．
$\quad\quad$ 0.0℃で $k = 0.0629$ min$^{-1}$ $\quad\quad$ 11.4℃で $k = 0.1348$ min$^{-1}$
$\quad\quad$ 29.5℃で $k = 0.3899$ min$^{-1}$ $\quad\quad$ 30.0℃で $k = 0.3920$ min$^{-1}$

のデータを用いて頻度因子 $A[\text{s}^{-1}]$，活性化エネルギー $E[\text{J}\cdot\text{mol}^{-1}]$ を求めよ．解答にあたっては片対数グラフ用紙を用いよ．また $R$ は 8.314 J·mol$^{-1}$·K$^{-1}$ とする．［$E \fallingdotseq 41990$ J·mol$^{-1}$ のとき $A = 113600$ s$^{-1}$．但し $A$ の値は $E$ により大きく変化する．］

**3.5** ある反応系での1次反応速度定数 $k[\mathrm{s}^{-1}]$ は
$$k = 3.91 \times 10^{-3} e^{-E/RT} \qquad (T[\mathrm{K}],\ 600 < T < 1300)$$
で与えられる．$k$ の値は温度が 468℃ から 829℃ になると 10 倍となる．① $E/R$ の値を求めよ．②活性化エネルギー，$E$ の値を $[\mathrm{J \cdot mol^{-1}}]$ の単位で求めよ．③この直線を片対数グラフ用紙（横軸 $1/T$，縦軸 $k$）にプロットせよ．

[① 5208 K ② 43.3 kJ·mol$^{-1}$ ③略]

**3.6** ある気相反応を装置 A と装置 B を用いて行った．二つの装置は同一の形状であるが，片方には反応を速める触媒をつめた．装置 A では反応温度を 200℃ から 20℃ 上昇させると，1 次反応速度定数は 20 倍となった．一方装置 B では，同様に 200℃ から 20℃ 上昇させると 1 次反応速度定数は 10 倍となった．以下に相当するものは A, B のいずれか．記号で答えよ．

  a) 200℃ での反応速度が大きい装置
  b) 活性化エネルギーが大きい装置
  c) 触媒がつめてある装置．

また，装置 A での活性化エネルギーを求めよ．
アレニウスの式は，$k = A\exp(-E/RT)$ で与えられる． [B, A, B, 略]

第4章

# 分離精製工学

　一般に，化学工業において，良い化学製品をつくるためには，良い原料が必要で，良い原料をつくるためには，分離精製が極めて重要となる．物質の分離精製は化学産業に限らず，食品・医薬品産業，電子産業など多くの分野で利用されており，分離精製過程のない製造プロセスはないと言っても過言ではない．原料や製品に不純物や有毒物質が混在していると，森永砒素ミルク事件（1955年）やカネミライスオイル事件（1968年），昭和電工のL－トリプトファン事件（1989年頃）などのように，深刻な被害が発生するし，排液の処理が不完全であると，水俣病などのように重大な被害が発生したりする．また，環境の保全のためには，大気や河川に有害物質を放出しないことが大事であり，排ガスや排液中の有害物質の除去・分離が極めて重要になる．本章では，先ず，分離精製の原理を説明し，代表的な分離精製操作である蒸留とガス吸収，抽出を解説する．

## 4.1　分離精製の原理

　混合物の分離はエントロピーの減少過程であるため自然には起こらないので，分けるためには何らかのエネルギーが必要となる．分離の原理は，加圧・減圧や加熱・冷却などによって平衡関係を変化させる**平衡分離**と成分の物質移動速度の差を利用する**速度差分離**とに大別される．

### 1）平衡分離

　平衡分離とは，平衡状態における異相間の組成が異なることを利用して分離する方法で，具体的な操作には，蒸発，蒸留，乾燥，昇華，蒸着，ガス吸収，放散，晶析，抽出，吸着，クロマト分離などがある．

## 2) 速度差分離

　平衡分離以外の分離方法を非平衡分離というが，非平衡分離においては，主として外力や障壁を利用して各成分の移動速度の差を生じさせて分離するため，速度差分離ともいわれる．速度差分離には遠心分離のように外力を利用した分離と膜分離のように障壁（さえぎり）を利用した分離とがある．具体的な操作には，濾過，沈降，遠心分離，集塵，膜分離，浸透気化，逆浸透などがある．

## 4.2 蒸　留

　蒸留（distillation）というのは，液相物質の気化し易さの差を利用して分離濃縮をする方法である．例えば，エタノール水溶液を加熱して蒸気を発生させると，エタノールは水より沸点が低いので，蒸気中のエタノールの濃度は，液相中の濃度より高くなる．この蒸気を冷やして凝縮させると，エタノールの濃度の高い液が得られる．蒸留は石油化学工業をはじめ，多くの化学工業で利用されている．

### 4.2.1　気液平衡

　混合ガスを密閉した容器に入れ，圧力一定で，温度をその混合ガスの露点以下に下げて静置すると，やがてガスは凝縮し，容器内はガスと液が共存した平衡状態になる．平衡状態では，蒸発して気体になる分子数と凝縮して液体になる分子数とが等しくなる．この状態を**気液平衡**という．一般には原油のように多成分系であることが多いが，ここでは，最も簡単な2成分系蒸留について説明する．

#### 1) 沸点－組成線図と $x-y$ 線図

　表4.1に101.3 kPaにおけるベンゼン－トルエン系の気液平衡データを示す．気相と液相の組成（濃度）は低沸点成分（ここではベンゼン）のモル分率で表し，液相の組成は $x$，気相の組成は $y$ で表す．図4.1に沸点－組成線図を示す．図中の液相線は液の組成 $x$ と沸点 $T$，気相線は気相の組成 $y$ と蒸気が凝縮する温度 $T$ との関係を表す．ある温度 $T_1$ で横軸に平行に引いた直線と液相線との交点Aおよび気相線との交点Bは，温度 $T_1$ で平衡状態に

ある液の組成 $x_A$ と蒸気の組成 $y_B$ を示す．図 4.1 の $x_A$ の組成の混合液（C 点）を加熱していくと，A 点（温度 $T_1$）で沸騰し，B 点の組成 $y_B$ の蒸気が発生することを示している．逆に，組成 $y_B$ の蒸気（D 点）を冷却すると，温度 $T_1$（B 点）で凝縮し，組成 $x_A$（A 点）の液を生成する．

図 4.2 にベンゼン－トルエン系の $x-y$ 線図を示す．$x-y$ 線図は平衡状態にある液の組成 $x$ と気相の組成 $y$ の関係を表したもので，蒸留の計算によく利用される．

**表 4.1** ベンゼン－トルエン系の気液平衡関係（全圧 101.3 kPa）
$x=$ 液相のベンゼンのモル分率 $[-]$
$y=$ 気相のベンゼンのモル分率 $[-]$

| T[K] | 383.8 | 382.0 | 378.1 | 376.2 | 374.7 | 371.0 | 368.2 | 366.0 |
|---|---|---|---|---|---|---|---|---|
| $x$ | 0.000 | 0.042 | 0.132 | 0.183 | 0.219 | 0.325 | 0.407 | 0.483 |
| $y$ | 0.000 | 0.089 | 0.257 | 0.334 | 0.395 | 0.530 | 0.619 | 0.688 |
| $y_{cal}$ | 0.000 | 0.098 | 0.273 | 0.356 | 0.409 | 0.543 | 0.629 | 0.698 |
| $y_{cal}/y\,[-]$ |  | 1.098 | 1.062 | 1.066 | 1.036 | 1.025 | 1.016 | 1.014 |
| $\alpha$ | 2.350 | 2.228 | 2.275 | 2.239 | 2.328 | 2.342 | 2.367 | 2.360 |
| T[K] | 364.0 | 361.8 | 359.6 | 357.3 | 355.2 | 354.4 | 353.3 | |
| $x$ | 0.551 | 0.628 | 0.712 | 0.810 | 0.900 | 0.941 | 1.000 | |
| $y$ | 0.742 | 0.800 | 0.853 | 0.911 | 0.958 | 0.973 | 1.000 | |
| $y_{cal}$ | 0.752 | 0.807 | 0.859 | 0.913 | 0.957 | 0.975 | 1.000 | |
| $y_{cal}/y\,[-]$ | 1.013 | 1.008 | 1.007 | 1.002 | 0.999 | 1.002 | 1.000 | |
| $\alpha$ | 2.344 | 2.369 | 2.347 | 2.401 | 2.534 | 2.259 | 2.600 | |

（$x$, $y$ のデータは日本化学会編『化学便覧』（改訂 3 版）による）

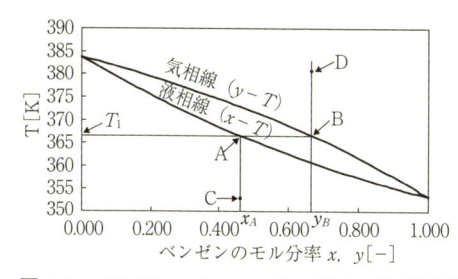

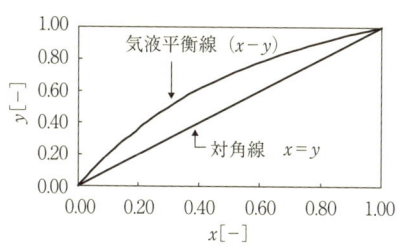

**図 4.1** ベンゼン－トルエン系の沸点－組成線図（全圧 101.3 kPa）　**図 4.2** ベンゼン－トルエン系の $x-y$ 線図

## 2) 理想溶液系

理想溶液というのは，**ラウール**（Raoult）の法則が成り立つ溶液のことで，2 液を混合したとき，容積の増減がなく，発熱も吸熱も起こさない溶液である．例えば，ベンゼンとトルエン，または，n－ヘキサンと n－ヘプタンな

どのように，互いに化学構造が似ていて，分子間相互作用の小さい2成分系溶液は**理想溶液**となる．ラウールの法則によれば，純物質AとBの飽和蒸気圧をそれぞれ $P_{A0}$，$P_{B0}$ とすると，分圧 $p_A$ と $p_B$ は次式となる．

$$p_A = P_{A0} x_A, \quad p_B = P_{B0} x_B \tag{4.1}$$

ここで，$x_A$ と $x_B$ はA成分とB成分の液相のモル分率である．また，**ダルトン（Dalton）の分圧の法則**によれば，理想気体の全圧 $P_T$ は分圧の和に等しいから，次式が成り立つ．

$$P_T = p_A + p_B = P_{A0} x_A + P_{B0} x_B = P_{A0} x_A + P_{B0}(1-x_A) \tag{4.2}$$

式(4.1)と式(4.2)より，A成分の気相のモル分率 $y_A$ は，次式となる．

$$y_A = p_A/P_T = P_{A0} x_A / [P_{A0} x_A + P_{B0}(1-x_A)] \tag{4.3}$$

気液が平衡状態にあるとき，成分 $i$ の気相のモル分率 $y_i$ と液相のモル分率 $x_i$ の比を**平衡比**といい，$K_i$ で表す．

$$K_i = y_i / x_i \tag{4.4}$$

さらに，平衡比 $K_i$ の比を**比揮発度** $\alpha$ という．成分AとBの比揮発度 $\alpha_{AB}$ は，次式で表される．

$$\alpha_{AB} = K_A / K_B = (y_A/x_A)/(y_B/x_B) \tag{4.5}$$

比揮発度 $\alpha_{AB}$ を用いると，式(4.3)は次式となる．

$$y_A = \alpha_{AB} x_A / [1 + (\alpha_{AB} - 1) x_A] \tag{4.6}$$

2成分系の場合は，$x_A$，$y_A$ を $x$，$y$ で表し，$\alpha_{AB}$ を $\alpha$ で表す．ベンゼン-トルエン系の比揮発度 $\alpha$ を表4.1に示す．表4.1のように，$\alpha$ の値は組成に応じて変化するが，近似的に $\alpha$ を一定として扱える系も多いことが知られている．

**[例題 4.1]** 101.3 kPaにおけるベンゼン-トルエン系の気液平衡データは表4.1のようである．①気液平衡線 $(x, y)$ 曲線を描け．②比揮発度 $\alpha$ の値の組成による変化を求めよ．ただし，$x=0$ と1における $\alpha$ は，ベンゼンの沸点353.3 Kとトルエンの沸点383.8 Kにおけるベンゼンの蒸気圧 $P_{A0}$ とトルエンの蒸気圧 $P_{B0}$ の比として求めよ〔表4.2の $P_{A0}$ と $P_{B0}$ を利用せよ〕．

**表4.2** ベンゼンとトルエンの蒸気圧とベンゼン-トルエン系の比揮発度

| T[K] | ベンゼンの蒸気圧 $P_{A0}$[kPa] | トルエンの蒸気圧 $P_{B0}$[kPa] | 比揮発度 $\alpha$[-] |
|---|---|---|---|
| 353.3 | 101.3 | 39 | 2.60 |
| 363.2 | 136.1 | 54.2 | 2.51 |
| 373.2 | 180.0 | 74.2 | 2.43 |
| 383.8 | 237.8 | 101.3 | 2.35 |

[解] ① $x$ を横軸にとり，$y$ を縦軸にとると，気液平衡線は図 4.2 のようになる．② $x_B = 1 - x_A = 1 - x$，$y_B = 1 - y_A = 1 - y$ であるから，式 (4.5) の $\alpha_{AB} = \alpha$ を $x$，$y$ で表すと次式となる．

$$\alpha = \alpha_{AB} = (y_A/x_A)/(y_B/x_B) = (y/x)/[(1-y)/(1-x)] = y(1-x)/[x(1-y)] \quad (4.7)$$

式 (4.7) に表 4.1 の $x, y$ の値を入れて計算すると，表 4.1 の $\alpha$ の値が得られる．$\alpha$ の値は，$x = 0 \sim 1$ までほぼ一定になっていることがわかる．$\alpha = (2.35 \times 2.60)^{0.5} = 2.47$ として式 (4.6) から求めた $y$ の計算値を $y_{cal}$ として表 4.1 に示す．表 4.1 の比 $(y_{cal}/y)$ の値は 1 に近いことより，計算値 $y_{cal}$ は実測値 $y$ に良く合うことがわかる．

### 3) 非理想溶液系

アセトン-クロロホルム系など，多くの混合溶液は**非理想溶液**となる．非理想溶液の場合は，ラウールの法則は適用できず，式 (4.1) は成立しないので，モル分率の代わりに**活量** (activity) $a$ を導入して次式のように表す．

$$p_A = P_T y_A = a_A P_{A0} = \gamma_A P_{A0} x_A, \quad p_B = P_T y_B = a_B P_{B0} = \gamma_B P_{B0} x_B \quad (4.8)$$

$$\gamma_A = a_A / x_A, \quad \gamma_B = a_B / x_B \quad (4.9)$$

ここで，$\gamma_A$，$\gamma_B$ はそれぞれ，A 成分と B 成分の**活量係数**である．理想溶液では $\gamma = 1$ となり，1 からの偏りは理想溶液からのずれの程度を表す．活量係数の推算式として，ファンラール (van Laar) 式やマーグレス (Margules) 式，ウイルソン (Wilson) 式，ユニファック (UNIFAC) 式が知られている．

## 4.2.2 単 蒸 留

図 4.3 (a) のように，枝付きフラスコに混合溶液（原液）を入れて加熱し，発生した蒸気を冷却して凝縮させ，原液よりも気化しやすい成分（低沸点成分）の多い留出液を得る方法を**単蒸留** (simple distillation) という．この場合の沸点-組成線図を図 4.3 (b) に示す．今，組成が $x_A$ の原液を加熱すると，A 点（温度 $T_A$）で沸騰し，A′ 点の組成の蒸気 $y_A$ を発生するが，濃度の高い蒸気を発生したため，フラスコ内の溶液の濃度は，$x_A \rightarrow x_B \rightarrow x_C \rightarrow$ のように減少して行き，それにつれて，発生する蒸気組成も，$y_A \rightarrow y_B \rightarrow y_C \rightarrow$ のように減少して行く．沸点は，$T_A \rightarrow T_B \rightarrow T_C \rightarrow$ のように上昇して行く．

### 1) 単蒸留の物質収支

図 4.3 (a) のフラスコに 2 成分系の混合溶液（原液）を入れて単蒸留す

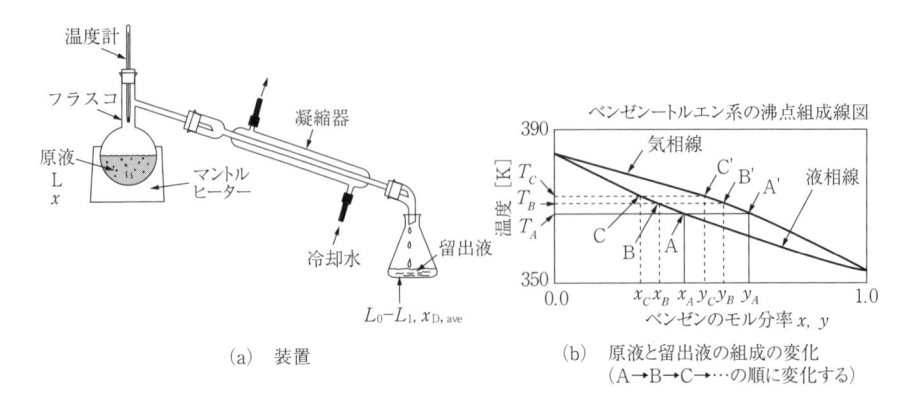

## 図 4.3 単蒸留

(a) 装置

(b) 原液と留出液の組成の変化
（A→B→C→…の順に変化する）

る場合を考える．低沸点成分の液相のモル分率を $x$ とし，溶液から発生する蒸気のモル分率を $y$ とすると，$x$ と $y$ は気液平衡関係にある．今，フラスコ中に液組成 $x$ の溶液が $L$ [mol] あり，そのうち $dL$ [mol] が蒸発して液組成が $x-dx$ になり，これに平衡な $(y-dy)$ の蒸気が $dL$ [mol] 発生したとすれば，物質収支より次式が成り立つ．

$$(x-dx)(L-dL)+(y-dy)dL=xL \tag{4.10}$$

式 (4.10) より 2 次の微小項を無視すると次式が得られる．

$$dL/L=dx/(y-x) \tag{4.11}$$

式 (4.11) を蒸留開始時 $(x_0, L_0)$ から終了時 $(x, L)$ まで積分すれば，次のレーリー (Rayleigh) の式が得られる．

$$ln\left(\frac{L}{L_0}\right)=ln(1-\beta)=\int_{x_0}^{x}\frac{dx}{y-x} \tag{4.12}$$

ここで，$\beta=(L_0-L)/L_0$ は**留出率**である．

気液平衡関係（$x$ と $y$ の関係）が式 (4.6) で与えられる場合には，式 (4.12) は次式となる．

$$ln\left(\frac{L}{L_0}\right)=ln(1-\beta)=\frac{1}{\alpha-1}ln\left[\frac{x}{x_0}\left(\frac{1-x_0}{1-x}\right)^{\alpha}\right] \tag{4.13}$$

留出液の平均組成 $x_{Dave}$ は，次式で表される．

$$x_{Dave}=\frac{x_0-(1-\beta)x}{\beta} \tag{4.14}$$

[**例題 4.2**] ベンゼン 40 mol％，トルエン 60 mol％ の溶液 200 mol を 100 kPa で単蒸留する．①留出液が 20 mol のときと，②留出液が 40 mol のときの留出液の平均組成 $x_{Dave}$ を求めよ．ただし，$\alpha = 2.47$ とせよ．

[**解**] ① $L_0 = 200$ mol，$L = 200 - 20 = 180$ mol，$x_0 = 0.4$，$\alpha = 2.47$ を式 (4.13) に代入すると次式となる．

$$\ln(180/200) = \ln(0.9) = [1/(2.47-1)]\ln(A) = 0.680\ln(A) = -0.105$$
$$\therefore \ln(A) = -0.154, \ A = \exp(-0.154) = 0.857$$

ただし，$A = (x/0.4)[(1-0.4)/(1-x)]^{2.47}$ $\therefore x = 0.377$，$\beta = (200-180)/200 = 0.1$
$\therefore x_{Dave} = (0.4 - (1-0.1)(0.377))/0.1 = 0.607$

② $L_0 = 200$ mol，$L = 200 - 40 = 160$ mol，$x_0 = 0.4$，$\alpha = 2.47$ を式 (4.13) に代入すると次式となる．

$$\ln(160/200) = \ln(0.8) = [1/(2.47-1)]\ln(A) = 0.680\ln(A) = -0.223,$$
$$\therefore \ln(A) = -0.328, \ A = \exp(-0.328) = 0.720, \ x = 0.351, \ \beta = 0.2,$$

$\therefore x_{Dave} = [0.4 - (1-0.2)(0.351)]/0.2 = 0.596$ となり，留出液が増加すると，留出液組成は減少する．

### 2) 分　縮

図 4.3 (a) のフラスコの中で発生した蒸気が，フラスコの内壁で少し冷やされると蒸気の一部は凝縮して流下し，液にもどる．この現象を分縮という．分縮する蒸気は高沸点成分が多いため，残った蒸気は低沸点成分が多くなるので，分離には都合の良い現象である．

### 3) 再 蒸 留

単蒸留で得た留出液を再び単蒸留すれば，低沸点成分の濃度は更に濃くなる．これを，**再蒸留**という．再蒸留を繰り返せば，低沸点成分は濃くなるが，留出液は減少する．その上，加熱と冷却を繰り返すので，熱がたくさん必要になる．

## 4.2.3 蒸留塔

図 4.4 に蒸留塔を示す．蒸留塔は，再蒸留〔加熱・沸騰・凝縮〕を連続的に繰り返す装置である．蒸留塔の塔底には，**缶**（reboiler）という加熱器があり，外部からの熱により，中の溶液を加熱し沸騰蒸発させる．発生した蒸気はその

上にある棚板を通って上昇し，その棚段上に溜まった液と接触し凝縮する．凝縮すると同時に接触した液に蒸発潜熱を供給するので，接触液が加熱され沸騰し蒸発する．その蒸気がさらにその上の段で凝縮し，蒸気を発生させる．蒸気は，この過程を繰り返して最上段に到達する．塔頂に達した蒸気は**全縮器**〔全ての液を凝縮させる凝縮器〕で全て液化され，一部は**還流液**（reflux）として塔最上段に還流され，残りは**留出液**（distillate）として外部に抜き取られる．原液を供給する段を**原料段**といい，原料段より上を**濃縮部**，原料段より下を**回収部**という．塔底の缶から，高沸点成分が濃縮された**缶出液**を取り出す．

### 1) 連続蒸留の物質収支

原液供給量を $F[\mathrm{mol \cdot h^{-1}}]$，その低沸点成分の組成を $x_F[-]$，塔頂からの留出液流量 $D[\mathrm{mol \cdot h^{-1}}]$，その低沸点成分組成 $x_D[-]$，塔底からの缶出液流量 $W[\mathrm{mol \cdot h^{-1}}]$，その低沸点成分組成 $x_W[-]$ とすると，塔全体の物質収支より，次式が得られる．

$$\text{全物質収支} \quad F = D + W \qquad (4.15)$$

$$\text{低沸点成分収支} \quad Fx_F = Dx_D + Wx_W \qquad (4.16)$$

### 2) 濃縮部操作線

濃縮部と回収部の蒸気流量をそれぞれ $V$，$V'[\mathrm{mol \cdot h^{-1}}]$，液流量をそれぞれ $L$，$L'[\mathrm{mol \cdot h^{-1}}]$ とする．濃縮部の段数は，塔頂から下へ数えるものとする．図4.4の濃縮部において，破線で囲んだ部分に入るのは第 $n+1$ 段からの蒸気 $V$ だけで，出るのは，留出液 $D$ と流下液 $L$ だけであるから，物質収支は，以下のようになる．

$$\text{全物質収支} \quad V = L + D \qquad (4.17)$$

$$\text{低沸点成分収支} \quad Vy_{n+1} = Lx_n + Dx_D \qquad (4.18)$$

式（4.17）と（4.18）より**濃縮部操作線**は以下のようになる．

$$y_{n+1} = Lx_n/V + Dx_D/V = Lx_n/(L+D) + Dx_D/(L+D) = Rx_n/(1+R) + x_D/(1+R) \qquad (4.19)$$

ここで，$R = L/D$ は**還流比**である．式（4.19）は第 $n+1$ 段の蒸気組成 $y_{n+1}$ とその上の第 $n$ 段の液組成 $x_n$ との関係を表す．

### 3) 回収部操作線

回収部の段数は，原料供給段から下へ数える．図4.4の回収部における破

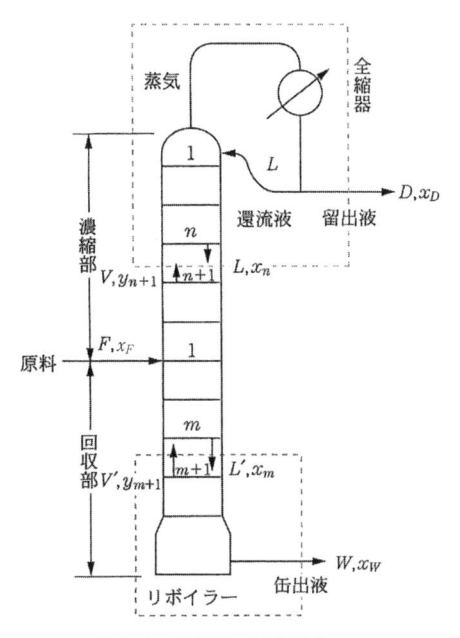

**図 4.4** 蒸留塔の物質収支

線で囲んだ部分に入るのは第m段からの流下液 $L'$ だけで,出るのは,缶出液 $W$ と第m+1段からの蒸気 $V'$ だけであるから,物質収支は,以下のようになる.

$$\text{全物質収支} \quad L' = V' + W \tag{4.20}$$

$$\text{低沸点成分収支} \quad L' x_m = V' y_{m+1} + W x_W \tag{4.21}$$

ここで,$x_m$ は回収部第m段の液組成で,$y_{m+1}$ は第m+1段から第m段へ上昇してくる蒸気組成を表す.$x_W$ は缶出液の液組成である.

式 (4.20) と (4.21) より**回収部の操作線**は次式のようになる.

$$y_{m+1} = L' x_m / V' - W x_W / V' = [(R'+1)/R'] x_m - x_W / R' \tag{4.22}$$

ここで,$R' = V'/W$ で,**回収比**という.

供給原料中の沸点の液のモル数での割合を $q$,蒸気の割合が $1-q$ とすると,次式が成り立つ.

$$V = V' + (1-q)F \tag{4.23}$$

$$L' = L + qF \tag{4.24}$$

ここで、$q$ の定義を、(原液1モルを供給状態から飽和蒸気にするために必要な熱量/原液のモル蒸発潜熱) と拡張すれば、$q=0$ は供給原料が全て沸点の蒸気、$0<q<1$ は沸点の液と蒸気の混合物、$q=1$ は全て沸点の液、$q>1$ は沸点以下の液、$q<0$ は過熱蒸気を表す。

### 4) 蒸留塔の所要理論段数

式 (4.19) の濃縮線と式 (4.22) の回収線を $x-y$ 線図に書くと、図 4.5 のようになり、E 点で交わる。E 点が原料供給段に相当し、E 点の座標を (x, y) とすると、$x$ と $y$ には、次式の関係が成り立つ。

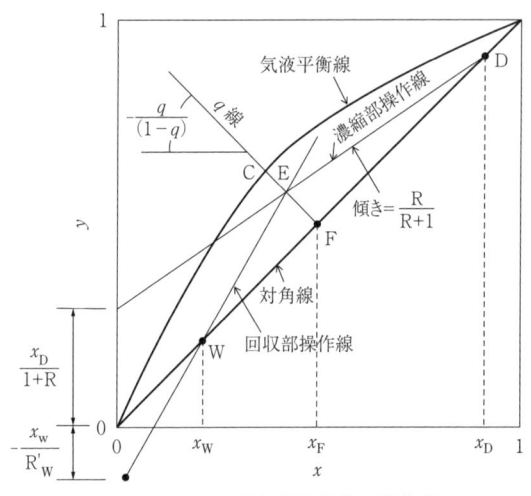

**図 4.5** 連続蒸留操作の操作線

$$y = -q/(1-q)x + x_F/(1-q) \qquad (4.25)$$

式 (4.25) は F 点 ($x_F$, $x_F$) を通る傾き $-q/(1-q)$ の直線を表し、その直線を $q$ 線という。$q=1$ のときは、$q$ 線は $x=x_F$ の垂直線 (y 軸に平行な直線) になる。留出液の組成 $x_D$ は、第 1 段 (最上段) で発生した蒸気組成 $y_1$ に等しいので、図 4.6 の D 点 ($x_D$, $x_D$) となる。$y_1(=x_D)$ と $x_1$ は平衡関係にあるから、$y_1$ と $x_1$ は気液平衡線上の点 $1(x_1, y_1)$ で示される。第 1 段の液の組成 $x_1$ と第 2 段から上がってくる蒸気の組成 $y_2$ との関係は濃縮線上の点 $1'$ ($x_1$, $y_2$) で表される。同様に、気液平衡線と濃縮線の間で階段上に $1' \to 2 \to 2' \to 3$…と作図していけば、各段で発生する蒸気組成と液組成を求めることができる。E 点を越え

たら，濃縮線の代わりに回収線を用いて，W点を越えるまでたどればよい．このときの横線の数がステップ数Sで，所要理論段数 $N = S - 1$ である．1を引くのは，加熱缶は1段の分離に寄与しているが，段ではないためである．このような図解法を**マッケーブ・シーレ**（McCabe–Thiele）**の図解法**という．

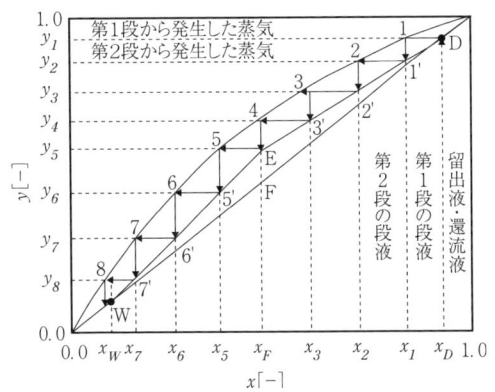

**図 4.6** マッケーブ・シーレ法の作図（$q=1$ の場合）

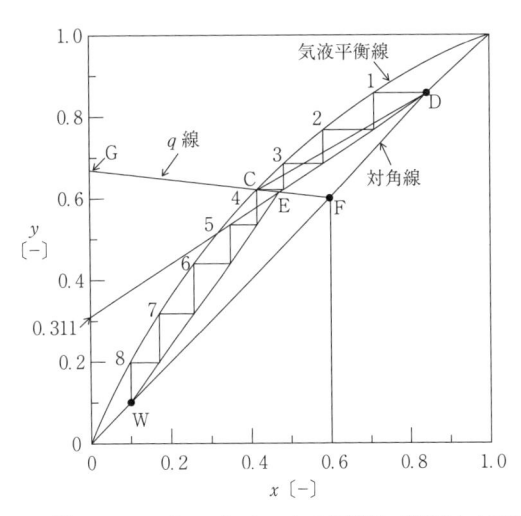

**図 4.7** マッケーブ・シーレの図解法（例題 4.4 参照）

## 5）全 還 流

図 4.5 のように濃縮部操作線の式（4.19）は D 点（$x_D$, $x_D$）を通り，傾き

$R/(R+1)$ の直線であるから，$R=L/D$ が増加すると傾きが大きくなって，$R\to\infty$ で 1 になり対角線に一致する．このときは，$D=0$ となり，留出液は全て最上段にもどされるので，**全還流**（total reflux）という．全還流の場合の理論段数を**最小理論段数**という．最小理論段数は，**フェンスケ**（Fenske）の式により計算で求めることができる．

$$N_{min}+1 = ln[x_D/(1-x_D)\{(1-x_W)/x_W\}]/ln\alpha_{ave} \qquad (4.26)$$

ここで，$\alpha_{ave}$ は平均の比揮発度である．

### 6）最小還流比

$q$ 線と濃縮部操作線との交点 E の $x$ 座標は原料供給段の液組成，$y$ 座標は，原料供給段の一段下の段から上がってくる蒸気の組成を表すから，その組成は，平衡線の上に出ることはない．それゆえ，濃縮線の傾きが最も小さくなるのは，$q$ 線と平衡線との交点 C を通るときである．このときの還流比を**最小還流比** $R_m$（minimum reflux ratio）という．工業的には，還流比 R は，最小還流比の 1.1〜1.5 倍を使用している．

理論段数を求めるとき，各段で蒸気と液の間に，気液平衡が成り立つと仮定したが，実際には，必ずしも平衡は成り立たず，蒸気組成は平衡線で予想されるよりも，低沸点組成が低くなる．このため，実際に必要な段数は，**理論段数**より多くなる．実際に必要な段数と理論段数との比を**段効率**という．

**[例題 4.4]** ベンゼン 60 mol%，トルエン 40 mol%の混合物を 368.2 K で蒸留塔に供給し，大気圧（101.3 kPa）における操業で，留出液をベンゼン 85 mol%以上，缶出液をベンゼン 10 mol%以下にしたい．必要な理論段数を求めよ．ただし，還流比は，最小還流比の 1.5 倍とする．大気圧におけるベンゼン-トルエン系の気液平衡データは表 4.1 に示す．

**[解]** まず，$q$ の値を求める．368.2 K における平衡組成は $x=0.407, y=0.619$ で，$x_F=0.60$ であるから，式（4.25）へ代入すると

$$0.619 = -q/(1-q)(0.407)+0.60/(1-q) \quad \therefore\ q=0.0896$$

これらの値を式（4.25）に代入すると，$q$ 線の式は $y=-0.0984x+0.659$ となる．図 4.7 のように $x$-$y$ 平衡曲線と対角線を作図して，F 点（0.600, 0.600）と G 点（0, 0.659）を結ぶ直線が $q$ 線となる．$q$ 線と平衡曲線との交点 C（0.420, 0.620）と対角線上の点 D（0.85, 0.85）を結ぶ直線の傾きを求めると 0.535

となる.よって,最小還流比 $R_m$ は次式から求まる.

$$0.535 = R_m/(R_m + 1), \quad R_m = 1.15, \quad \therefore R = 1.5R_m = 1.73$$

$x_D = 0.85$ と $R = 1.73$ を式(4.19)に代入すると,濃縮部操作線の式は,$y = 0.634x + 0.311$ となる.この濃縮部操作線と $q$ 線との交点 E を求め,点 E と対角線上の点 W (0.1, 0.1) とを結ぶと回収部操作線となる.点 D より階段作図をすれば,所要ステップ数 S として 7.9 段(濃縮部 3 段,回収部 4.9 段)となり,所要理論段数 N は 6.9 段となる.

## 4.3 ガス吸収

ガス吸収(gas absorption)とは,気体を液体と接触させて気体中の可溶成分を液中に溶解させる操作であり,逆に,液体中に溶解した成分を気体中に放出させる操作を**放散**(stripping)という.ガス吸収には,ガスが物理的に吸収液に溶解する**物理吸収**(physical absorption)と吸収液に溶解したガスが液中で反応する**反応吸収**(chemical absorption)とがあり,$CO_2$ や $SO_2$ などの有害物質の除去・回収,ガスの精製などに利用されており,地球の温暖化防止のために大きな役割を果たしている.

### 4.3.1 ガスの溶解度

温度と圧力が一定の閉じた容器の中に,溶質成分を含む気体混合物と吸収液とを接触させると,ガス中の溶質成分は液体に溶解し,やがて平衡状態に達する.このとき,液体中の溶質成分の濃度はその条件の下で最大となる.気液平衡状態で液体に溶け込むガスの量を**溶解度**(solubility)という.

### 4.3.2 ヘンリーの法則

窒素や水素などの難溶性ガスの溶解度 $C$[mol·m$^{-3}$](または液相のガスのモル分率 $x$[-])は,ガスの分圧 $p$[Pa](または気相のガスのモル分率 $y$[-])との間にヘンリーの法則(Henry's law)が成り立つことが知られている.ヘンリーの法則は,一般に以下のように表記される.

$$p = Ex, \quad p = HC, \quad C = Kp, \quad y = mx \quad (4.27)$$

ここで,$E$, $H$, $K$, $m$ はいずれもヘンリー定数である.ヘンリー定数の単位

は各式によって異なる．表4.3に各種ガスの水に対するヘンリー定数$E$の例を示す．

**表4.3** 各種ガスの水に対するヘンリー定数 $E \times 10^{-9}$ [Pa]

| ガス | 273K | 283K | 293K | 303K | 313K |
|---|---|---|---|---|---|
| He | 13.07 | 12.76 | 12.66 | 12.56 | 12.26 |
| $H_2$ | 5.87 | 6.44 | 6.92 | 7.38 | 7.61 |
| $N_2$ | 5.35 | 6.77 | 8.14 | 9.36 | 10.54 |
| CO | 3.57 | 4.48 | 5.42 | 6.28 | 7.04 |
| $O_2$ | 2.57 | 3.31 | 4.05 | 4.81 | 5.42 |
| $CH_4$ | 2.27 | 3.01 | 3.80 | 4.54 | 5.26 |
| $CO_2$ | 0.07 | 0.11 | 0.14 | 0.19 | 0.24 |

[化学工学協会編:化学工学便覧（改訂4版），表6.1, 丸善（1978）]

**[例題4.3]** 式（4.27）より，ヘンリー定数 $E$, $H$, $K$, $m$ の単位を求めよ．

**[解]** $E = p/x =$ [Pa]/[モル分率] = [Pa・モル分率$^{-1}$]

$H = p/C =$ [Pa]/[mol・m$^{-3}$] = [Pa・mol$^{-1}$・m$^3$]

$K = C/p =$ [mol・m$^{-3}$]/[Pa] = [mol・m$^{-3}$・Pa$^{-1}$]

$m = y/x =$ [モル分率]/[モル分率] = [$-$]

**[例題4.4]** 溶質の分子量を $M_G$，溶媒の分子量を $M_L$，溶質の濃度 $c$ [kg/100 kg-溶媒] とするとき，液相中の溶質のモル分率 $x$ を $M_G$ と $M_L$, $c$ で表せ．さらに，濃度 $c$ が非常に小さいとき $x$ の式はどうなるか．

**[解]** 溶媒 100 kg について考えると，溶媒のモル数は $100/M_L$ となり，溶質のモル数は $c/M_G$ となる．$x =$（溶質のモル数）/（溶媒のモル数＋溶質のモル数）であるから，次式が成り立つ．

$$x = (c/M_G)/[(100/M_L) + (c/M_G)] \quad (4.28)$$

さらに，濃度 $c$ が非常に小さいとき，$(c/M_G)$ は $(100/M_L)$ に比べて非常に小さいから，次式となる．

$$x \fallingdotseq c\, M_L/(100\, M_G) \quad (4.29)$$

**[例題4.5]** 293 K において，酸素の分圧が 20 kPa の気相と水とが平衡に達しているとき，水中の酸素のモル濃度 C [mol・m$^{-3}$] を求めよ．ただし，ヘンリー定数 $E = 4.05 \times 10^6$ kPa・モル分率$^{-1}$ とする．

**[解]** 式（4.27）より，水中の酸素のモル分率 $x$ は

$$x = p/E = 20/(4.05 \times 10^6) = 4.94 \times 10^{-6}$$

溶液の密度を $\rho_L$，水の密度を $\rho_w$，酸素の分子量を $M_G$，水の分子量を $M_w$，溶液の平均分子量を $M_{ave}$ とすると，溶液のモル密度 $\rho_M$ は，$\rho_M = \rho_L/M_{ave}$，$M_{ave} = M_G x + M_w(1-x)$ となる．$x$ は十分に小さいので，$M_{ave} \fallingdotseq M_w$，$\rho_L \fallingdotseq \rho_w$ とみなせるから，$\rho_M \fallingdotseq \rho_w/M_w$ となる．水の密度 $\rho_w = 1000 \text{ kg} \cdot \text{m}^{-3}$ とすると，$\rho_M = 1000/18 = 55.6 \text{ kmol} \cdot \text{m}^{-3}$ となるから，

$$C = \rho_M x = (55.6 \text{ kmol} \cdot \text{m}^{-3})(4.94 \times 10^{-6}) = 2.75 \times 10^{-4} \text{ kmol} \cdot \text{m}^{-3}$$
$$= 0.275 \text{ mol} \cdot \text{m}^{-3}$$

ガスの分圧 $p = 101.3 \text{ kPa}$ のときの難溶性ガスの水への溶解度と温度の関係を図 4.8 に示す．一般に，ガスの溶解度は温度が高くなると減少することがわかる．また，電解質水溶液に対するガスの溶解度は，純水に対する溶解度よりも小さくなることが知られている．この現象を**塩類効果**という．非電解質水溶液に対するガスの溶解度も，純水に対する溶解度よりも小さくなることが知られている．

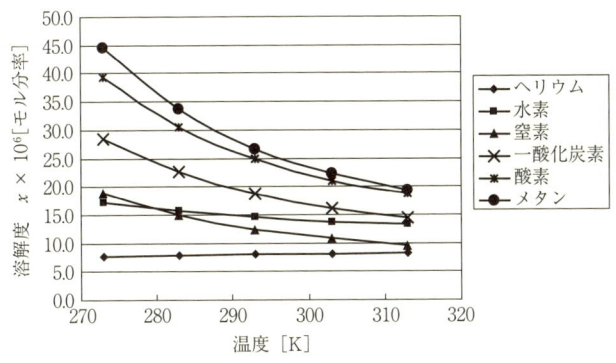

**図4.8** ガスの溶解度 $x$[モル分率]に対する温度の影響
($x$ は，表4.3 の $E$ を用いて，$x = p/E$ より求めた値)

### 4.3.3 ガスの吸収速度

ガス吸収の機構は極めて複雑であるため，**二重境膜説**（two-film theory）や**表面更新説**，**浸透説**などのモデル（仮説）が提案されているが，ここでは，簡単でわかりやすい**ルイスーホイットマン**（Lewis-Whitman）の二重境膜説に基づいてガスの吸収速度を説明する．

## 1) 二重境膜説

二重境膜説は，図4.9のように，気液界面の両側に**ガス境膜**と**液境膜**の存在を仮定する．ガス中の吸収される成分Aはガス本体から気液界面へと移動して界面を通して液に溶解し，液本体中を移動する．ガスと液の本体中では流体の乱れにより移動速度は速いので，Aの濃度は均一になっていると仮定する．一方境膜内では，乱れが抑制されるため**分子拡散**が支配的になり，境膜内の拡散がガス吸収の律速段階であると考える説である．さらに，気液界面では，常に気液平衡が成り立つことを仮定している．

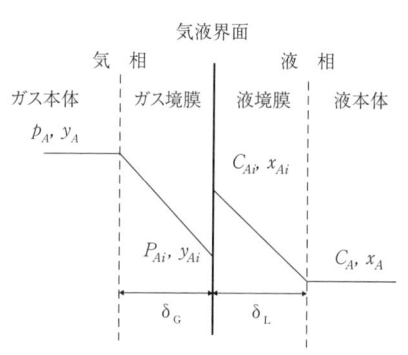

**図4.9** 二重境膜説による気液界面近傍の濃度分布

## 2) 物質移動係数

ガス中の吸収される成分Aの吸収速度，すなわち気液間の物質移動速度 $N_A [\mathrm{mol \cdot m^{-2} \cdot s^{-1}}]$ は，物質移動の推進力として移動方向の2面間の分圧差 [Pa]，モル分率の差 [−]，濃度差 [$\mathrm{mol \cdot m^{-3}}$] などを用いて，次式で表される．

$$N_A = k_G(p_A - p_{Ai}) = k_y(y_A - y_{Ai}) = k_L(C_{Ai} - C_A) = k_x(x_{Ai} - x_A) \quad (4.30)$$

ただし，$k_G [\mathrm{mol \cdot m^{-2} \cdot s^{-1} \cdot Pa^{-1}}]$，$k_y [\mathrm{mol \cdot m^{-2} \cdot s^{-1} \cdot モル分率^{-1}}]$ は気相物質移動係数で，$k_L [\mathrm{m \cdot s^{-1}}]$，$k_x [\mathrm{mol \cdot m^{-2} \cdot s^{-1} \cdot モル分率^{-1}}]$ は液相物質移動係数，$p_{Ai}$，$y_{Ai}$，$x_{Ai}$，$C_{Ai}$ はそれぞれ，気液界面におけるA成分の分圧，ガスのモル分率，液のモル分率，濃度である．$N_A [\mathrm{mol \cdot m^{-2} \cdot s^{-1}}]$ を**物質流束** (mass flux) ともいう．フィックの法則を適用すると，物質移動係数と境膜の厚みとの間には，以下の関係が成り立つ．

$$k_G = D_{GA}/(RT\delta_G), \quad k_y = D_{GA}P_T/(RT\delta_G), \quad k_L = D_{LA}/\delta_L, \quad k_x = D_{LA}C_T/\delta_L \quad (4.31)$$

ここで、$\delta_G$ および $\delta_L$ はガス境膜厚さと液境膜厚さ [m] で、$D_{GA}$ および $D_{LA}$ は、気相中および液相中の溶質ガス成分 A の拡散係数 [m²·s⁻¹]、$R$ は気体定数 [m³·Pa·mol⁻¹·K⁻¹]、$T$ は温度 [K]、$C_T$ は液の全モル濃度 [mol·m⁻³] である。式 (4.31) より、境膜の厚みは物質移動の抵抗として働くので、境膜の厚みが小さいほど、物質移動係数は大きくなることがわかる。

### 3) 総括物質移動係数

上述のように、A 成分の吸収速度 $N_A$ [mol·m⁻²·s⁻¹] は式 (4.30) で定義されるが、界面における $p_{Ai}$, $y_{Ai}$, $x_{Ai}$, $C_{Ai}$ の値の実測は困難であるので、式 (4.30) は実用上不便である。このため、界面における値の使用を避け、実測可能な両相本体の分圧、濃度、モル分率から吸収速度を計算できるように、**総括物質移動係数** (overall mass transfer coefficient) が定義されている。

$$N_A = K_G(p_A - p_A^*) = K_y(y_A - y_A^*) = K_L(C_A^* - C_A) = K_x(x_A^* - x_A) \quad (4.32)$$

ここで、$K_G$, $K_y$, $K_L$, $K_x$ は総括物質移動係数で単位はそれぞれ $k_G$, $k_y$, $k_L$, $k_x$ と同じである。$p_A^*$, $y_A^*$, $C_A^*$, $x_A^*$ は、仮想的な平衡値で、以下の式で定義される。

$$p_A^* = HC_A, \quad y_A^* = mx_A, \quad p_A = HC_A^*, \quad y_A = mx_A^* \quad (4.33)$$

すなわち、$p_A^*$ は液本体中の A の濃度 $C_A$ に平衡なガスの分圧、$y_A^*$ は液本体中の A のモル分率 $x_A$ に平衡なガスのモル分率、$C_A^*$ はガス本体中の A の分圧 $p_A$ に平衡な液中の濃度、$x_A^*$ はガス本体中の A のモル分率 $y_A$ に平衡な液中のモル分率である。これらの濃度の関係を図 4.10 に示す。総括物質移動係数と物質移動係数の間には、以下の関係が成り立つ。

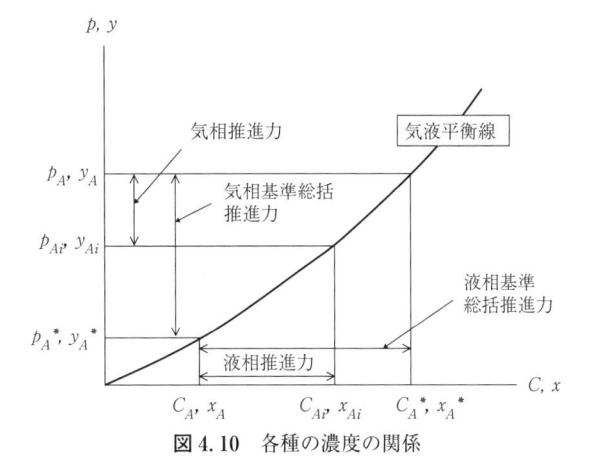

**図 4.10** 各種の濃度の関係

$$\frac{1}{K_G} = \frac{1}{k_G} + \frac{H}{k_L} \qquad (4.34)$$

$$\frac{1}{K_y} = \frac{1}{k_y} + \frac{m}{k_x} \qquad (4.35)$$

$$\frac{1}{K_L} = \frac{1}{Hk_G} + \frac{1}{k_L} \qquad (4.36)$$

$$\frac{1}{K_x} = \frac{1}{mk_y} + \frac{1}{k_x} \qquad (4.37)$$

これらの式の各項は物質移動係数の逆数,すなわち**物質移動抵抗**を表し,右辺の第1項は気相抵抗,第2項は液相抵抗である.左辺は物質移動の全抵抗を表す.$1/k_y \gg m/k_x$ の時は $K_y \fallingdotseq k_y$ となりガス側抵抗支配となる.$1/k_y \ll m/k_x$ の時は $K_x \fallingdotseq k_x$ となり,液側抵抗支配となる.すなわち,$m$ が大きい(溶解度が小さい)ガスでは,液側抵抗支配となるので,$k_x$ の大きいガス吸収装置が望ましい.また,各種の物質移動係数の間には,以下の関係が成り立つ.

$$k_y = k_G P_T, \ k_x = k_L C_T, \ K_y = K_G P_T, \ K_x = K_L C_T \qquad (4.38)$$

[**例題 4.6**] 物質移動係数の定義式 (4.30) と (4.32), (4.33) から,式 (4.34) を導け.

[**解**] 任意の正数 a, b, c, d について,a/b=c/d なら,a/b=c/d=(a+c)/(b+d) が成り立つことを利用する.

式 (4.30) を変形し,$p_{Ai} = HC_{Ai}$ を利用すると次式が成り立つ.

$$N_A = k_G(p_A - p_{Ai}) = k_L(C_{Ai} - C_A) = \frac{p_A - p_{Ai}}{1/k_G} = \frac{H(C_{Ai} - C_A)}{H/k_L}$$

$$= \frac{p_A - p_{Ai} + H(C_{Ai} - C_A)}{(1/k_G) + (H/k_L)} = \frac{p_A - HC_A}{(1/k_G) + (H/k_L)}$$

また,式 (4.32) を変形し,$p_A^* = HC_A$ を利用すれば,次式となる.

$$N_A = K_G(p_A - p_A^*) = \frac{p_A - p_A^*}{1/K_G} = \frac{p_A - HC_A}{1/K_G} = \frac{p_A - HC_A}{(1/k_G) + (H/k_L)}$$

よって,式 (4.34) が成り立つ.

問 4.1　任意の正数 a, b, c, d について, a/b = c/d なら,
a/b = c/d = (a + c)/(b + d) が成り立つことを示せ.

### 4.3.4　反応吸収

反応を伴うガス吸収の場合, 吸収速度は反応によって促進される. その吸収速度 $N_A$ は次式で表される.

$$N_A = k_L'(C_{Ai} - C_A) = \beta k_L(C_{Ai} - C_A) \tag{4.39}$$

ここで, $k_L'$ は反応がある場合の物質移動係数であり, $k_L$ は反応のない時の物質移動係数である. $\beta\,(= k_L' / k_L)$ は**反応係数**で, 反応による吸収の促進効果を表す.

### 4.3.5　ガス吸収の装置

ガス吸収の装置としては, 気液界面積 $a$ と物質移動係数 $k_L$ が大きく圧損の小さい装置が望ましく, 図 4.11 に示すようないろいろな装置が利用されている.

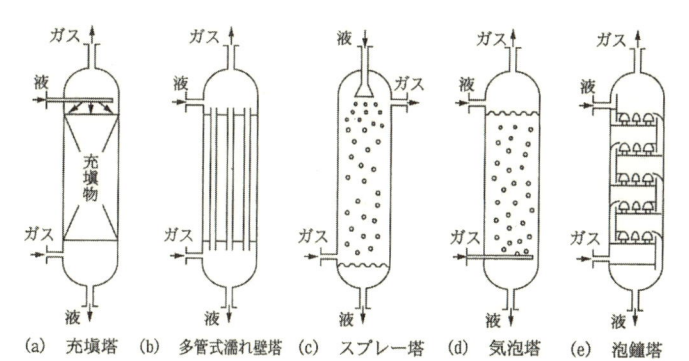

(a) 充填塔　(b) 多管式濡れ壁塔　(c) スプレー塔　(d) 気泡塔　(e) 泡鐘塔

図 4.11　代表的なガス吸収装置 ［橋本健治, 荻野文丸編: 現代化学工学, p.128, 産業図書 (2001)］

### 4.3.6　吸収操作の解析

ガス吸収塔での気液接触方式は, 棚段塔のような階段方式（装置内で気液濃度が階段的に変化する）と充填塔のような微分方式（気液両相が装置内で連続的に接触し, 両濃度が連続的に変化する）に大別されるが, ここでは, 階段方式の吸収装置の説明は省略し, 微分方式の向流充填塔について説明する.

## 1) 吸収塔全体の物質収支

図4.12に向流式充填塔の物質収支を示す．原料ガスは流量 $G_B[\mathrm{mol \cdot s^{-1}}]$，A成分濃度 $y_{AB}$［モル分率］で塔底から供給され，塔頂から $G_T[\mathrm{mol \cdot s^{-1}}]$，$y_{AT}$［モル分率］で排出される．吸収液は，塔頂から流量 $L_T[\mathrm{mol \cdot s^{-1}}]$，A成分濃度 $x_{AT}$［モル分率］で供給され，塔底から $L_B[\mathrm{mol \cdot s^{-1}}]$，$x_{AB}$［モル分率］で流出する．塔底から塔頂までの全物質およびA成分の収支式は次式となる．

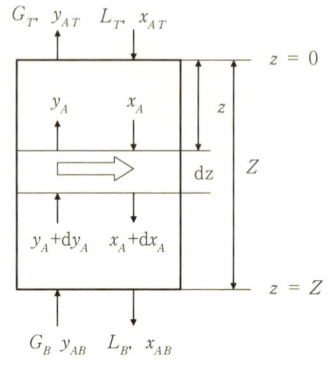

**図4.12** 向流充填塔の物質収支

$$G_B + L_T = G_T + L_B \tag{4.40}$$

$$G_B y_{AB} + L_T x_{AT} = G_T y_{AT} + L_B x_{AB} \tag{4.41}$$

成分Aの濃度が希薄であり，空気などの同伴ガスの吸収液への溶解が無視できる場合は，同伴ガス流量を $G[\mathrm{mol \cdot s^{-1}}]$，純溶媒流量を $L[\mathrm{mol \cdot s^{-1}}]$ とすると，$G_B = G_T = G$（一定），$L_T = L_B = L$（一定）となるので，式(4.41)は次式となる．

$$G(y_{AB} - y_{AT}) = L(x_{AB} - x_{AT}) \tag{4.42}$$

成分Aの濃度が希薄でないときは，$y_A$，$x_A$ の代わりに次式で定義されるモル分率 $Y_A$，$X_A$ を用いると，式(4.42)を利用できる．

$$Y_A = y_A/(1-y_A),\quad X_A = x_A/(1-x_A) \tag{4.43}$$

## 2) 操作線

図4.12において，希薄条件下で，塔頂（$z=0$）から $z=z$ までの物質収支をとると，

$$G(y_A - y_{AT}) = L(x_A - x_{AT}) \tag{4.44}$$

この式は，装置内の任意の位置におけるガス組成 $y_A$ と液組成 $x_A$ の関係を表す式であり，**操作線**（operating line）と呼ばれる．図4.13に気液平衡線と操作線を示す．式(4.44)は，点（$x_{AT}, y_{AT}$）を通る勾配 $L/G$ の直線を表す．図中の点 T($x_{AT}, y_{AT}$)は塔頂の組成を表し，点 B($x_{AB}, y_{AB}$)は塔底の組成を表す．

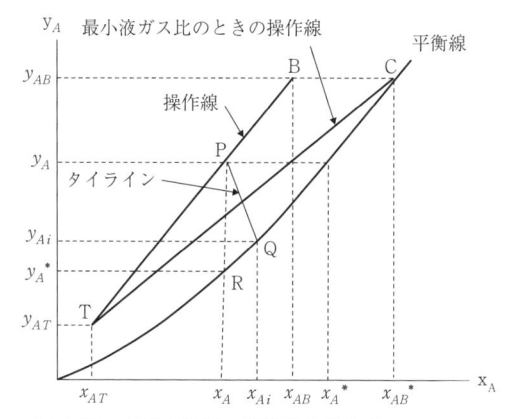

**図4.13** 向流充填塔の平衡線と操作線
直線PQはタイラインで傾き $= -k_x/k_y$

### 3) 吸収装置の高さ

図4.12の微小区間（$z \sim z+\mathrm{d}z$）について，希薄条件下で気相と液相における成分Aの物質収支をとると次式となる．

気相について　　$G(y_A + \mathrm{d}y_A) = Gy_A + N_A a A \mathrm{d}z$　　(4.45)

液相について　　$L(x_A + \mathrm{d}x_A) = Lx_A + N_A a A \mathrm{d}z$　　(4.46)

式（4.45）と（4.46）より，次式が得られる．

$$G\mathrm{d}y_A = L\mathrm{d}x_A = N_A a A \mathrm{d}z \quad (4.47)$$

ここで，$a[\mathrm{m}^2 \cdot \mathrm{m}^{-3}]$ は比表面積で，充填塔単位体積当たりの有効気液界面積であり，$A[\mathrm{m}^2]$ は塔の断面積である．$N_A$ に式（4.30）を代入して塔全体にわたって積分すると，塔の高さ $Z[\mathrm{m}]$ が求まる．

$$Z = \underbrace{\frac{G}{K_y a A}}_{H_{OG}} \underbrace{\int_{y_{AT}}^{y_{AB}} \frac{dy}{y-y^*}}_{N_{OG}} = \underbrace{\frac{G}{k_y a A}}_{H_G} \underbrace{\int_{y_{AT}}^{y_{AB}} \frac{dy}{y-y_i}}_{N_G} = \underbrace{\frac{G}{K_x a A}}_{H_{OL}} \underbrace{\int_{x_{AT}}^{x_{AB}} \frac{dx}{x^*-x}}_{N_{OL}} = \underbrace{\frac{L}{k_x a A}}_{H_L} \underbrace{\int_{x_{AT}}^{x_{AB}} \frac{dx}{x_i-x}}_{N_L}$$

(4.48)

この式を，係数と積分の積として表すと，次式となる．

$$Z = H_{OG} N_{OG} = H_G N_G = H_{OL} N_{OL} = H_L N_L \quad (4.49)$$

式（4.48）中の積分値は**移動単位数**（number of transfer unit, NTU）という無次元量であり，$N_G$ を気相移動単位数，$N_L$ を液相移動単位数，$N_{OG}$ を気相基準移動単位数，$N_{OL}$ を液相基準移動単位数という．NTUは塔内での

物質移動の推進力（積分の分母）が小さく，塔内の濃度変化（積分範囲）が大きいほど大きくなるから，吸収の困難さを表す．また，式 (4.48) 中の積分の係数 $H_G$, $H_L$, $H_{OG}$, $H_{OL}$ は移動単位数が1であるときの塔高 [m] であり，**移動単位高さ**（height per transfer unit, HTU）と呼ばれる．HTU は長さの次元をもち，HTU が小さいほど塔の吸収性能がよいことを示す．$H_G = G/(k_y aA)$ を気相 HTU，$H_L = L/(k_x aA)$ を液相 HTU，$H_{OG} = G/(K_y aA)$ を気相基準の総括 HTU，$H_{OL} = L/(K_x aA)$ を液相基準の総括 HTU という．式 (4.49) より，NTU と HTU がわかれば，塔高 $Z$ が求まる．なお，式 (4.48) 中の $k_y a$, $K_y a$ などのように，物質移動係数 $k_x$, $k_y$, $K_x$, $K_y$ と比表面積 $a$ との積を**物質移動容量係数**という．

### 4.3.7 最小液ガス比

ガス吸収では，操作条件として，ガスの入り口と出口組成 $y_{AB}$, $y_{AT}$ と吸収液の入り口組成 $x_{AT}$ の値が指定されることが多い．図 4.13 に示すように，操作線は式 (4.44) で表されるので，塔頂の組成を示す点 T$(x_{AT}, y_{AT})$ と塔底の組成を示す点 B$(x_{AB}, y_{AB})$ を通る直線で，傾きが $L/G$ である．液ガス比 $L/G$ を減らしていくと，操作線の傾きが減少し，点 C$(x_{AB}*, y_{AB})$ で操作線は気液平衡線と交わる．点 C ではガス吸収の推進力は 0 になるので操作不能となるが，このときの液ガス比を**最小液ガス比**と呼び，$(L/G)_{min}$ で表す．最小液ガス比のときは，図 4.13 に示すように $x_A = x_{AB}*$ となるので式 (4.44) より

$$(L/G)_{min} = (y_{AB} - y_{AT})/(x_{AB}* - x_{AT}) \tag{4.50}$$

実際の操作においては，液ガス比 ($L/G$) は最小液ガス比の 1.5〜2.0 倍の値が採用される．液ガス比を大きくすると，物質移動の推進力（操作線と気液平衡線との距離）が増し，NTU が小さくなって塔高 $Z$ は減少するが，液流量 $L$ が増加するので圧力損失や吸収液の費用が増加する．逆に，液ガス比を小さくすると塔高が増すが，吸収液は少量となるので，これらの点を考慮して $L/G$ の値が決定されている．

### 4.3.8 $N_G$ と $N_{OG}$ の求め方

1) $N_G$ の求め方　図 4.13 の操作線上の任意の点 P$(x_A, y_A)$ より，傾き $(-k_x/k_y)$ の直線（**タイライン**）を引き，気液平衡線との交点 Q の $x$ 座標が $x_{Ai}$ であり，

4.3 ガス吸収

**図 4.14** $N_G$ の求め方

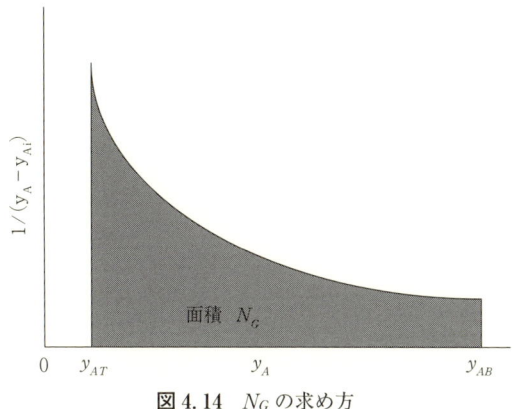

$y$ 座標が $y_{Ai}$ となる．$y_{AT}$ から $y_{AB}$ までの範囲で各 $y_A$ に対する $y_{Ai}$ を求め，$1/(y_A - y_{Ai})$ の値を計算する．図 4.14 に示すように，横軸に $y_A$ をとり，$y_A$ に対して $1/(y_A - y_{Ai})$ をプロットし，$y_{AT}$ から $y_{AB}$ まで積分すれば $N_G$ が得られる．

2) $N_{OG}$ の求め方　図 4.13 に示すように，操作線上の任意の点 $P(x_A, y_A)$ を通る $y$ 軸に平行な直線と気液平衡線との交点 R の $y$ 座標が $y_A{}^*$ となる．$N_G$ の場合と同様に，横軸に $y_A$ をとり，$y_A$ に対して $1/(y_A - y_A{}^*)$ をプロットし，$y_{AT}$ から $y_{AB}$ まで積分すれば $N_{OG}$ が得られる．

また，$H_G = G/(k_y aA)$，$H_L = L/(k_x aA)$ であるから，次式が成り立つ．

$$k_x/k_y = (H_G/H_L)(L/G) \tag{4.51}$$

操作線と気液平衡線が直線となる場合の NTU は次式から求まる．

$$N_G = (y_{AB} - y_{AT})/(y_A - y_{Ai})_{1m} \tag{4.52}$$

$$N_{OG} = (y_{AB} - y_{AT})/(y_A - y_A{}^*)_{1m} \tag{4.53}$$

ただし，添え字 1 m は塔底と塔頂の値の対数平均を表す．例えば，

$$(y_A - y_A{}^*)_{1m} = \{(y_{AB} - y_{AB}{}^*) - (y_{AT} - y_{AT}{}^*)\}/\ln\{(y_{AB} - y_{AB}{}^*)/(y_{AT} - y_{AT}{}^*)\} \tag{4.54}$$

[**例題 4.7**] 温度 303 K，圧力 101.3 kPa でアンモニアを 0.5 mol%含む空気を向流式充填塔に送入して純水と接触させ，アンモニアの 95%を回収したい．アンモニアは塔底から送入し，水は塔頂から送入する．①最小液ガス比を求め

よ．ただし，ヘンリー定数 $m=1.40$ とする．②実際の操作において，最小液ガス比の1.5倍の純水を用いるとき，$N_{OG}$ を求めよ．③ $H_{OG}=0.6$ m のとき，塔高 $Z$ を求めよ．

[解] ①希薄系なので，式（4.50）がそのまま利用できる．題意より，
$$y_{AB}=0.005, \quad y_{AT}=0.005(1-0.95)=0.00025,$$
$$x_{AB}*=y_{AB}/m=0.005/1.40=0.00357, \quad x_{AT}=0$$
であるから，これらを，式（4.50）へ代入すればよい．
$$(L/G)_{\min}=(y_{AB}-y_{AT})/(x_{AB}*-x_{AT})=(0.005-0.00025)/(0.00357-0)$$
$$=0.00475/0.00357=1.33$$

②希薄系で平衡線も直線なので，$N_{OG}$ は式（4.53）と（4.54）より求まる．題意より $L/G=(1.33)(1.5)=1.995$ であるから，塔全体の物質収支式（4.42）より，
$$x_{AB}=(G/L)(y_{AB}-y_{AT})+x_{AT}=(1/1.995)(0.005-0.00025)=0.00238,$$
$$y_{AB}*=mx_{AB}=(1.40)(0.00238)=0.00333, \quad y_{AT}*=mx_{AT}=0$$
なので，これらの値を式（4.53）と（4.54）へ代入すると，
$$(y_A-y_A*)_{\mathrm{lm}}=\{(0.005-0.00333)-(0.00025-0)\}/\ln\{(0.005-0.00333)/$$
$$(0.00025-0)\}=0.000748,$$
$$N_{OG}=(0.005-0.00025)/0.000748=6.35$$

③式（4.49）より，$Z=H_{OG}N_{OG}=(0.60)(6.35)=3.81$ m

## 4.4 抽 出

抽出（extraction）とは，液体または固体原料を液体溶剤で処理して，原料中に含まれる溶剤に可溶な成分を，溶剤に不溶または難溶性の成分から分離する操作で，お茶やコーヒーなどのように，固体原料から抽出する場合を，**固液抽出**（liquid-solid extraction）または**浸出**（leaching）といい，液体原料から抽出する場合を**液液抽出**（liquid-liquid extraction）または**溶剤抽出**（solvent extraction）という．ここでは，液液抽出のみを扱う．酢酸水溶液からニトロメタンを用いて酢酸を抽出する場合，酢酸を**抽質**（または溶質），水を**希釈剤**（または溶媒），ニトロメタンを**抽剤**（または抽出剤，溶剤）という．原料液と抽剤液を混合し，抽質が抽剤に移動した液を**抽出液**，抽質が移動した後の原料液

を**抽残液**というが，抽出液と抽残液とが別々の相を形成していないと，液液抽出操作が成立しないので，希釈剤と抽剤とは互いに不溶性の強いものを選ぶ必要がある．

### 4.4.1 液液平衡関係

ここでは，簡単のため，3成分系の液液平衡を扱う．3成分系の平衡関係を表すために，図 4.15 に示すような三角座標が考案されている．図 4.15 に示す正三角形の頂点 A，B，C は，それぞれ，抽質 A，希釈剤 B および抽剤 C が 100% を意味する．正三角形の内部の P 点で 3 成分系（A, B, C）の組成を表す．点 P から各辺におろした垂線 PQ, PR, PS の長さ $X_A$, $X_B$, $X_C$ が各成分のモル分率（または重量分率）を表す．正三角形の 1 辺の長さを 1 とすれば，$X_A + X_B + X_C = 1$ となる．実用上は，図 4.16 に示すような直角三角形の方が使いやすい．図 4.16 において，横軸は抽剤 C の組成 $X_C$ を表し，縦軸は抽質 A の組成 $X_A$ を表すので，図中の P 点の座標は $(X_A, X_C)$ を表し，希釈剤 B の組成 $X_B$ は，$X_B = 1 - X_A - X_C$ より求まる．

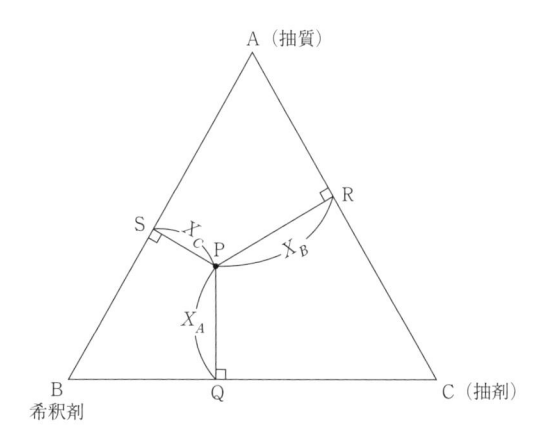

**図 4.15** 正三角座標

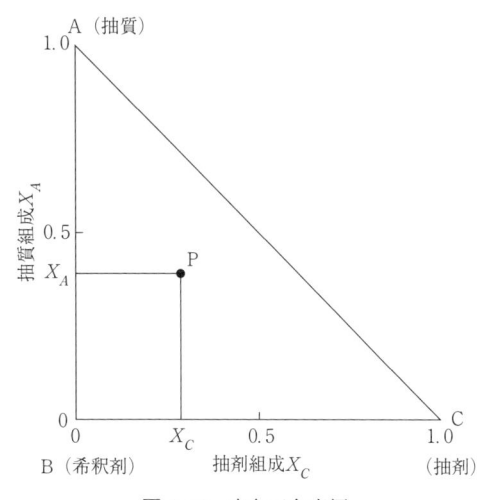

**図 4.16** 直角三角座標

問 4.2　図 4.15 において，$X_A+X_B+X_C=1$ が成り立つことを示せ．

**[例題 4.8]**

1) 図 4.17 の R 点（$X_A=0.3$，$X_B=0.5$，$X_C=0.2$）で表される液 R50 kg と E 点（$X_A=0.4$，$X_B=0.1$，$X_C=0.5$）で表される液 E100 kg を混合したときの混合液 M の組成を表す M 点（$X_{AM}$，$X_{BM}$，$X_{CM}$）を求めよ．
2) 物質収支より，混合液 M の組成を求めよ．

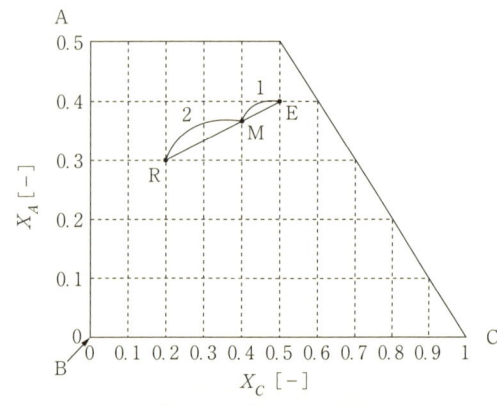

図 4.17　例題 4.18 の図

**[解]**

1) てこの原理より，R の質量：E の質量 = 50：100 となるから，M 点は，直線 RE を 2:1 に内分した点となる．M 点の組成は，図より，$X_{AM}=0.367$，$X_{CM}=0.4$ と読み取れるから，$X_{BM}$ は

$$X_{BM}=1-X_{AM}-X_{CM}=1-0.367-0.4=0.233$$

2) 物質収支より，全体の収支　$M=R+E=50+100=150$ kg,
A 成分の収支　$X_{AM}M=X_{AR}R+X_{AE}E=0.3\times50+0.4\times100=15+40=55$
B 成分の収支　$X_{BM}M=X_{BR}R+X_{BE}E=0.5\times50+0.1\times100=25+10=35$
C 成分の収支　$X_{CM}M=X_{CR}R+X_{CE}E=0.2\times50+0.5\times100=10+50=60$
∴ $X_{AM}=55/150=0.367$，$X_{BM}=35/150=0.233$，$X_{CM}=60/150=0.4$

### 4.4.2　溶解度曲線とタイライン

表 4.4 に 298.2 K におけるエタノール－水－エチルエーテル系の液液平衡関係を示す．水相とエーテル相の 2 液相に分かれたときの平衡な水相とエーテル相の組成が示されている．水の組成は表示されていないが，$X_B=1-X_A-X_C$ から求まる．表 4.4 の各行の数値が一つの分配関係を示している．左側の水相が R 点の組成を，右側（エーテル相）が R 点と平衡にある E 点の組成を示し

## 4.4 抽　出

表 4.4 エタノール−水−エチルエーテル系の気液平衡関係（298.2K）

| 水相（R相）[質量分率] | | エーテル相（E相）[質量分率] | |
|---|---|---|---|
| エタノール | エーテル | エタノール | エーテル |
| 0.000 | 0.060 | 0.000 | 0.987 |
| 0.067 | 0.062 | 0.029 | 0.950 |
| 0.125 | 0.069 | 0.067 | 0.900 |
| 0.159 | 0.078 | 0.102 | 0.850 |
| 0.186 | 0.088 | 0.136 | 0.800 |
| 0.204 | 0.096 | 0.168 | 0.750 |
| 0.219 | 0.106 | 0.196 | 0.700 |
| 0.242 | 0.133 | 0.241 | 0.600 |
| 0.265 | 0.183 | 0.269 | 0.500 |
| 0.280 | 0.250 | 0.282 | 0.400 |
| 0.285 | 0.319 | 0.285 | 0.319 |

ている．これを三角図に示すと，図 4.18 のようになる．曲線 B′REC′ を溶解度曲線，線分 RE などをタイライン（対応線, tie line）という．溶解度曲線の内側に入る組成の液を調整すると，混合液は 2 液相に別れるが，溶解度曲線の外側の組成の液を調整すると 1 相となる．例えば，図中の M 点の組成の液を調製し，よく混合した後静置しておくと，タイラインの両端の R と E 点の組成の 2 液相になる．G 点の組成の液は，溶解度曲線の外側にあるから一相である．

問 4.3　表 4.4 の値を用いて，図 4.18 のように図示しなさい．

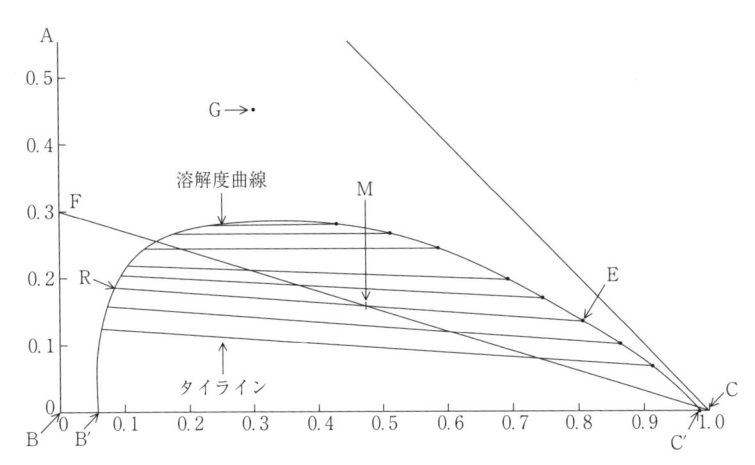

図 4.18　エタノール（A）― 水（B）― エチルエーテル系（C）の溶解度曲線とタイライン

### 4.4.3 抽出装置

1) 回分式液液抽出装置：実験室で液液抽出を行う時は，分液漏斗が良く使用されるが，工場などでは，撹拌槽を使用することが多い．

2) 連続式液液抽出装置：連続的に液液抽出を行うため，図4.19に示すようなミキサーセトラーが良く使用されるが，充填塔やスプレー塔，多孔板塔，回転円板塔，パルス塔なども使用される．さらに，二つの液を混合接触させる装置としては，液の流れを利用するフローミキサーも使用される．

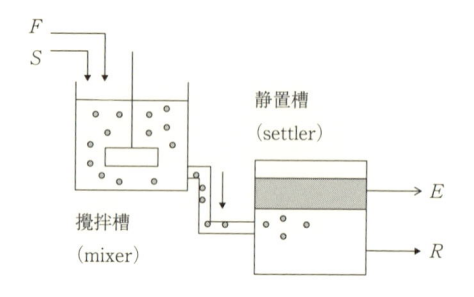

$F=$ 原液，$S=$ 溶剤，$E=$ 抽出液，$R=$ 抽残液
ただし，$E$ と $R$ は上下が逆の場合もある．

**図4.19** ミキサーセトラー

#### a. 単抽出（1回抽出）

混合液を，ミキサーでよく混合した後や，分液漏斗で良く振り混ぜた後では，二つの液相の組成は平衡状態にあると考えてよい．今，原液 $F$ に抽剤 $S$ を加え，十分混合した後，抽出液 $E$ と抽残液 $R$ とに分離した場合の物質収支をとると，次式が成り立つ．

$$\text{全物質収支} \quad F+S=M=E+R \tag{4.55}$$

$$\text{抽質成分収支} \quad FX_{AF}=MX_{AM}=EX_{AE}+RX_{AR} \tag{4.56}$$

ここで，$X_{Ai}$ は，$i$ 液中の抽質 A の組成を表す．両式より，次式が得られる．

$$X_{AM}=FX_{AF}/M=FX_{AF}/(F+S) \tag{4.57}$$

$$E=M(X_{AM}-X_{AR})/(X_{AE}-X_{AR}) \tag{4.58}$$

$$R=M(X_{AE}-X_{AM})/(X_{AE}-X_{AR}) \tag{4.59}$$

回収率 $\theta$ は

$$\theta=(\text{抽出液中の抽質の質量})/(\text{原液中の抽質の質量})=(EX_{AE})/(FX_{AF}) \tag{4.60}$$

[**例題4.9**] 図4.19に示すようなミキサーセトラーを用いて，298.3 K で，30 wt%のエタノール水溶液52.5 kg に，エチルエーテル47.5 kg を加えて抽出を行ったときの，抽出液，抽残液の組成と質量，およびエタノール抽出率を求めよ．

[解] 図 4.18 の点 F($X_A$=0.30) が原液の組成を示し，抽剤は点 C($Xc$=1.0) で表されるから，FC を直線で結び，直線 FC を FM : MC = 47.5 : 52.5 に内分する点 M を求めると，点 M が原液 + 抽剤の混合液の組成を表す．点 M を通るタイラインの両端の点 R，E の座標を読むと

抽出液 E の組成　$X_{AE}$ = 0.135, $X_{BE}$ = 0.065, $X_{CE}$ = 0.800

抽残液 R の組成　$X_{AR}$ = 0.185, $X_{BR}$ = 0.725, $X_{CR}$ = 0.090

抽出液と抽残液の質量の和 M = 52.5 + 47.5 = 100 kg で，抽出液と抽残液の比は RM : ME で，点 M($X_{AM}$ = 0.160, $X_{CM}$ = 0.475) あるから

抽出液の質量 E = (52.5 + 47.5) × (RM/RE) = 100 × (0.475 − 0.090)/(0.800 − 0.090) = 54.2 kg

抽出率 $\theta = (EX_{AE})/(FX_{AF}) = (54.2 × 0.135)/(52.5 × 0.30) = 0.465$

よって，エタノールの抽出率は 46.5% である．

b．**多回抽出**

多回抽出は単抽出（1 回抽出）の繰り返しで，単抽出では分離が不十分なときには，再び，抽残液に抽剤を加えて単抽出を繰り返すことが多い．図 4.20 において，第 n 回目の操作についての物質収支をとると次式が成り立つ．

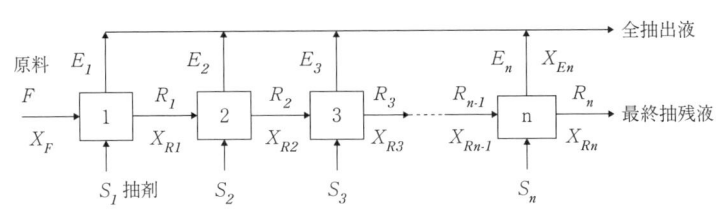

**図 4.20　多回抽出**

$$\text{全物質収支} \quad R_{n-1} + S_n = M_n = E_n + R_n \tag{4.61}$$

$$\text{抽質成分収支} \quad R_{n-1}X_{Rn-1} = M_nX_{Mn} = E_nX_{En} + R_nX_{Rn} \tag{4.62}$$

両式より，
$$E_n = M_n(X_{Mn} - X_{Rn})/(X_{En} - X_{Rn}) \tag{4.63}$$

$$R_n = M_n(X_{En} - X_{Mn})/(X_{En} - X_{Rn}) \tag{4.64}$$

抽質の全回収率 $\theta$ は次式となる．

$$\theta = (E_1X_{E1} + E_2X_{E2} + \cdots\cdots E_nX_{En})/(FX_F) \tag{4.65}$$

最終抽残液 $R_n$ 中の抽質濃度 $X_{Rn}$ を決めると，操作回数を増すほど抽剤の総量

は少なくてすむ．逆に，一定量の抽剤で抽出する場合は，抽出回数を増すほど最終抽残液 $R_n$ 中の抽質濃度 $X_{Rn}$ を低くできることが知られている．

### 4.4.4 超臨界抽出

超臨界抽出は**超臨界流体**(supercritical fluid)を抽剤として用いる抽出である．ガスにはそれぞれ固有の**臨界温度**があり，臨界温度以上では，圧力をいくら加えても液化せず，密度だけが増加する状態になる．この状態の流体を超臨界流体という．超臨界流体は，密度は液体に近く，粘度が通常のガスの 2～3 倍で，拡散係数は液体の 100 倍程度である．流体の密度が高くなるほど物質を溶解する力が強くなるので，抽剤として利用することが可能となる．表 4.5 に，各種の物質の分子量と臨界温度と臨界圧力，密度を示す．

**表 4.5** 各種物質の臨界温度と圧力と密度

| 溶媒 | 分子量 | 臨界温度 K | 臨界圧力 Mpa | 密度 kg/m$^3$ |
|---|---|---|---|---|
| 二酸化炭素 | 44 | 304 | 7.38 | 469 |
| 水 | 18 | 647 | 22.12 | 348 |
| エタン | 30 | 305 | 4.87 | 203 |
| メタノール | 32 | 513 | 8.09 | 272 |
| アセトン | 58 | 508 | 4.70 | 278 |

図 4.21 に炭酸ガスの相平衡図を示す．炭酸ガスの臨界点は，304.1 K，7.38 MPa であるから，304.1 K 以上，7.38 MPa 以上で超臨界状態になる．この超臨界流体を用いて目的成分を抽出し，分離容器に入れてから圧力を下げると炭酸ガスが除かれ，目的成分を取り出すことができる．この方法の特徴は，室温で抽出できるので，熱的に不安定な物質の分離に適すること，抽剤が炭酸ガスなので無臭で残存物がないこと，温度や圧力の制御で溶解度や分離係数を変えることにより，複雑な混合物からも抽出できることなどであり，食品やタンパク質，ビタミンなどの抽出に適するが，高

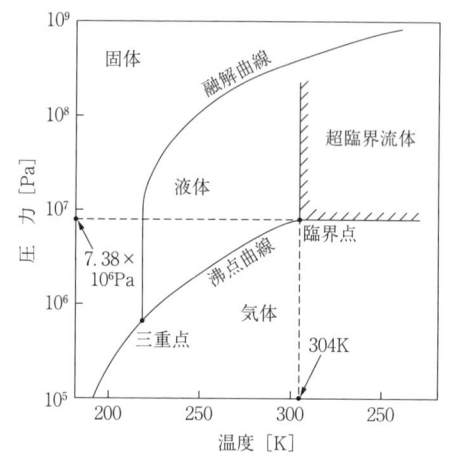

**図 4.21** 炭酸ガスの相平衡図

圧で設備費と運転経費がかかるので，付加価値の高い医薬品や食品の抽出に適している．

## 演習問題

**4.1** 例題 4.2 において，残液のベンゼン組成 $x=20\,\mathrm{mol}\%$ のとき，留出率 $\beta$，留出液量 $(L_0-L)$ と留出液組成 $x_{Dave}$ を求めよ．
ヒント：$x_0=0.4$，$x=0.2$，$\alpha=2.47$，$L_0=200\,\mathrm{mol}$ を式 (4.13) と (4.14) に代入すればよい．（$\beta=0.614$, $L_0-L=122.8\,\mathrm{mol}$, $x_{Dave}=0.526$）

**4.2** 連続蒸留塔において，留出液流量 $D$ と缶出液流量 $W$ とを等しく設定すると，供給液組成 $x_F$ は留出液組成 $x_D$ と缶出液組成 $x_W$ の平均値になることを示せ．
ヒント：連続蒸留塔の物質収支式 (4.15) と (4.16) を利用せよ． （略）

**4.3** 連続蒸留塔において，留出液流量 $D$ を缶出液流量 $W$ の 3 倍と設定したとき，留出液組成 $x_D$ は供給液組成 $x_F$ の 4/3 倍以上にはならないことを示せ．
ヒント：連続蒸留塔の物質収支式 (4.15) と (4.16) を利用せよ． （略）

**4.4** 連続蒸留塔において，濃縮部操作線と回収部操作線と $q$ 線は 1 点で交わることを示せ．
ヒント：交点を $(x, y)$ として，濃縮部操作線の式 (4.19) から回収部操作線の式 (4.22) を辺辺引いた式をつくると，両線の交点の式が求まる．次に，式 (4.23) と式 (4.24) の関係を利用すると，その交点の式が $q$ 線の式 (4.25) に等しくなることを示す．

**4.5** ベンゼン $50\,\mathrm{mol}\%$，トルエン $50\,\mathrm{mol}\%$ の混合液を連続蒸留塔に $2000\,\mathrm{mol\cdot h^{-1}}$ で供給し，塔頂より $90\,\mathrm{mol}\%$ のベンゼン，塔底より $90\,\mathrm{mol}\%$ のトルエンを得たい．原料は沸点の液（$q=1$）で供給するものとする．気液平衡関係は，以下のデータを利用せよ．

ベンゼン－トルエン系の気液平衡関係（ベンゼンのモル分率）

| $x$ | 0.1 | 0.2 | 0.3 | 0.4 | 0.5 | 0.6 | 0.7 | 0.8 | 0.9 |
|---|---|---|---|---|---|---|---|---|---|
| $y$ | 0.217 | 0.384 | 0.517 | 0.625 | 0.714 | 0.789 | 0.855 | 0.910 | 0.957 |

(1) 最小還流比 $R_m$ を求めよ．
(2) 還流比 $R$ を最小還流比 $R_m$ の 2 倍としたときの所要理論段数 $N$，原料供給段 $N_F$ を求めよ．

(3) 段効率を 0.7 としたとき，実際の所要段数 $N_R$ はいくらか．
(4) 最小理論段数 $N_{min}$ を作図法で求めよ．
(5) 最小理論段数 $N_{min}$ をフェンスケの式（4.26）で求め，(4) で求めた値と比較せよ．

($R_m = 0.932$, $N = 6.8$, $N_F = 4$ 段, $N_R = 9.7$ 段, 作図による $N_{min} = 3.9$, 式 (4.26) による $N_{min} = 3.86$)

**4.6** メタノール 20 mol％の水溶液を，101.3 kPa のもとで段塔を用いて連続蒸留し，メタノール 90 mol％の留出液とメタノール 10 mol％の缶出液とに分離したい．原料は沸点の液（$q=1$）で供給するものとする．気液平衡関係は，以下のデータを利用せよ．

メタノール－水系の気液平衡関係（メタノールのモル分率）

| $x$ | 0.1 | 0.2 | 0.3 | 0.4 | 0.5 | 0.6 | 0.7 | 0.8 | 0.9 |
|---|---|---|---|---|---|---|---|---|---|
| $y$ | 0.418 | 0.579 | 0.665 | 0.729 | 0.779 | 0.825 | 0.870 | 0.915 | 0.958 |

(1) 最小還流比 $R_m$ を求めよ．
(2) 還流比 $R$ を最小還流比 $R_m$ の 2 倍としたときの所要理論段数 $N$，原料供給段 $N_F$ を求めよ．
(3) 段効率を 0.6 としたとき，実際の所要段数 $N_R = 7.8$ はいくらか．
(4) 最小理論段数 $N_{min}$ を求めよ．

($R_m = 0.597$, $N = 4.7$, $N_F = 4$, $N_R = 7.8$, 作図による $N_{min} = 2.3$)

**4.7** 303 K において，酸素の分圧が 200 kPa の気相と水が平衡に達していると，水中の酸素のモル濃度を求めよ．ただし，ヘンリー定数 $E = 4.81 \times 10^9$ kPa・モル分率$^{-1}$ とする． ($C = 2.31 \times 10^{-3}$ mol・m$^{-3}$)

**4.8** ヘンリー定数 $E$, $H$, $K$, $m$ の間には，以下の式の関係が成り立つことを示せ．ただし，$\rho_M$ は液のモル密度（全モル濃度）[mol・m$^{-3}$] で，$\pi$ は全圧 [Pa] である． ($H = E/\rho_M = m\pi/\rho_M$)

**4.9** ヘンリーの法則を $p = Ex$ で表したとき，313 K, 101.3 kPa における $CO_2$ の水に対する溶解のヘンリー定数 $E$ は $2.4 \times 10^8$ Pa・モル分率$^{-1}$ である．このとき，ヘンリーの法則を $p = HC$ または $y = mx$ と表すと，定数 $H$ と $m$ の値はいくらになるか． ($H = 4.32 \times 10^3$ Pa・mol$^{-1}$・m$^3$, $m = E/\pi = 2.37 \times 10^3$)

**4.10** 例題 4.6 のようにして，物質移動の定義式 (4.30) と式 (4.32) と (4.33) よ

り，式 (4.35)～(4.37) を導け．　　　　　　　　　　　　　　　　(略)

**4.11** 操作線と気液平衡線が直線になる場合に，$N_{OG}$ の定義式 (4.47) より，式 (4.53) を導け．　　　　　　　　　　　　　　　　　　　　　　　　　　　(略)

ヒント：$y_A - y_A^* = y_A - mx_A = Ay_A + B$

とおくと，
$$N_{OG} = \int_{y_{AT}}^{y_{AB}} \frac{dy}{y - y^*} = \int_{y_{AT}}^{y_{AB}} \frac{dy}{Ay + B}$$

**4.12** 温度 313 K，圧力 101.3 kPa で，向流充填塔の塔底に 0.4 mol％の硫化水素を含む空気 2.0 kg·s$^{-1}$ を送り込み，アミン水溶液で洗浄し，硫化水素の 95％を除去したい．アミン水溶液中の硫化水素の初濃度は 0 で，液ガス比は最小液ガス比の 2 倍とする．平衡関係は $y = 2.5x$ で，$K_yaA = 100$ mol·m$^{-1}$·s$^{-1}$ であるとき，$H_{OG}$，$N_{OG}$，$Z$，$H_{OL}$ を求めよ．

ヒント：例題 4.7 と同じように，$H_{OG}$，$N_{OG}$，$Z$，$H_{OL}$ の順に求める．

($H_{OG} = 0.69$ m，$N_{OG} = 4.86$，$Z = 3.35$ m，$H_{OL} = 1.31$ m)

**4.13** 298 K で 25 wt％のエタノール水溶液 2000 kg を 3000 kg のエチルエーテルで抽出するときの抽出率を求めよ．　　　　　　　　　　　　　　　(61 wt％)

**4.14** ①例題 4.9 の抽残液に 52.5 kg のエチルエーテルを加えて 2 回目の抽出を行うと，抽出率は併せて何％になるか．　　　　　　　　　　　(70.7 wt％)

②例題 4.9 で 100 kg のエチルエーテルを加えて抽出を行うと，抽出率は何％になるか．この抽出率と①の抽出率と比較せよ．

(62.3 wt％なので，①の方が抽出率は高い)

#  第5章

# ナノテクノロジーと粉粒体プロセス

　食品，化粧品，医薬品，電子材料，セラミックス，燃料電池，半導体，バイオケミカルにナノテクノロジーを用いた新素材の製造や製造装置の製作には，粉体の物性の測定や粉体処理技術が欠かすことのできない基本技術である．粉粒体は細かくなるほど体積当たりの表面積が大きくなり活性が増大するほか，微粒子特有の特性が現れる．ここでは主に微粒子の製法とその性質，および粒子の大きさの表し方と測定法を述べる．

## 5.1　ナノテクノロジー

　ナノテクノロジー（nanotechnology）は物質をナノメートル（nm，$1\,\mathrm{nm}=10^{-9}\,\mathrm{m}$）の領域で自在に制御する技術である．ナノ材料，光学材料および化粧品を例に，微粒子の製造法を粉粒体の基礎と関係させながら述べよう．

### 5.1.1　ナノ材料
　ナノ材料はナノ単位（$10^{-9}\,\mathrm{m}$）構造からミクロンサイズ（$10^{-6}\,\mathrm{m}$）構造を持つもので，その構造に依存した機能を持つ機能性材料の一つである．ナノ材料の作製するプロセスには二つの方法があり，一つは材料電子系の分野で，シリコンなどの半導体材料の作製に用いられているような物理化学的手法によって微細化する**トップダウン**（ブレークダウン）方式である．もう一つは化学系の分野でフラーレンや導電性・機械強度に優れているカーボンナノチューブやカーボンナノホーンなどを得る手法で，原子や分子（約 0.1～10 nm 程度）をひとつひとつ正確に組み合わせることで新しい機能を持った材料を作っていく

**ボトムアップ**（ビルドアップ）方式である．

作製したナノ材料の物性にはサイズ（粒子径）に依存した次のような特性がある．

(1) 表面エネルギーはサイズが小さいほど大きい
(2) 融点はサイズが小さいほど低い
(3) 沸点はサイズが小さいほど高い
(4) 散乱強度はサイズが小さいほど小さい
(5) バンドギャップ（結晶中の電子に対する波動の分散において電子が存在できない領域）はサイズが小さいほど大きい
(6) 表面プラズモン共鳴（光と電子波がカップリングして光吸収が起こる現象）吸収は，サイズが小さいほど顕著である．（但し，2nm 以上）

物質をナノサイズにすることによる表面積の増大は，直接的に物質移動を促進し，見かけの反応速度を増し，燃料電池やリチウムイオン電池などの性能を向上させたり，メモリーの容量を多くしたり，有機 EL などの発光素子の寿命を長くすることなどが具体化されつつある．一般に，ナノ粒子はナノ結晶であることが多く，その合成過程で大粒子に成長したりすることがあり，様々な応用目的に応じて適正な構造と結晶性の選択が必要である．ナノ単位構造の集合体構造として類別された構造と代表的な物性との関連を示す．

(a) ランダム構造：力学物性，光学物性
(b) フラクタル構造：電子物性
(c) 配向的な構造：イオン・電子輸送物性
(d) 最密構造：光学物性
(e) 離散的な秩序構造：力学物性，磁性，光学物性，電子物性
(f) 稠密な秩序構造：力学物性，磁性，光学物性，電子物性

(a) から (c) の組み合わせ構造は数多く存在し，(e) と (f) はその一例で，これらの構造は球状粒子を基本として考えられているが，その他に棒状や平板状，ディスク状などの結晶構造も存在するので無数の構造が存在することになる．ここでは球状粒子を例として (a) から (f) の構造の概念図を図 5.1 に示す．例えば，リチウムイオン電池の負極材料を考えてみる．イオンの輸送が律速にならないように充填密度を下げずに空隙を確保する必要がある．インターカレーション速度や反応速度を上げるために，グラファイト（図 5.2 (a)）の粉砕

や活性粒子のナノ化が必要になるが，電子導電性が悪くなるのでカーボンナノチューブ（図5.2(b)）のようなファイバー状の電子輸送材料が必要になる．したがって，様々な律速過程をはずし，高速充電で高容量化を実現するためのナノ構造を製造することが課題となり，最終的にプロセス・構造・性能の定量化によるバランス設計を行うことにより，新規リチウム電池の商品化につながる．

(a) ランダム構造　　(b) フラクタル構造　　(c) 配向構造

(d) 最密構造　　(e) 離散的な秩序構造　　(f) 稠密な秩序構造

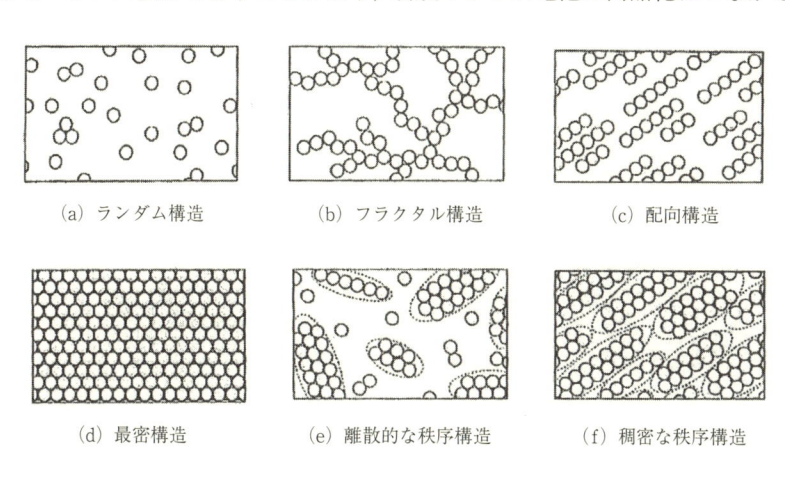

**図5.1** 代表的なナノ粒子構造の概念図（山口由岐：化学工学, 73, 346, 2008）

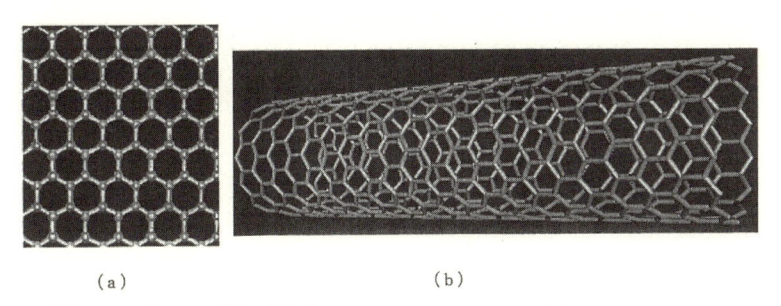

(a)　　　　　　　(b)

**図5.2** グラファイト (a) とカーボンナノチューブ (b)（有機化学美術館）

また，ナノ粒子は大きさによってもその機能性が異なり，様々な応用が可能である．例えば，5 nm の大きさのシリカ粒子は重量当たりの OH 基の数が多く，クロムまたはリンとの混合液を塗布焼き付けると，硬い被膜となり電磁鋼板の絶縁膜として利用されている．20 nm より小さいコロイドは単分散状態で混合できれば，光学的に透明であるためプラスチックメガネのハードコート膜

などに利用されている．さらに粒子が 40～80 nm になると粒子の硬さに起因する研磨力を利用してシリコンウェハーなどの研磨に用いられる．1～10 μm になってくると滑り性が高いため，化粧品のファンデーション用滑材などにも利用できる．このようなシリカ粒子のサイズの大きさと機能性と用途を図 5.3 に示す．

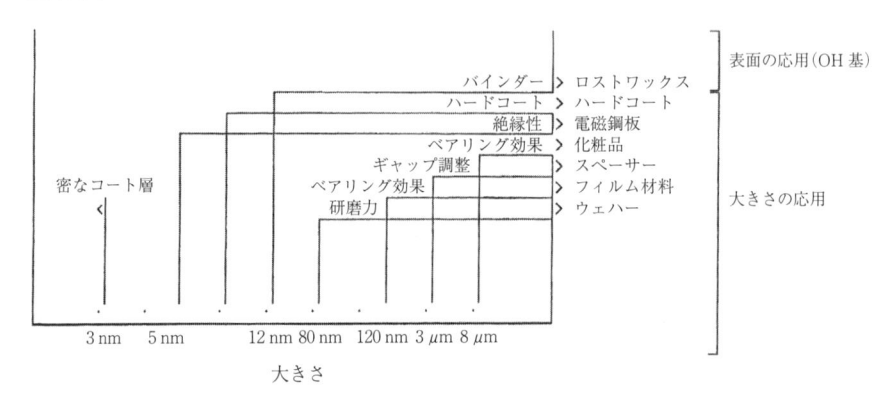

**図 5.3** シリカ粒子の大きさの機能と応用（西田廣泰：化学工学, 67, 630, 2003）

### 5.1.2 光学材料

今，世界中に張り巡らされている光通信ネットワークは，伝導媒体として光ファイバーを，またその光源として半導体レーザーを用いている．光ファイバー用ガラスは酸化物粒子（$SiO_2$，$GeO_2$，$P_2O_5$ など）から合成され，その微粒子径は直径 0.1～0.5 μm 程度が製造に適するとされている．微粒子からのガラス作製には，(1) 気相プロセス，(2) 液相プロセスがある．

(1) の気相プロセスは気相で反応させ，酸化物微粒子を生成させる方法で，① MCVD 法（Modified Chemical Vapor Deposition method），② 外付け法（Outside Vapor Phase Oxidation method），③ VAD 法（Vapor Phase Axial Deposition method）が知られている．また (2) の液相プロセスとしては，微粒子合成後にゲル化（固化）させるゾルーゲル法があり，出発原料の違いによって① コロイダルシリカ法，② アルコキシド法が知られている．

各種の方法で作製された微粒子の代表的な特性を表 5.1 に示す．この表から VAD 多孔質体は，比較的大きな微粒子ができており，**かさ密度**（5.2.3 (1) ④ 項参照）も小さい．粒子径の大きい多孔質体は，孔の中のガス成分（OH や

表 5.1　各種作製法による微粒子の特性
[柳田博明監修：微粒子工学大系第Ⅱ巻，p.174 フジ・テクノシステム (2002)]

| 作製方法 | 比表面積（BET 法） | 平均粒径（計算値） | かさ密度 |
|---|---|---|---|
| VAD 法 | $20\,\mathrm{m^2 \cdot g^{-1}}$ | $0.1\,\mu\mathrm{m}$ | $0.2\,\mathrm{g \cdot cm^{-3}}$ |
| MCVD 法 | $120\,\mathrm{m^2 \cdot g^{-1}}$ | $0.02\,\mu\mathrm{m}$ | — |
| ゾル－ゲル法 | $600\sim700\,\mathrm{m^2 \cdot g^{-1}}$ | $0.001\,\mu\mathrm{m}$ | $0.6\sim1.0\,\mathrm{g \cdot cm^{-3}}$ |

Cl）が抜けきる高温まで閉孔しない．つまり，焼結が終了する温度（閉孔温度）が高いので再加熱しても発泡は起こらず，透明度の高い光ファイバーが得られる．そこで，図 5.4 に VAD 法の原料供給フローシートを示す．室温で液体である $SiCl_4$，$GeCl_4$ などの塩化物の温度を変えることによって蒸気圧を制御し，キャリヤーガスの流量を変えることによって原料の輸送量を調整している．シリカ系ガラスの主原料は $SiCl_4$ であり，屈折率の制御のために $GeCl_4$ や $PCl_3$ などを混合添加する．図 5.5 に VAD 法による多孔質母材作製の模式図を示す．図下部のバーナー（酸水素バーナー）に気化させた原料を供給し，高温水蒸気存在下でサブミクロンサイズの酸化物微粒子を生成させる（火炎加水分解堆積法という）．回転させながら少しずつ引き上げるシリカガラスロッド（種棒）の下端に，この微粒子

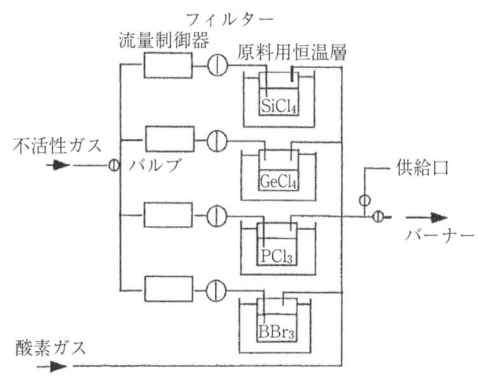

図 5.4　VAD 法の原料供給フローシート
[柳田博明監修：微粒子工学大系第Ⅱ巻，p.173，フジ・テクノシステム (2002)]

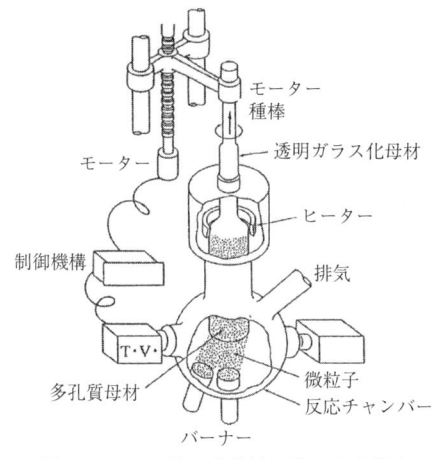

図 5.5　VAD 法の多孔性母体の合成模式図
[柳田博明監修：微粒子工学大系第Ⅱ巻，p.173，フジ・テクノシステム (2002)]

を堆積させ，多孔質母体に成長させる．この多孔質母体を1400〜1500℃に加熱し，焼結させると透明ガラス化母体が得られる．光ファイバーはこれを高温（約2000℃）で，直径125 $\mu$m の糸状に線引き，直ちにプラスチックの被覆を被せることによって工業的に得られている．

　一方，ゾル-ゲル法で合成した多孔質体は非常に小さい微粒子からなり，かさ密度も大きい．この差は，閉孔温度で比較した結果，粒子径が小さい方が閉孔温度は低く，再度加熱（1800℃）すると発泡するので透明度に課題がある．21世紀の通信では，さらに光ファイバーと光集積回路，電送途中の信号劣化を回復させる光増幅器などを必要とする．微粒子からのガラス合成技術はこれら光集積回路や増幅器にも応用され，高速大容量光通信網の構築に役立っている．

### 5.1.3　化 粧 品

　化粧品業界では，ナノサイズの超微粒子が配合された日焼け止め製品やファンデーションが登場した．粒子の大きさを数$\mu$m から数nm の均一な微粒子にすることや，粒子の形状を薄片状にすることで，皮膚の凸凹を埋めることができ，きめ細かい肌を演出できる．

　酸化チタンを例にとると，日焼け止め製品に使われる粒子径が20 nm（ナノ粒子）では無色透明になり日焼け止め製品に使われる．粒子径が200 nm（サブミクロン粒子）では白くなり，白色顔料として使用される．粒子径が異なると紫外線（波長が約1〜400 nm）や可視光線（波長が約400〜800 nm）に対して吸収の強さや散乱の仕方が異なる．透明感のある日焼け止め製品やファンデーションに使用されるのは，光の吸収や散乱の性質を利用したものである．このメカニズムを図5.6に示した．

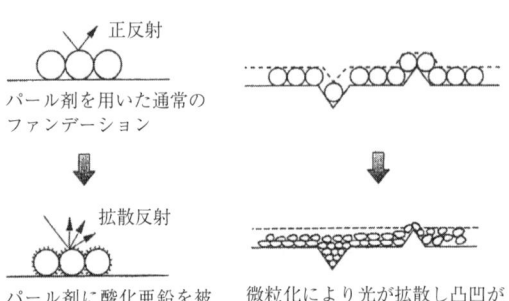

**図5.6　ナノ粒子を用いたファンデーションのメカニズム**
［羽多野重信，他：粉体技術最前線, p.15, 工業調査会, (2003)］

また，美容液に有効成分の入れ物としてリポソーム（脂質人工膜）微粒子が用いられている．リポソーム粒子に含有させる成分としては，保湿効果のあるコラーゲンやヒアルロン酸，さらには美白効果のあるビタミンCまたはシワ改善に有効なレチノールなどがある．これらの成分は，酸化しやすく不安定だが，100～200 nm 程度のリポソームで保護すると，いつでも新鮮な状態で肌の内部に浸透し，成分の除放効果で長時間にわたり効果が保たれる．また，紫外線遮蔽効果としては，雲母（マイカ）や滑石の表面に酸化亜鉛や酸化チタン（25～80 nm）をコーティングすることで紫外線遮蔽効果が発現し，さらにその表面にシリカ（厚さで，1～10 nm）などをコーティングすることにより効果の増大が図られている．

## 5.2 粉粒体の特性とその測定法

### 5.2.1 粒子の大きさ

固体粒子を大きさで大別すると，およそ 10 mm 以上を**塊**，10 mm～0.1 mm を**粒**，0.1 mm 以下を**粉**といわれている．化学工業では粒や粉に相当する粒子（particle）が多く用いられている．この粒や粉をまとめて粉粒体（particle material）と呼び，簡単には粉体という．図 5.7 に粉体技術が対象とする粒子の大きさと波長や測定法との相関を示す．粉体を構成する 1 個の粒子は一般的には球形ではなく，不定形をしている．以下では粒子の大きさや分布の測定法，表し方を述べる．

(1) **単一粒子径**

粒子径の大きさを表すには，**幾何学的代表径**，**有効径**（実用的代表径）などが一般的である．顕微鏡写真やその他の画像情報などから求めた短軸径，長軸径，厚さ（高さ）を表 5.2 に示すような幾何学的に定義される代表径で表す．また，有効径は表 5.3 に示すように，実際に粉体を扱う場面に適した実体的な粒子径で，最もよく用いられているのは**ストークス径**（沈降径）である．なお，測定した粒子径を表示する場合は，どの定義による粒子径かを明確にすることが重要である．

(2) **粒子の形**

粒子の形は，**形状係数**（shape factor）で表される．よく用いられる形状

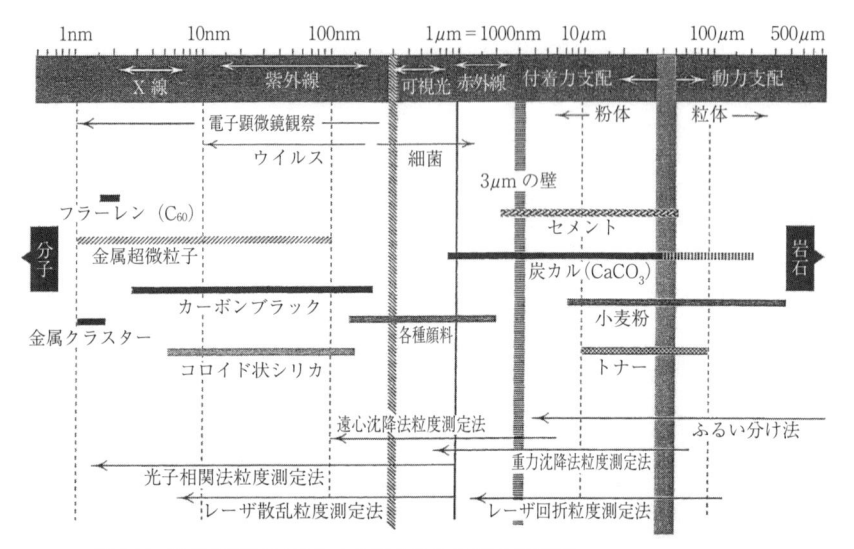

**図 5.7** 粉体技術が対象とする粉体粒子物質の相関図
［羽多野重信，他：はじめての粉体技術，p.92，工業調査会（2009）］

**表 5.2** 幾何学的代表径

| 代表径名称 | 備考 |
|---|---|
| (a) 短軸径，長軸径，厚さ（高さ）<br>　　三軸平均（代表）径<br>　　三軸調和平均（代表）径<br>　　三軸幾何平均（代表）径 | 一次元基本量 $b, l, t$<br>$(b+l+t)/3$<br>$3/(\frac{1}{b}+\frac{1}{l}+\frac{1}{t})$<br>$\sqrt[3]{b \cdot l \cdot t}$ |
| (b) 円相当径（projected area equivalent diameter, Heywood 径）<br><br>　　球相当径（sphere equivalent diameter, equivalent volume diameter, volume equivalent diameter） | $\frac{\pi}{6}D_e^3 = V_e$ |
| (c) 定方向径（Green diameter, Feret diameter）<br><br>　　定方向面積等分径（Martin diameter） | |

5.2 粉粒体の特性とその測定法

**表 5.3** 有効径（実用的代表径）

| 名　称 | 備　考 |
|---|---|
| ふ る い 径 | ふるい分け法に基づく代表径. |
| 光 散 乱 径 | 光散乱粒度測定法に基づく代表径. |
| ストークス径（沈降径） | 粒子の運動に基づく代表径．沈降法によるストークス径． $D_{st} = \sqrt{18\mu v_t / (\rho_p - \rho) g C_m}$ |
| 空気力学径 | 空気中における粒子の運動に基づく代表径で，粒子の比重を1としたもの．$D_{ae} = \sqrt{\dfrac{\rho_p}{\rho_{p0}}} D_{st}$ |
| 抗力相当径 | 粒子のブラウン拡散に基づく代表径. |
| 比表面積径 | 比表面積測定法に基づく代表径．比表面積の等しい球の直径．ふつう平均粒子径が得られる． |

$v_t$：終末沈降速度, $g$：重力加速度, $C_m$：カニンガムスリップ補正係数, $\rho_p$：粒子密度, $\rho$：液体密度, $\rho_{p0}$：1000 kgm$^{-3}$, $\mu$：液体粘度

係数を以下に示す.

(1) 表面積形状係数　　　$\phi_s = S_p / D_p^2$ 　　　　　　　(5.1)

(2) 体積形状係数　　　　$\phi_v = v_p / D_p^3$ 　　　　　　　(5.2)

(3) 比表面積形状係数　　$\phi = \phi_s / \phi_v = S_p D_p / v_p = S_v D_p$ 　(5.3)

(4) カルマンの形状係数　$\phi_c = 6/\phi = 6/S_v D_p$ 　　　　(5.4)

ここで，$D_p$ は粒子径，$S_p$, $v_p$ はそれぞれ粒子1個の表面積および体積，また $S_v = S_p / v_p$ である．

**[例題 5.1]** 直径と長さが等しいペレット型の吸着剤がある．球相当径 $D_n$, 比表面積径 $D_m$, 定方向径 $D_G$, 形状係数を求めよ．

**[解]** $v_p = (\pi/4) D_p^3$, $S_p = (3\pi/2) D_p^2$ であるから $S_v = (6/D_p)$ となる．表5.2より，$D_n = (6\pi D_p^3 / 4\pi)^{1/3} = (3/2)^{1/3} D_p$ 　　$D_m = 6/S_v = D_p$, $D_G = D_p$

　　$\phi_s = 3\pi/2$, 　$\phi_v = \pi/4$ 　$\phi = 6$, 　$\phi_c = 1.0$

参考までに，球の場合は $\phi_s = \pi$, 　$\phi_v = (\pi/6)$, 　$\phi_c = 1.0$ である．

### (3) 分布を有する粒子群の平均粒子径

大きさの異なる多数の粒子が存在する場合を粒子群といい，個々の粒子に対して表5.2に示した代表粒子径を測定したのち，全粒子についての平均値を求め，それを粒子群の平均粒子径とする．しかし，平均の取り方によってもその物理的意味が変わってくる．主な平均粒子径を表5.4に示す．算術平

表 5.4 粒子群の平均粒子系

| 名　　称 | 定　　　義 | 備　　考 |
|---|---|---|
| 算術平均径 | $\dfrac{\Sigma n D_p}{\Sigma n}$ | 計算が簡単<br>$n$：各粒径（$D_p$）の個数分率 |
| 表面積平均径 | $\sqrt{\dfrac{\Sigma n D_p^2}{\Sigma n}}$ | |
| 体積平均径 | $\sqrt[3]{\dfrac{\Sigma n D_p^3}{\Sigma n}}$ | |
| 重量平均径 | $\dfrac{\Sigma n D_p^4}{\Sigma n D_p^3}$ | |
| 比表面積径 | $\dfrac{6}{S_v} = \dfrac{6}{\rho_p S_w}$ | $S_w$：質量基準比表面積 |
| モード径 | 頻度分布（$f$曲線）が最大となる径 | 図5.8参照 |
| メディアン径 | 累積分布（$R$曲線，$F$曲線）の50％における径 | |

均値と表面積平均径がよく使われる．

**(4) 粒子径分布**

実際のプロセスで扱われる粉粒体の粒子径は均一ではなく広く分布している．これらの粒子径は**粒子径分布**または**粒度分布**（particle size distribution）として表される．粒度分布には図5.8に示すように**積算分布**(a)と**頻度分布**(b)の二つがある．またこれらの分布の表示には，個数基準と質量基準がある．積算分布にはふるい下分布（undersize particle distribution）$F$とふるい上分布（oversize particle distribution）$R$があり，粒子径を横軸にとるとふるい下分布は右上がりの曲線（**通過率曲線**：$F$曲線）となり，ふる

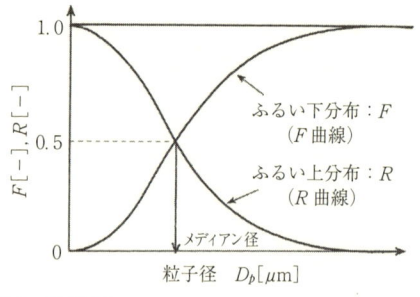

(a) 積算分布

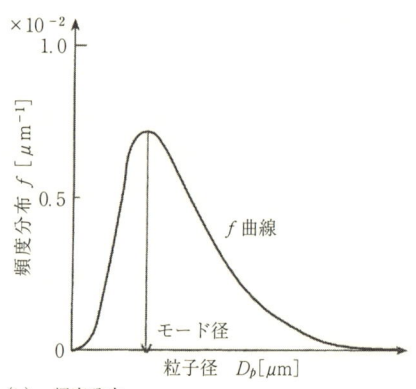

(b) 頻度分布

図5.8 粒子径分布（粒度分布）の表示法

い上分布曲線（**残留率曲線**：$R$ 曲線）はこれと逆になる．**頻度分布**（$f$ 曲線）は式（5.6）のように $F$ 曲線を粒子径 $D_p$ で微分して得られ，次の関係がある．

$$F(D_p) + R(D_p) = 1 \tag{5.5}$$

$$f(D_p) = dF(D_p)/dD_p = -dR(D_p)/dD_p \tag{5.6}$$

（5.6）式から頻度分布 $f$ の次元は [$\mu$m$^{-1}$] や [%・$\mu$m$^{-1}$] のように表すことが多い．また頻度分は図5.8(b)に示すように山型の曲線になるが，これをある粒子径 $D_{p1}$ から $D_{p2}$ まで積分するとその粒子径区間にある粒子量の全量に対する割合となる．この粒子量の全量を求めるときに個数を基準とした場合は $dN/N$ が，質量を基準とした場合は $dw/w$ で得られる．球形粒子や粒子形状が粒度に関係しないような粒子からなる粉体では，個数基準粒度分布（$f^{(0)}$）と質量基準粒度分布（$f^{(3)}$）の間には次の関係があるとされている．

$$f^{(3)} = (D_p{}^3 f^{(0)}) \Big/ \int_0^\infty D_p{}^3 f(0)\, dD_p \tag{5.7}$$

この粒度分布曲線（$f$ 曲線）を数式で表したとき，次の諸式のいずれかに適合する場合が多い．

(1) 対数正規分布式（logarithmic-normal distribution）

$$R(D_p) = \frac{100}{\sqrt{2\pi}\log\sigma} \int_0^\infty \exp\left[-\frac{(\log D_p - \log D_{p,50})^2}{2(\log\sigma)^2}\right] d(\log D_p) \tag{5.8}$$

ここで，$D_{p,50}$ は $R(D_p) = 50\%$ のときの粒子径，$\sigma$ は標準偏差である．

(2) ロジン・ラムラー（Rosin-Rammler）の式

$$R(D_p) = 100\exp(-bD_p{}^n) = 100\exp[-(D_p/D_{pe})^n] \tag{5.9}$$

ここに $R(D_p)$ は粒子径 $D_p$ としたときのふるい上パーセント，$n$ は均整度と呼ばれる定数で，その値が大きいほど狭い粒子径分布をもつことを示す．$D_{pe}$ は粒度特性数と呼ばれ，$D_p = D_{pe}$ では，上式は次式となることから，残留率が36.8%に対応する粒子径を示す．

$$R(D_{pe}) = 100/e = 36.8\% \tag{5.10}$$

[**例題5.2**] CVD（Chemical Vapor Deposition：化学気相法）で得られた窒化アルミニウムの微粒子を遠心沈降法（液相中に懸濁させた微粒子を遠心力場で沈降させ，懸濁液中の光の透過率を測定することによって粒子径分布をストークス径として求める）で測定した結果を表5.5に示す．

第5章 ナノテクノロジーと粉粒体プロセス

表5.5 窒化アルミニウムの粒子径分布測定結果

| 粒 径<br>[μm] | 0.10〜0.20 | 0.20〜0.30 | 0.30〜0.40 | 0.40〜0.50 | 0.50〜0.60 | 0.60〜0.80 | 0.80〜1.00 | 1.00〜1.50 |
|---|---|---|---|---|---|---|---|---|
| 頻度 [%] | 25.3 | 30.5 | 15.5 | 12.0 | 7.5 | 5.0 | 4.0 | 0.2 |

この粒子群の頻度分布曲線，残留率曲線，通過率曲線を描け．さらに粒子径分布がロジン・ラムラー式で表されるか検討せよ．

[解] 粒子径分布曲線は図5.8に従って描くが，残留率と通過率の基準となる粒子径$D_p$として，各粒子径範囲の上限と下限をそれぞれ採用することに注意する．このようにして得られた粒子径と残留率$R$，通過率$F$の計算結果を表5.6に示した．これらをプロットしたのが図5.9である．図微分の方法については1.2.4項を参照のこと．

表5.6 粒径分布曲線

| 粒 径<br>[μm] | $F$ 曲 線 | | $R$ 曲 線 | | 5.10式 |
|---|---|---|---|---|---|
| | $D_p$ [μm] | $F$ [%] | $D_p$ [μm] | $R$ [%] | $2-\log R$ |
| 0.10〜0.20 | 0.20 | 25.3 | 0.10 | 100.0 | 0 |
| 0.20〜0.30 | 0.30 | 55.8 | 0.20 | 74.7 | 0.127 |
| 0.30〜0.40 | 0.40 | 71.3 | 0.30 | 44.2 | 0.355 |
| 0.40〜0.50 | 0.50 | 83.3 | 0.40 | 28.7 | 0.542 |
| 0.50〜0.60 | 0.60 | 90.8 | 0.50 | 16.7 | 0.777 |
| 0.60〜0.80 | 0.80 | 95.8 | 0.60 | 9.2 | 1.037 |
| 0.80〜1.00 | 1.00 | 99.8 | 0.80 | 4.2 | 1.377 |
| 1.00〜1.50 | 1.50 | 100.0 | 1.00 | 0.2 | 2.699 |

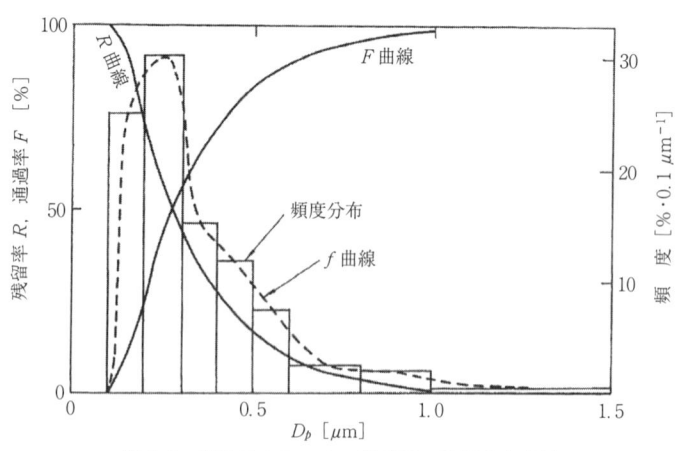

図5.9 窒化アルミニウム微粒子の粒径分布曲線

次に，ロジン・ラムラー式の適合性をグラフで検討する．まず，(5.9) 式の両辺を2回対数をとると

$$\log(2-\log R) = n\log D_p - \log(2.303 D_{pe}{}^n) \tag{5.11}$$

したがって，$2-\log R$ と $D_p$ の関係を両対数紙にプロットすると図5.10となり，直線の勾配から $n=1.81$ が得られる．$D_{pe}$ の値は，$R=36.8\%$ のときの $2-\log 36.8=0.434$ に対応する横軸の値として $D_{pe}=0.363\,\mu m$ を得る．均整度 $n$ は粉砕物では $n \fallingdotseq 1$ であるが，CVD法で得られた微粒子の粒子径分布は非常に狭く，粒子径はかなり均一であることがわかる．

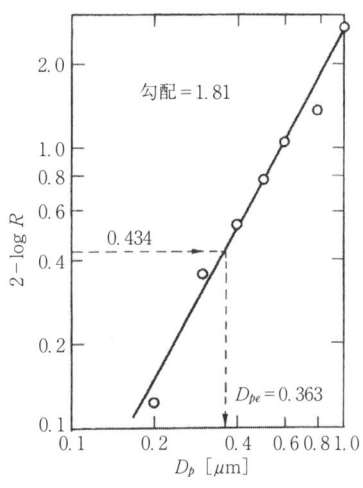

**図 5.10** Rosin-Rammler 線図

### 5.2.2 粒子径，粒度分布の測定

粒子径および粒度分布の測定方法はいろいろがあるが，表5.7に測定方法と測定範囲，代表径などをまとめて示す．ここでは代表的なふるい分け法と沈降法を述べる．

#### (1) ふるい分け法

数mm〜38$\mu$m（400メッシュ）の粒子を表5.8に示す標準ふるい（金網）を用いてふるい分けして重量分率で示す方法である．ふるい目の大きい順に上からふるいを重ね，試料を最上段のふるいに入れる．これに振動を与えて各ふるい上に残留した粉粒体の重量を測定する．

#### (2) 沈 降 法

これは流体中の沈降速度 $u_t$ から粒子径を求める方法である．通常は次の**ストークスの法則**（式 (5.21) 参照）が成り立つ条件下で測定されるのでストークス径ともいわれている．

$$u_t = h/t = [g(\rho_p - \rho) D_p{}^2]/18\mu \tag{5.12}$$

$$D_p = [\{18\mu/g(\rho_p - \rho)\}(h/t)]^{1/2} \tag{5.13}$$

ここで，$t$ は距離 $h$ を沈降するに要する時間で，$\rho_p$，$\rho$ は粒子密度と流体の密度である．この測定には，図5.11に示すアンドリアゼン（Andreasen）

表5.7 粒子径の測定方法

| 測定法 | | 測定範囲 nm μm mm | 代表径 | 分布基準 | 媒体 |
|---|---|---|---|---|---|
| 顕微鏡法 | 光学顕微鏡 | | 短軸径ほか | 個数 | 気, 液 |
| | 電子顕微鏡 | | 〃 | 〃 | 気 |
| ふるい分け法 | 標準ふるい | | ふるい径 | 質量 | 気, 液 |
| | 特殊ふるい | | 〃 | 〃 | 気, 液 |
| 沈降法 | 重力沈降 | | ストークス径 | ** | 気, 液 |
| | 遠心沈降 | | 〃 | ** | 気, 液 |
| 光散乱回折法 | 光散乱 | | 光散乱径 | 個数* | 気, 液 |
| | レーザー光回折 | | 球相当径 | 個数* | 気, 液 |
| 慣性法 | カスケードインパクタ | | ストークス径 | 質量 | 気 |
| | 多段サイクロン | | 〃 | 〃 | 気, 液 |
| | TOF（飛行時間） | | 〃 | 個数* | 気 |
| 拡散法 | 光子相関法 | | 拡散係数相当径 | 個数 | 液 |
| | 拡散バッテリ | | 〃 | 〃 | 気 |
| | FFF（流動分画法） | | 〃 | ** | 液 |
| | HDC（クロマト法） | | 〃 | ** | 液 |
| その他 | 遮光法 | | 円相当径 | 個数 | 気, 液 |
| | コールタカウンタ | | 球相当径 | 個数 | 液 |
| | モビリティアナライザ | | 電気移動度相当径 | ** | 気 |

\* 質量基準に変換して表示されることがある.
\*\* 検出法による.

ピペットが広く使用されている．この測定範囲は，およそ 0.5〜100 μm である．この使用法と解析法を次の例題で説明する．

**[例題 5.3]** 真密度 $2.30\times10^3$ kg·m$^{-3}$ のシリカ粉末 3.00 g を秤量し，これに少量の分散剤を含む 600 cm$^3$ の水に添加，アンドリアゼンピペット全体をよく振とうする．沈降管を静置し，$t=6$ min 経過後，ピペットの三方コックを整合して上部から吸引し，液だめに 10 cm$^3$ の液をとり，受器に移して乾燥後の重量を測定した結果，33 mg であった．ストークスの式によって採取試料の粒子径を，また基線より下に沈降した粒子濃度を求めよ．測定温度は 20℃，$h=18.5$ cm であった．

**[解]** 粒子は速やかに終末速度に $u_t$ に達し，一定速度で沈降が行われたとして，

$$u_t = h/t = 18.5\times10^{-2}/(6.0\times60) = 0.051\times10^{-2}\,\text{m·s}^{-1}$$

$$\rho_p = 2.30\times10^3\,\text{kg·m}^{-3} \quad \rho = 1.0\times10^3\,\text{kg·m}^{-3}$$

$$\mu = 0.001\,\text{kg·m}^{-1}\text{·s}^{-1}$$

表5.8 主要国で規格化されている標準ふるいの目の開き

| 日　本 JIS Z8801-1966 | アメリカ ASTM E-11-70 | | Tyler No. [mesh] | イギリス BS 410-1969 | | フランス AFNOR XII-501 1968 | ドイツ DIN 4188-1969 |
|---|---|---|---|---|---|---|---|
| 目開き[μ] | 目開き[mm] | No. | | 目開き[mm] | No. | 目開き[mm] | 目開き[mm] |
| 5660 | 5.6 | 3½ | 3½ | 5.6 | | 5.6 | 5.6 |
| 4760 | 4.75 | 4 | 4 | 4.75 | | 5 | 5 |
| 4000 | 4.00 | 5 | 5 | 4.00 | 4 | 4.5 | 4.5 |
| | | | | | | 4 | 4 |
| | | | | | | 3.55 | 3.55 |
| 3360 | 3.35 | 6 | 6 | 3.35 | 5 | 3.15 | 3.15 |
| 2830 | 2.80 | 7 | 7 | 2.80 | 6 | 2.8 | 2.8 |
| 2380 | 2.36 | 8 | 8 | 2.36 | 7 | 2.5 | 2.5 |
| 2000 | 2.00 | 10 | 9 | 2.00 | 8 | 2.24 | 2.24 |
| | | | | | | 2 | 2 |
| | | | | | | 1.8 | 1.8 |
| 1680 | 1.70 | 12 | 10 | 1.70 | 10 | 1.6 | 1.6 |
| 1410 | 1.40 | 14 | 12 | 1.40 | 12 | 1.4 | 1.4 |
| 1190 | 1.18 | 16 | 14 | 1.18 | 14 | 1.25 | 1.25 |
| 1000 | 1.00 | 18 | 16 | 1.00 | 16 | 1.12 | 1.12 |
| | | | | | | 1 | 1 |
| | [μ] | | | [μ] | | [μ] | [μ] |
| | | | | | | 900 | 900 |
| 840 | 850 | 20 | 20 | 850 | 18 | 800 | 800 |
| 710 | 710 | 25 | 24 | 710 | 22 | 710 | 710 |
| 590 | 600 | 30 | 28 | 600 | 25 | 630 | 630 |
| | | | | | | 560 | 560 |
| 500 | 500 | 35 | 32 | 500 | 30 | 500 | 500 |
| | | | | | | 450 | 450 |
| 420 | 425 | 40 | 35 | 425 | 36 | 400 | 400 |
| 350 | 355 | 45 | 42 | 355 | 44 | 355 | 355 |
| 297 | 300 | 50 | 48 | 300 | 52 | 315 | 315 |
| | | | | | | 280 | 280 |
| 250 | 250 | 60 | 60 | 250 | 60 | 250 | 250 |
| | | | | | | 224 | 224 |
| 210 | 212 | 70 | 65 | 212 | 72 | 200 | 200 |
| 177 | 180 | 80 | 80 | 180 | 85 | 180 | 180 |
| 149 | 150 | 100 | 100 | 150 | 100 | 160 | 160 |
| | | | | | | 140 | 140 |
| 125 | 125 | 120 | 115 | 125 | 120 | 125 | 125 |
| | | | | | | 112 | 112 |
| 105 | 106 | 140 | 150 | 106 | 150 | 100 | 100 |
| 88 | 90 | 170 | 170 | 90 | 170 | 90 | 90 |
| | | | | | | 80 | 80 |
| 74 | 75 | 200 | 200 | 75 | 220 | 71 | 71 |
| 63 | 63 | 230 | 250 | 63 | 240 | 63 | 63 |
| | | | | | | 56 | 56 |
| 53 | 53 | 270 | 270 | 53 | 300 | 50 | 50 |
| 44 | 45 | 325 | 325 | 45 | 350 | 45 | 45 |
| 37 | 38 | 400 | 400 | 38 | 400 | 40 | 40 |
| | | | | | | 35.5 | 35.5 |

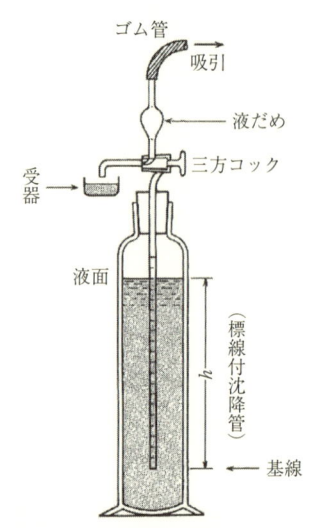

**図5.11** アンドリアゼンピペット

固体の濃度は，(3.00)/(600) = 0.005 g·cm$^{-3}$ = 5.0 kg·m$^{-3}$

式 (5.13) に上記の値を代入して，

$D_p = [(18)(1)(10^{-3})(1.85)(10^{-1})/\{(9.8)(2.3\times10^3 - 1\times10^3)(6)(60)\}]^{1/2}$
$= 2.69\times10^{-5}$ m $= 26.9$ μm

この結果より，6 min 後に 26.9 μm 以上の粒子径をもつ粒子は基線より下に沈降したので，受器では 26.9 μm 以下の粒子の重量を測定したことになる．26.9 μm 以上の粒子濃度は次のようになる．

$$33\times10^{-6}/(10\times10^{-6}) = 3.3 \text{ kg·m}^{-3}$$
$$1-(3.3/5) = 0.34 (34\%)$$

### 5.2.3 粉粒体の性質

粉粒体を取り扱う上で問題となる重要な性質を次に示す．

**(1) 粉体の物性**

**① 硬さ**

硬さは，粉砕における所要動力，輸送の際の管の摩耗，充填層における破砕などに影響する．

## ② 空間率（空隙率）

粉体の貯蔵や粉粒体層を通る流体の流れにおいて空隙率が大きいほど圧力損失が小さくなる．空間率$\varepsilon$は粉体を容器内へ充填したときに生じる間隙（空隙）の割合で，粉体のかさ体積に占める空隙の割合で表し，式 (5.14) のように定義される．

$$\varepsilon = 1 - (\rho_b/\rho_p) = 1 - (M/(\rho_p V)) \tag{5.14}$$

ここで，$\rho_b$はかさ密度[kg·m$^{-3}$]，$\rho_p$は粒子密度[kg·m$^{-3}$]，$M$は粉体の質量[kg]，$V$は粉体のかさ体積[m$^3$]である．

## ③ 安息角

粉体の流動性を表す目安で，粉体が堆積したとき自然につくられる斜面と水平面との角のことで，図 5.12 に代表的測定法を示す．

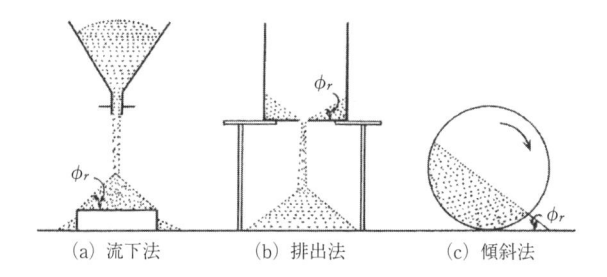

**図 5.12** 安息角の測定方法
(a) 流下法　(b) 排出法　(c) 傾斜法

## ④ 密度

粉体個々の粒子には，図 5.13 のように亀裂や空孔を多く含むものがあり，粒子の密度を表す場合はこれらを考慮しなければならない．

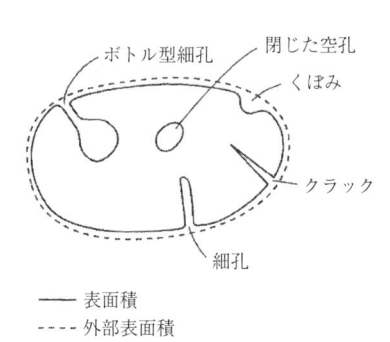

—— 表面積
---- 外部表面積

**図 5.13** 粒子の構造

**真密度**（$\rho_a$）：材質そのものの密度で，粒子を粉砕して粒子内部の閉気孔などが無いときの密度

**粒子密度**（$\rho_p$）：閉気孔は含んでいるが，クラック，細孔，くぼみなどが無いときの密度

**見かけ密度**（$\rho_b$）：閉気孔，クラック，細孔，くぼみなどを含んだ密度

**かさ密度**（$\rho_b$）：ある容器に粒子を充填したときの容積基準の密度で，**充填密度**とも呼ばれる．

これらの粒子の密度の測定方法としては，液浸法（ピクノメータ法）や圧力比較法（ベックマン法）などがある．液浸法は図5.14に示すようなピクノメータを用い，試料粉体によって置換される液体の質量から密度を求める．粉体の質量を $m_1$[kg]，ピクノメータを密度 $\rho_L$[kg·m$^{-3}$] の液体で満たした質量を $m_2$[kg]，粉体と液体の質量を $m_3$[kg] とすると粉体によって置換された液体の体積 $v$ は式(5.15)で求まり，粒子密度（真密度）は式(5.16)で求まる．

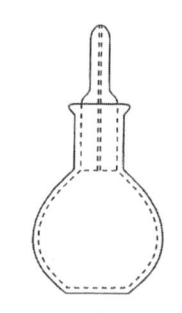

**図5.14** ピクノメータ

$$v = (m_1 + m_2 - m_3)/\rho_L \qquad (5.15)$$
$$\rho_b (\text{または} \rho_a) = (m_1 \rho_L)/(m_1 + m_2 - m_3) = m_1/v \qquad (5.16)$$

この液浸法は試料粉体を液体に浸漬したとき，粉体中から真空または煮沸によって脱気するという操作を必要としているので若干の熟練が必要である．圧力比較法は装置が高価であるが，操作は簡単で液体を使わないため試料の溶解の心配がない．

**(2) 付着，凝集**

粉の大きさが小さくなると，粉の粒子間距離は短くなり，少し動けば互いにぶつかり，付着・凝集のチャンスが増える．これは一定容器に小さい粒子を入れた場合と同数の大きな粒子を入れた場合を考えると，小さい粒子の方が移動距離が大きく，あっという間に衝突することを意味している．空気中に比較して水中では静電気的に反発させることができるので，粒子どうしの衝突・合体を防ぐことができる．この粒子の凝集には粒子個数濃度が大きく関係しており，1個の粒子が他の粒子との間に生ずる相互作用を**付着**，複数の粒子間に生ずる作用を**凝集**と呼ぶこともある．2個の粒子間に働く付着力

には，次のような三つの力がある．

① **ファンデルワールス力**（van der Waals 力）
二つの粒子の間に働く分子間引力で，数百 $\mu m$ 以下の粒子では自重より大きくなるが，粒子径，接触状態，粒子の組成などによって異なる．

② **静電気力**
粒子間の摩擦や衝突などで発生し，湿度が低い場合に大きく作用する．

③ **液架橋力**
二粒子間の接触部分において，粒子表面のわずかな不純物に空気中の水分が吸着されて液の橋渡し（**液架橋**）が生じる．湿度が高い場合には大きく作用する．ファンデルワールス力よりも大きい．

これらの力の関係は，図 5.15 のように表され，同じ粒子経で比較すると液架橋力が最も大きいので，粉体を取り扱う場合には湿度の制御が重要である．

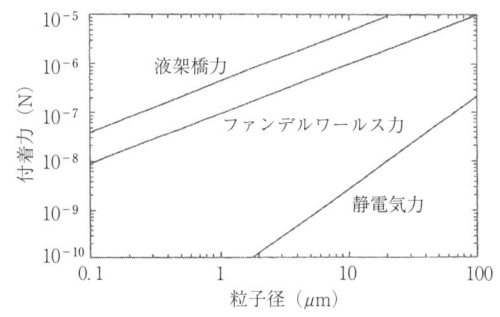

**図 5.15** 3 種類の付着力の大きさの比較［羽多野重信, 他：はじめての粉体技術, p. 28, 工業調査会（2009）］

**(3) 充 填 性**
粉体の容器内への充填では，粒子間に間隙を形成する．この間隙は粉体の粒度分布や粉体の特性によって変化する．均一径球形粒子の規則充填では空間率は立方配列で 0.476, 正斜方配列で 0.395, 最も詰まる菱面体配列で 0.259 となる．この充填性の指標としてよく用いられるのは式（5.14）で示した空間率である．粉体を充填する方法には次のようなものがある．

① **タッピング法**
粉体を充填した容器を一定高さから一定間隔で落下させる．

② 振動法
粉体を充填した容器を振動する．
③ 遠心法
粉体を充填した容器を遠心機により回転させる．

### (4) 流動性

粉体は固体でありながら，液体や気体と同じように流動する．この流動の因子には，形状，粒子径，粒度分布，充填状態，表面特性，環境などが複雑に関与する．流動現象の様式は様々であり，作用するエネルギーによって重力流動，機械的強制流動，振動流動，圧縮流動，流動化流動などに分類されている．重力による流動では容器からの流出速度，その変動などが評価の指標となる．この場合には安息角が流動性の評価指標としてよく用いられている．また，触媒反応装置に用いられる流動層は，粉体を充填した容器の下から上方に流体を送り，層全体を液体のような状態にしたものである．この流動化状態は粉体の種類に応じて変化することが知られている．図5.16はゲルダートマップと呼ばれ，粉体の流動化特性を判断する目安として粉体がAからDまでの4グループに分類されている．

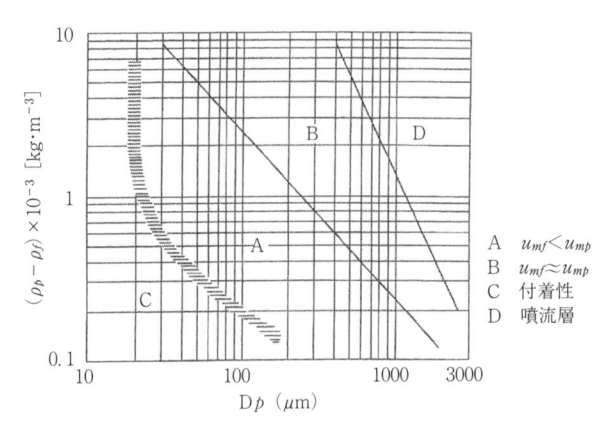

図5.16 ゲルダートの流動化粒子の分類［羽多野重信，他：はじめての粉体技術，p.35，工業調査会（2009）］

縦軸：$(\rho_p - \rho_f) \times 10^{-3}$ [kg·m$^{-3}$]
横軸：$D_p$ (μm)

A $u_{mf} < u_{mp}$
B $u_{mf} \approx u_{mp}$
C 付着性
D 噴流層

### (5) 濡れ性

濡れは固体表面への液体の吸着現象である．一般的に固体と液体の付着力

が液体の凝集力より大きい場合には濡れやすいという．固体の濡れ性は図5.17で示すように固体表面へ液滴を落下して形成される接触角 $\theta$ で定量的に評価される．$0° \leqq \theta \leqq 90°$ では濡れやすいといわれている．

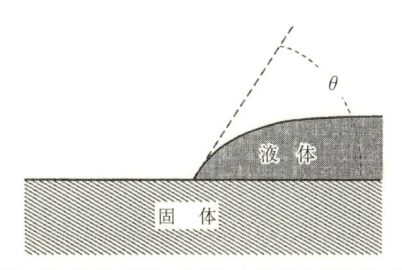

**図 5.17** 固体表面に付着した液体と接触角（$\theta$）

### 5.2.4 流体中の粒子の運動

いま，重力が作用している場において，直径 $D$，密度 $\rho_p$ の1個の球形粒子が密度 $\rho$，粘度 $\mu$ の静止流体中を速度 $u$ で運動しているとき，粒子に作用する重力，浮力および流体から受ける抵抗力の和が粒子の慣性力と釣り合うから，次の運動方程式が成り立つ．

$$(\pi/6)(D_p^3 \rho_p)(du/dt) = (\pi/6)[(D_p^3 \rho_p g) - (D_p^3 \rho g)] - C_R(\pi/4)D_p^2(\rho u^2/2)$$
（質量×加速度）　　（重力）　　　（浮力）　　　（抵抗力）　（5.17）

ここで，$C_R$ は抵抗係数[-]と呼ばれ，粒子についてのレイノルズ数 $Re_p = D_p \rho u/\mu$ のみの関数であって，次式で近似的に表される．

$Re_p < 2 : C_R = 24/Re_p$ 　［ストークス（Stokes）の法則］　（5.18）
$2 < Re_p < 500 : C_R = 10\sqrt{Re_p}$ 　［アレン（Allen）の法則］　（5.19）
$500 < Re_p : C_R = 0.44$ 　［ニュートン（Newton）の法則］　（5.20）

流体中を粒子が静止状態から沈降し始める場合は，流体から受ける抵抗力が小さいので徐々に沈降速度が増していく．抵抗力は沈降速度 $u$ に比例する（$Re_p < 2$ のとき）ので，ある速度のところで式（5.17）の右辺の三つの力は釣り合って，$du/dt = 0$ となる．これ以後は等速度で沈降する．この速度 $u_t$ を**終末速度**（terminal velocity）と呼び，流体抵抗の作用する粒子運動の基礎となる．

式（5.17）で $du/dt = 0$ と置き，抵抗係数 $C_R$ に式（5.18）から式（5.20）を代入して整理すると，終末速度は次式で表される．

$Re_p < 2 : u_t = g(\rho_p - \rho)D_p^2/18\mu$ 　（ストークスの式）　（5.21）

$$2<R_{ep}<500：u_t=\{(4/225)[(\rho_p-\rho)^2g^2/\mu\rho]\}^{1/3}D_p \tag{5.22}$$
(アレンの式)

$$500<R_{ep}：u_t=[3.03(\rho_p-\rho)gD_p/\rho]^{1/2} \tag{5.23}$$
(ニュートンの式)

**[例題 5.3]** 直径 0.05 mm，密度 2.3 g·cm$^{-3}$ の球形の砂粒が 293 K の水中を沈降するときの終末速度を求めよ．

**[解]** 題意より，$D_p=5\times10^{-5}$ m，$\rho_p=2.3\times10^3$ kg·m$^{-3}$，$\rho=998$ kg·m$^{-3}$，$\mu=1.005\times10^{-3}$ Pa·s，$g=9.8$ m·s$^{-2}$ を式 (5.21) に代入して，$u_t=1.76\times10^{-3}$ m/s

ここで，式 (5.21) が適用できるかを検証する必要がある．

$$R_{ep}=(5\times10^{-5})(1.76\times10^{-3})(998)/(1.005\times10^{-3})=8.74\times10^{-2}<2$$

したがって，ストークスの式が適用できる．

## 5.3 粉粒体プロセス

微粒子は，光学材料で述べたような CVD 法に代表される製法によって微粒子をそのまま用いるか，それを焼結などによって加工する方法で得る場合と，大きな塊を砕いて得るという粉砕方法に大別される．ここでは主として後者の粉砕とその関連した事項を述べる．

### 5.3.1 微粒子製造フロー

塊から微粒子を製造するフローを図 5.18 に示す．この方法には大きく分けて，塊を直接，溶解したり，気化したりして気体 (蒸気) とし，これを固化して微粒子とするボトムアップ方式 (5.1 項参照) と，塊を砕いて微粒子とするトップダウン方式の二つの方式がある．

### 5.3.2 粉砕プロセス

固体物質に機械的エネルギーを細かく砕くことを**粉砕** (crushing) といい，その原理は圧縮，衝撃，摩砕および剪断の 4 種類に分けられる．この原理に基づいた粉砕機は多くの種類があり，それぞれの特徴をもっている．これらの粉砕機は粉砕した製品の大きさにより，粗砕機 (数十 cm 以上を 10 mm 程以下)，

## 5.3 粉粒体プロセス

**図5.18** 微粒子製造フロー

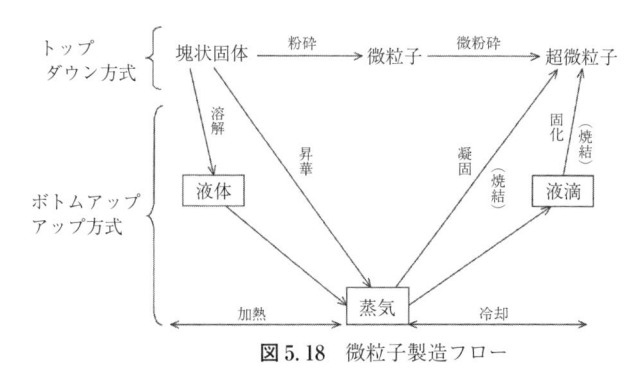

中砕機（10 cm 程度を 1 cm 以下），粉砕機（1 cm 程度を 1 mm 以下），微粉砕機（1 mm 程度を 10 μm 以下またはサブミクロンまで）に分類され，表5.9に示すように粉砕域の目安と使用する粉砕機で整理される．

**表5.9** 粉砕域の分類と粉砕機

| 粉砕域 | 粒子径の幅 | 粉砕機 |
| --- | --- | --- |
| 粗粉砕（破砕） | 数十 cm 以上を 10cm 以下 | シュレッダー，ジョークラッシャー，カッターミル，ハンマークラッシャー |
| 中粉砕（中砕） | 10cm 程度を 1cm 以下 | ハンマーミル，スタンプミル，ローラーミル，エッジランナー |
| 粉砕 | 1cm 程度を 1mm 以下 | ボールミル，ピンミル，スクリーンミル，チューブミル |
| 微粉砕 | 1mm 以下を 10μm 以下もしくはサブミクロン以下 | 振動ミル，撹拌ミル，遊星ミル，ジェットミル，乳鉢 |

粉砕を，気相（一般に空気）や減圧下で行う場合と水を加えて湿った状態で行う場合があり，それぞれを**乾式粉砕**，**湿式粉砕**という．また，目的とする大きさ以下になった製品を系外に排出するかどうかで，図5.19に示すように**閉そく粉砕**と**自由粉砕**に分類される．閉そく粉砕では微細な粒子がクッションの役割をして粉砕が妨げられるので，できるだけ自由粉砕に近づくように粉砕機を設計し，運転するのが望ましい．

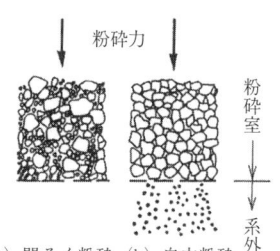

(a) 閉そく粉砕　(b) 自由粉砕

**図5.19** 粉砕の種類

粉砕機の選定には，粉砕に要する仕事（粉砕エネルギー）を推定する必要が

ある．粉砕エネルギー $E$ と粒子径 $D_p$ の関係は，いままでの実験結果をまとめると次式で表される．

$$-dE/dD_p = C \cdot D_p^{-n} \tag{5.24}$$

ここで，$C$, $n$ は定数であり，$n=2$ のときがリッチンガーの法則，$n=1$ のときがキックの法則，$n=3/2$ のときがボンドの法則である．粒子径 $D_{p1}[\mu m]$ から $D_{p2}[\mu m]$ まで粉砕するために要するエネルギー $E[kW]$ は，式 (5.22) を解いて以下のようになる．

- リッチンガー（Rittinger）の法則

$$E_R = C_R(1/D_{p2} - 1/D_{p1}) \tag{5.25}$$

- キック（Kick）の法則

$$E_K = C_K \log(D_{p1}/D_{p2}) \tag{5.26}$$

- ボンド（Bond）の法則

$$E_B = C_B(1/\sqrt{D_{p2}} - 1/\sqrt{D_{p1}}) \tag{5.27}$$

[例題5.4] ハンマーミル粉砕機を用いて，平均粒子径 150 mm の原料を $2 kg \cdot h^{-1}$ で平均粒子径 5 mm まで粉砕するために 5 kW を要した．同じ粉砕機を用いて，同じ条件下で 100 mm から 2 mm まで粉砕するために必要な動力をリッチンガーの法則を用いて推定せよ．

[解] 題意より，式 (5.25) に各数値を代入して

$$5 = C_R(1/5 \times 10^{-3} - 1/150 \times 10^{-3})$$

$$\therefore C_R = 0.026$$

$$E_R = 0.026(1/2 \times 10^{-3} - 1/100 \times 10^{-3}) = 12.7 kW$$

### 5.3.3 分級プロセス

粉砕機で粉砕された粒子群から所定の大きさの粒子を効率よく回収することが必要である．このように粒子群から粒子径別に分離することを**分級**（classification）という．分級操作は，ふるい分け法 (5.2.2.(1) 項参照) と流体中の粒子の沈降速度の差を利用する方法により行われている．ここでは，これらの操作による分離の効率を述べる．

(1) ニュートン効率

図 5.20 に示すように，分級器に細粒を $x_P$ の割合で含む原料を $F[kg]$ の割

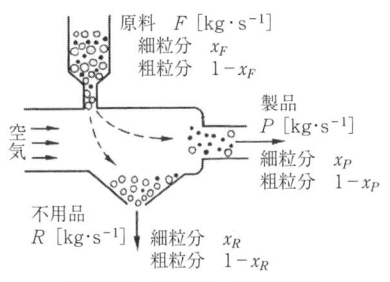

**図 5.20** 分級器による分離

合で供給して，有用成分である細粒を多く含む製品と細粒を少なく含む不用品とに分ける．全量と細粒成分との物質収支から

$$F = P + R \tag{5.28}$$

$$Fx_F = Px_P + Rx_R \tag{5.29}$$

この両式より，製品の歩留まり $P/F$ は

$$P/F = (x_F - x_R)/(x_P - x_R) \tag{5.30}$$

原料中に含まれていた細粒のうち，製品中に回収された細粒の比率である有用成分の回収率 $\eta_r$ は

$$\eta_r = \frac{Px_P}{Fx_F} = \frac{(x_F - x_R)x_P}{(x_P - x_R)x_F} \tag{5.31}$$

製品への不純物である粗粒の混入率 $\eta_m$ は

$$\eta_m = \frac{P(1-x_P)}{F(1-x_F)} = \frac{(x_F - x_R)(1-x_P)}{(x_P - x_R)(1-x_F)} \tag{5.32}$$

有用成分の回収率 $\eta_r$ から不純物の混入率 $\eta_m$ を引いたものをニュートン効率 $\eta_N$ という．

$$\eta_N = \eta_r - \eta_m = \frac{(x_F - x_R)(x_P - x_F)}{x_F(x_P - x_R)(1-x_F)} \tag{5.33}$$

ニュートン効率や回収率は目標とする基準粒子径（分岐点という）によって異なる値をとる．

### (2) 部分分離効率

粉粒体を粗粒と細粒に分級するとき，細粒側に分級点より大きな粒子が，粗粒側には分級点より小さい粒子が混入する．このとき細粒側製品中の各粒子径をもった粒子の回収率を部分分離効率または部分回収率 $E_f(D_p)$ という．

$$E_f(D_p) = Pf_p(D_p)/Ff_F(D_p) \tag{5.34}$$

ここで，$f_p$, $f_F$ はそれぞれの製品，原料中の $D_p$ なる粒子の割合である．

部分分離効率曲線 $E_f(D_p)$ を図 5.21 に示す．分級点を $D_{p2}$ とすると回収率は 100% となるが，$D_{p2}$ より粗い粒子の混入率が大きくなる．分級点を $D_{p1}$ とすると製品側への粗粒の混入率はゼロになるが，$D_{p1}$ より小さな粒子が不用品側に多く入るため回収率は小さくなる．一般的には分級点を $D_{p50}$ 付近にする．

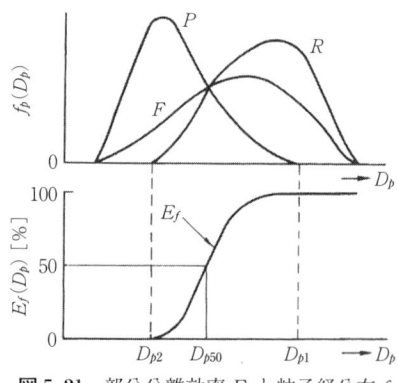

**図 5.21** 部分分離効率 $E_f$ と粒子径分布 $f_p$

理想的な分級操作では，$D_{p1} = D_{p2}$ となる．分級装置の性能は，曲線 $E_f$ の勾配で評価する．

[**例題 5.5**] 流動化触媒を合成し，振動ふるいで分級して 80～100 メッシュの範囲を製品とする．原料は 80 メッシュのふるいに供給され，100 メッシュのふるい上を製品として得る．80 メッシュふるい上，製品，100 メッシュふるい下の質量の比率が 2 : 2 : 1 のときのニュートン効率を求めよ．ただし，原料などを厳密にふるい分けした結果を表 5.10 に示す．

[**解**] 製品，原料中の 80～100 メッシュの割合をそれぞれ $x_P$, $x_F$, ふるい下

表 5.10

| ふるい<br>[メッシュ] | 原料<br>[wt] | 製品<br>[wt] | 80 メッシュふるい上<br>[wt] | 100 メッシュふるい下<br>[wt] |
|---|---|---|---|---|
| 10～80 | 0.527 | 0.363 | 0.930 | 0.040 |
| 80～100 | 0.325 | 0.546 | 0.062 | 0.422 |
| 100～200 | 0.148 | 0.091 | 0.008 | 0.538 |

とふるい上の同範囲の割合を $x_R$ とする．

題意より，$x_P = 0.546$，$x_F = 0.325$，$x_R = (0.062)(2/5) + (0.422)(1/5) = 0.109$，これらを式（5.33）に代入すると

$\eta_N = (0.325 - 0.109)(0.546 - 0.325)/[(0.325)(0.546 - 0.109)(1 - 0.325)]$
$= 0.498$

〈参考文献〉

山口由岐：化学工学, 73, 306（2008）
有機化学美術館（http://www.org-chem.org/yuuki/yuuki.html）
西田廣泰：化学工学, 67, 630（2003）
柳田博明監修：微粒子工学大系第Ⅱ巻，フジ・テクノシステム（2002）
波多野重信，他：粉体技術最前線，工業調査会（2003）
波多野重信，他：はじめての粉体技術，工業調査会（2009）
横山由和：化学工学, 50, 467（1986）
斉藤文良，他：粉，培風館（2002）

## 演習問題

5.1 ナノテクノロジーは粉体技術と深い関係がある．その理由を調べよ．

（略）

5.2 物質をナノ単位構造にすることによって様々な特性が生じてくるといわれている．そしてこの特性を生かした新しい材料が生まれている．一例を挙げて新素材を調べてみよ．

（略）

5.3 環境保全抑制にも粉体技術は欠くことのできないものとなっている．とくに揮発性有機化合物の飛散防止から粉体塗装分野においてその発展が期待されている．粉体塗装についてその詳細を調べてみよ．

（略）

5.4 粉体には、粉とか粒と表現する場合がある．この表現の定義を行ってみよ．

（略）

5.5 投影面が $0.2 \times 0.3$ mm で厚さ $0.15$ mm の直方体の密度が $1.1 \times 10^3$ kg·m$^{-3}$ で

ある粒子の常温の水中での終末速度を測定したところ $0.3 \times 10^{-2}$ m·s$^{-1}$ であった。この粒子の代表径とストークス径を求めよ。

（三軸平均径：0.217 mm，三軸調和平均径：0.2 mm，三軸幾何平均径：0.21 mm，円相当径：0.276 mm，球相当径：0.258 mm，ストークス径：0.23 mm）

**5.6** 粒子径が 0.13 mm，密度 $1.5 \times 10^3$ kg·m$^{-3}$ の球形粒子が 20℃ の水及び空気中を落下するときの終末速度を求めよ。

（水：0.354 m·s$^{-1}$，空気中：0.727 m·s$^{-1}$）

**5.7** 粒子の材質，充填構造を同一として，同じ容器に直径 10 cm の球形粒子と直径 2.5 cm の球形粒子を詰めたとき，粒子の総重量はどちらが重くなるか。

（同じ）

**5.8** 粉砕された石灰石の粒度分布をふるい分け法で測定し，表 5.11 のデータを得た。この粉体の粒度分布がロジン・ラムラー式に適合するかを検討し，$n$ と $D_{pe}$ の値を求めよ。

（$n = 0.982$，$D_{pe} = 6.2 \times 10^{-5}$ m）

表 5.11

| ふるいのメッシュ | 48 | 65 | 100 | 150 | 200 | 270 | 400 |
|---|---|---|---|---|---|---|---|
| ふるいの目開き [mm] | 0.295 | 0.208 | 0.147 | 0.104 | 0.074 | 0.053 | 0.038 |
| 残留率 [%] | 1.2 | 4.3 | 10.5 | 21.4 | 30.8 | 43.2 | 54.0 |

**5.9** ボールミル粉砕機で，ある粉体を 1 t·h$^{-1}$ の割合で平均粒径を 13.5 mm から 3.2 mm に粉砕するのに 4.5 kW 要した。同じ粉砕機で同じ原料の同じ量を 8.52 mm から 2.03 mm に粉砕するのに必要な動力をリッチンガー，キック，ボンドの三法則から求めよ。

（6.7，4.4，5.3 kW）

**5.10** リチウムの含有率が 25% のリチウム鉱を選鉱して，リチウムを 50% 含む製品鉱と 3% の廃鉱を得た。リチウムの回収率とニュートン効率を求めよ。

（回収率：94%，ニュートン効率：59%）

第 **6** 章

# 環境化学工学

　環境は人間または生物をとりまき，それと相互作用を及ぼし合うものとして見た外見で，人為が加わらない自然的環境と人間が集まって共同生活を営む社会的環境がある．化学工学は化学的にものを作るということに関して，どのようにして作るかを学ぶ学問である．したがって，環境化学工学はどのようにして自然的環境を守るかを学ぶ学問であるといえる．ここでは，主に**廃棄物処理**，**地球環境**，**大気環境**，**水環境**について物質収支や単位操作と関連づけて基本的な解説を行う．

## 6.1 廃棄物処理

　廃棄物の再資源化技術開発に加えて，**循環型社会**の実現を目指した廃棄物管理，資源循環，ライフサイクル環境評価などのシステム工学的要素を述べる．

### 6.1.1 廃棄物の法的定めと循環型社会
　我が国の廃棄物に関する法律の最初は**清掃法**（1954 年法律第 72 号）である．清掃法では産業廃棄物を「多量の汚物」「特殊の汚物」として個別に「指定する場所に運搬し，若しくは処分することができる」とする程度であったため，高度成長に伴う産業界とそれによって発生した種々の被害（公害）に対処しきれなかった．そこで，清掃法を全面的に改める廃棄物の処理及び清掃に関する法律（**廃棄物処理法**：1970 年法律第 137 号）が定められた．この法律は廃棄物の排出を抑制し，廃棄物の適正な分別，収集，運搬，再生，処分等の処理をし，並びに生活環境の保全および公衆衛生の向上を図ることを目的とした．し

かし，廃棄物であるか否かの法的定義のあいまいさが不法投棄や不適正保管等を撲滅できない遠因となっている．図6.1にプラスの価値を持った有価物（商品）が時間とともにその価値が下がる様子を示す．この価値について，同一の商品であっても個人的評価価値と商品に対する需要と供給で決まる市場価値があるので，A点，B点で示された価値には差が生じている．この二つの価値カーブはC点で交叉し，個人的な評価価値は，その人の人生観，価値観によるとともに，生活環境によっても左右されマイナス要因になると考える点がD点で，この点で商品は廃棄物となったと考えられる．しかし，D点以後もE点までは市場価値がプラスという場合は需要者に渡せばプラスとして代償が支払われることになり，廃棄物として処理しなくてすむことになる．これがリサイクル，資源化となる場合である．

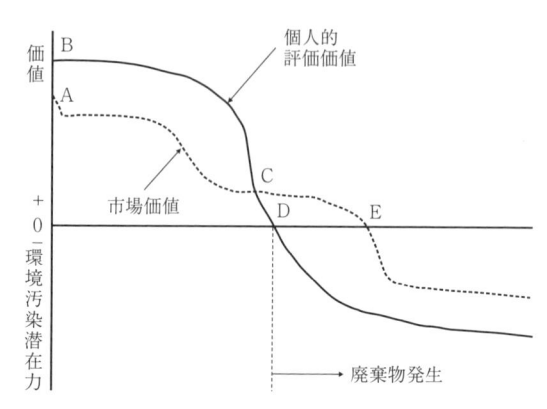

**図6.1** 廃棄物の発生原理［地球環境工学ハンドブック，p.889，オーム社（1991）］

循環型社会形成推進基本法（**循環基本法**：2000年法律第110号）を制定し，また同時に次のような個別法を改正することで一体的な法の整備が図られてきている．1)建設工事に係る資材の再資源化等に関する法律（**建設リサイクル法**：2000年法律104号），2)食品循環資源の再生利用等の促進に関する法律（**食品リサイクル法**：2000年法律第116号），3)使用済自動車の再資源化等に関する法律（**自動車リサイクル法**：2002年法律第87号），4)容器包装にかかる分別収集及び商品化の促進等に関する法律（**容器包装リサイクル法**：1995年法律第112号），5)特定家庭用機器再商品化法（**家電リサイクル法**：1998年法律第97号），6)資源有効利用促進法（**リサイクル法**：2000年法律第113号），などがリサイクルを促進するためにそれぞれの業者，使用者が行うべき法的措置を規定している．

循環基本法は「循環型社会」を「廃棄物の発生抑制，循環資源の循環的な利用，

適正な処理の確保によって天然資源の消費を抑制し，環境負荷ができるかぎり低減される社会」と規定している．「**発生抑制（Reduce）**」，「**再使用（Reuse）**」，「**再生利用（Recycle）**」，「**熱回収**」，「**適正処分**」という処理の優先順位を明確にしたほか，事業者は製品が使用済みになった後まで責任を負うという拡大生産者の原則を示し，循環型社会形成のために排出者責任と拡大生産者責任の責務を明確にしている．図 6.2 に循環型社会基本法の意図する天然資源の消費を抑制し，環境への負荷ができるかぎり低減される社会の姿を示す．

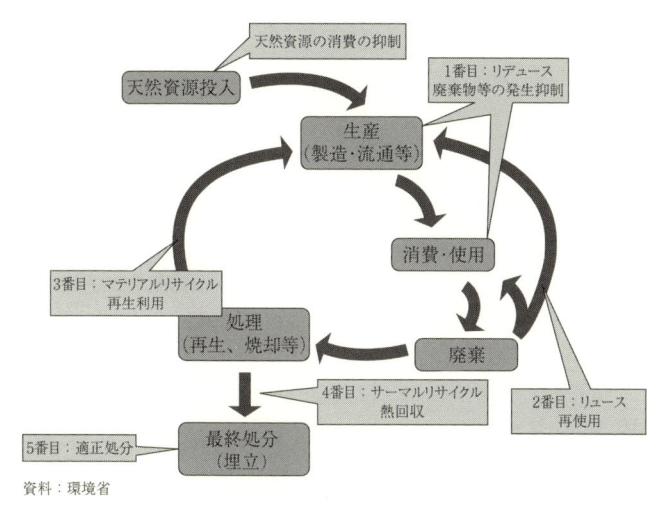

**図 6.2** 循環型社会の姿［平成 20 年版環境循環型社会白書］

### 6.1.2 区分と廃棄物の排出量

廃棄物処理法では，廃棄物とは自ら利用したり他人に有償で譲り渡すことができないために不要になったものであって，ごみ，粗大ごみ，燃えがら，汚泥，ふん尿などの汚物又は不要物で，固形又は液状のものをいうと定めてある．但し，放射性物質及びこれに汚染されたものはこの法律の対象外で原子力基本法によって規定され，その最終処分事業は原子力発電環境整備機構（NUMO：Nuclear Waste Managment Organization）が担っている．廃棄物は図 6.3 に示すように**一般廃棄物**と**産業廃棄物**に区分されており，産業廃棄物は事業活動に伴って生じた廃棄物のうち，法律で定められた 20 種類のものと輸入された廃棄物をいう．一般廃棄物は産業廃棄物以外の廃棄物を指し，し尿

のほか主に家庭から排出する家庭ごみとオフィスや飲食店から発生する事業系ごみとをいう．

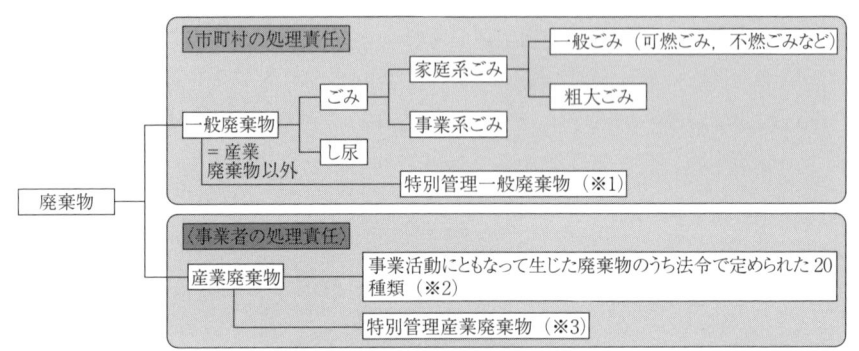

```
                    ┌─〈市町村の処理責任〉
                    │                      ┌─家庭系ごみ─┬─一般ごみ（可燃ごみ，不燃ごみなど）
           ┌─一般廃棄物─┬─ごみ─┤              └─粗大ごみ
           │  =産業      │      └─事業系ごみ
           │  廃棄物以外  └─し尿
廃棄物──┤              └─特別管理一般廃棄物（※1）
           │
           │  〈事業者の処理責任〉
           └─産業廃棄物─┬─事業活動にともなって生じた廃棄物のうち法令で定められた20種類（※2）
                        └─特別管理産業廃棄物（※3）
```

※1：爆発性，毒性，感染性その他の人の健康又は生活環境に係る被害を生ずるおそれのあるもの
※2：燃えがら，汚泥，廃油，廃アルカリ，廃プラスチック類，紙くず，木くず，繊維くず，動植物性残さ，動物系固形不要物，ゴムくず，金属くず，ガラスくず，コンクリートくず及び陶磁器くず，鉱さい，がれき類，動物のふん尿，動物の死体，ばいじん，上記19種類の産業廃棄物を処分するために処理したもの，他に輸入された廃棄物
※3：爆発性，毒性，感染性その他の人の健康又は生活環境に係る被害を生ずるおそれがあるもの
資料：環境省

図6.3　廃棄物の区分［平成20年版環境循環型社会白書］

### 6.1.3　廃棄物のリサイクル

循環基本法では，廃棄物・リサイクル対策の一つとして再生利用（マテリアルリサイクル）を推進し，容器包装リサイクル，家電リサイクル，建設リサイクル，自動車リサイクルが法律で定められている．

容器包装リサイクル法に基づく分別収集及び再商品化の対象は分別する市区町村によって異なるが，ガラスびん類，ペットボトル，プラスチック製容器包装，紙製容器包装，スチール缶，アルミ缶，紙パック等に分別されているのが一般的である．

#### (1)　ガラスびん

ガラスびん類は，ビールびん，一升びん，牛乳びん等のリターナブルびんを何度も使用するものと，食料・調味料びん，清涼飲料びん，薬品・ドリンクびん，清酒・焼酎他，等のワンウェイびんを回収し，ガラスびん原料（**カレット**）として再利用するものがある．

このカレットとは，資源ごみとして回収されたガラスびんを色別に分類し

破砕したもので式 (6.1) でカレット利用率が表される．

$$\text{カレット利用率} = (\text{カレット利用量}) / (\text{ガラスびん生産量}) \quad (6.1)$$
$$(\text{カレット利用量} = \text{工場カレット利用量} + \text{市中カレット利用量})$$

このカレット利用率は年々増加しており，2005 年度には 91.3% を達成しており，資源有効利用促進法の 2010 年目標の 91% をクリアし，再商品化されたガラスびんの量は 78 万 t (2005 年度) になっている．

## (2) ペットボトル（飲料・醤油・酒類用）

ペットボトルはその大部分の 95% 以上が飲料用に使用され，その生産量，分別収集量，回収量とも急激に増加している．これは清涼飲料水用ペットボトルの生産量が増加したためと分別収集したペットボトルが「**ボトル to ボトル**」と呼ばれる再生食用ボトルとして使用するケミカルリサイクル技術が発達した結果である．

収集したペットボトルが再商品化されている用途は 2005 年度で衣料品，カーペット等の繊維が約 45%，卵パック等のシートが約 41% で，その他植木鉢，結束バンド，非食品用ボトル等の成型品が約 14% である．また，市町村の分別収集以外に販売店による自主的な回収も行われており，ペットサイクル推進協議会が確認した事業系回収量と合わせるとペットボトルの回収率は約 65.6% となっているが，回収されたペットボトルはペットボトルくずとして香港，中国へ再商品原料として輸出され国内での再生産化事業に影響するという問題も生じている．

## (3) プラスチック

廃プラスチックは**マテリアルリサイクル**（再生利用），**ケミカルリサイクル**（油化，ガス化，高炉原料等），サーマルリサイクル（固形燃料，廃棄物発電，熱利用焼却等）などのリサイクル化が行われている．廃プラスチックの有効利用率は 62% に達し，マテリアルリサイクルやサーマルリサイクルが増大している．このようなリサイクル事業とは別にくずプラスチックスの輸出が拡大し，中国などの再商品化原材料となっている．

## (4) 紙

紙，板紙（段ボール）の生産量は 2005 年度で 3,095 万 t で，その消費はほとんどが国内である．家庭からの古紙は，集団回収・行政回収により，オフィスなどの事業所から出る古紙は回収業者，印刷・製本工場などの大規模

発生源からの産業古紙は**坪上業者**（産業古紙回収専門業者）や専門買出人等によって回収されている．2005年度において古紙回収率（式6.2）は71.1%，古紙利用率（式6.3）は60.3%となっており，資源有効利用促進法に基づく古紙利用率は2010年までに62%とする指針に近づいている．

$$古紙回収率 = \frac{古紙国内回収量(メーカー入荷＋輸出－輸入)}{紙・板紙国内消費量(メーカー出荷－輸入－輸出)} \quad (6.2)$$

$$古紙利用率 = \frac{古紙消費量＋古紙パルプ消費量}{繊維原料合計消費量(パルプ＋古紙＋古紙パルプ＋その他)} \quad (6.3)$$

### (5) 自動車

使用済自動車のリサイクルシステムは，従来より鉄スクラップ回収率が概ね100%で，自動車のリサイクル率は約90%に達している．2005年度に自動車リサイクル法が施行され，94%程度に向上している．しかし，**シュレッダーダスト**（車の解体・破砕後に残る廃棄物）は主として埋立処分されているが，この最終処分場が残り少なくなりシュレッダーダスト量を減らすことが今後の課題である．また，カーエアコンの冷媒にフロンが充填されている場合があることやエアバッグ類が解体時に支障となる場合がありこれらも今後の課題である．

使用済自動車のリサイクル率は式（6.4）で求められ，このリサイクル率を95%以上にするためにリサイクル技術の開発に加えて，リサイクルし易い新材料・車両構造の開発，材質マーキングの実施などに取り組む必要がある．

$$使用済自動車のリサイクル率 = \frac{リサイクルに向けられる重量}{回収された自動車の重量} \quad (6.4)$$

### (6) 家電製品

家電リサイクル法に基づき，特定4品目（エアコン，ブラウン管テレビ，冷蔵庫，洗濯機）については一定水準以上の再商品化が義務付けられ図6.4に示すような処理状況となっている．

### (7) パソコン及びその周辺機器

2001年から事業系パソコンを，また，2003年からは家庭系パソコンの再資源化を製造業者に対して義務付け，デスクトップパソコン（本体）50%以上，ノートパソコン20%以上，ブラウン管式表示装置55%以上，液晶式表

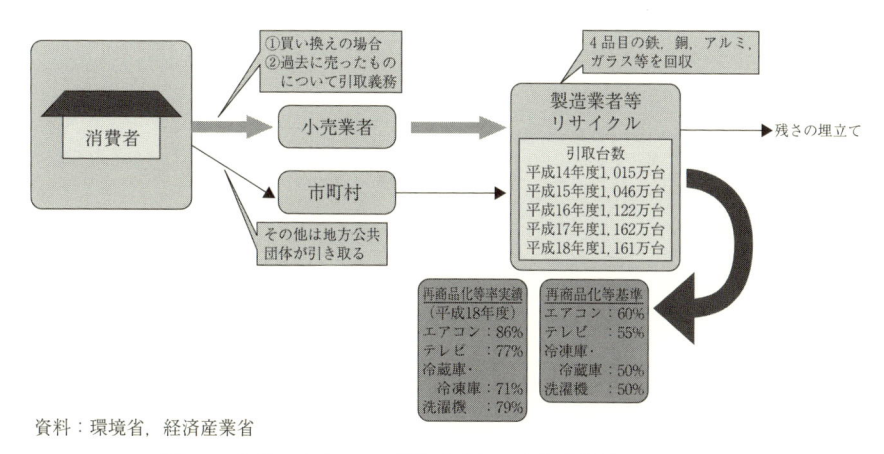

**図 6.4** 家電リサイクルの現状［平成20年版環境循環型社会白書］

示装置55%以上と定めてリサイクルを推進している．

パソコンの回収・リサイクルは2006年度において製造業者の再資源化は，デスクトップパソコン（本体）76.0%，ノートパソコン54.76%となっており法定基準を上回っている．

パソコンに限らず，廃家電，廃AO機器，携帯電話器などに用いられているプリント配線基板，半導体レーザー，ダイオード，1次・2次電池などの電子材料，磁気記録素子・磁歪材料・磁気冷凍などの磁性材料，機能性材料には**ベースメタル**といわれる鉄，銅，亜鉛，アルミニウムや貴金属である金，銀，白金等の他に**レアメタル**（希少金属：インジンウム，タンタル，ガリウム，タングステンなど）が用いられている．これらの廃棄物のリサイクルにおいては図6.5のようなリサイクルプロセスが組み立てられているが，このようなプロセスは高温処理を行うために処分廃棄物に付随する有機物をエネルギーとして活用して金属成分等有価物を最大限に回収し，土石成分等の不純物は土建用資材あるいは機能材料として活用するとともに有害物質あるいは2次廃棄物を安全に保管・処分することを考慮しなければならない．

### (8) 建設廃棄物

建設リサイクル法で一定基準以上の工事については再資源化等が義務付けられ，コンクリート塊，アスファルト・コンクリート塊，建設発生木材の3品目の再資源化を実施している．

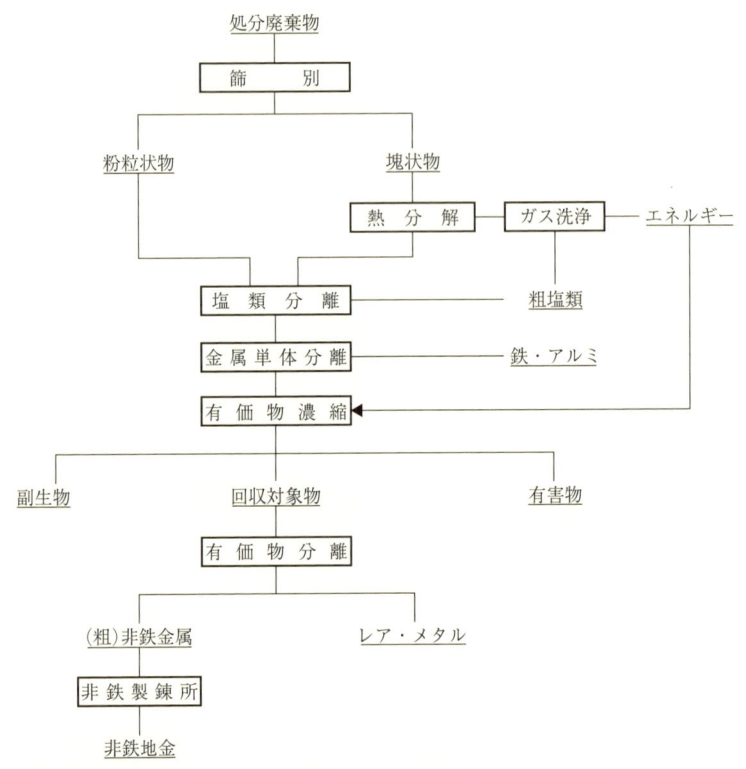

```
                        処分廃棄物
                           │
                    ┌──────┴──────┐
                    │   篩   別   │
                    └──────┬──────┘
                    ┌──────┴──────┐
                    │             │
                  粉粒状物      塊状物
                                 │
                          ┌──────┴──┐    ┌──────┐
                          │ 熱分解  │    │ガス洗浄│── エネルギー
                          └──┬──┬──┘    └──┬───┘
                             │  │          │
                    ┌────────┴──┴──┐       │
                    │  塩 類 分 離 │───── 粗塩類
                    └──────┬──────┘
                    ┌──────┴──────┐
                    │ 金属単体分離 │───── 鉄・アルミ
                    └──────┬──────┘
                    ┌──────┴──────┐
                    │ 有 価 物 濃 縮│◀────────────┘
                    └──────┬──────┘
              ┌────────────┼────────────┐
            副生物      回収対象物      有害物
                           │
                    ┌──────┴──────┐
                    │ 有 価 物 分 離│
                    └──────┬──────┘
                    ┌──────┴──────┐
                (粗)非鉄金属      レア・メタル
                    │
                ┌───┴───┐
                │非鉄製錬所│
                └───┬───┘
                    │
                  非鉄地金
```

図 6.5　あるべきリサイクル適用技術［日本鉱業協会：平成 15 年度報告書］

### (9) 食品廃棄物

　食品廃棄物は，加工食品の製造過程や流通過程で生ずる売れ残り食品，消費段階での食べ残し，調理くずなどの動植物性の残さで，食品製造業から発生するものは産業廃棄物に，食品流通業，飲食店業および一般家庭から発生するものは一般廃棄物に区分されている．

　食品製造業から発生する食品廃棄物は，その組成が一定していることや廃棄物量の確保が容易なことから比較的再生利用がし易いので，肥料（12%），飼料（9%），油脂の抽出・その他（18%）などの再利用が行われている．しかし，一般家庭から発生する食品廃棄物は多数の場所から少量の排出で組成も複雑であることから再生利用されているのは僅か5%程度である．この結果，食品廃棄物全体では27%が肥料・飼料等に再利用され，残り73%は焼

却して埋立処分されているのが現状である．

そこで，最終処分場の不足の観点からも廃棄物系バイオマス技術開発が飼料・肥料などへの再利用や熱・電気に転換するエネルギー利用の実現に向けて不可欠である．

## 6.2 地球温暖化

今から約46億年前に誕生した地球に現生人類と変わりない特徴をもった人類が世界各地で現れ始めたのが約100万年前といわれている．その後，様々な文化や技術を得て，今の私たちがいるのである．また，地球の歴史上では気候が温暖になったり，寒冷になったりということが幾度となく繰り返されてきているが，ここでの「地球温暖化」は20世紀後半からの温暖化，つまり，人為的起因による気候変動について述べる．

### 6.2.1 地球の誕生と温度
#### (1) 地球の誕生

約46億年前地球の原料となった物質は，微惑星に含まれていた岩石や金属であった．この微惑星の衝突・合体の繰り返しによって地球は今の形と大きさをつくったとされている．

地球の気候の変化については，南極の氷床深層コアの研究から過去34万年にわたる気温と大気中の二酸化炭素濃度と海水面の変動を比較したものを図6.6に示す．この結果から過去34万年の間には，温暖で海水面が現在と同じくらいの「**間氷期**」が現在を含めて4回（安定期）あり，それ以外は寒冷「**氷期**」だったことがわかる．そして，気温が急上昇するとき二酸化炭素も同期して上昇している．これは氷期から間氷期への移行初期の温暖化が二酸化炭素の濃度を上昇させ，**温室効果**によって，さらに温暖化が進み二酸化炭素濃度を上昇させるといった気候を示唆している．この気温の変化は，自然現象でしかも $CO_2$ も同様に大きく変化していることから，$CO_2$ が増えたから温暖化したのではなく，温暖化したから $CO_2$ が増えたという考えもでき，地球規模の気候変動で現代の温暖化を論じることはできないという考えもある．

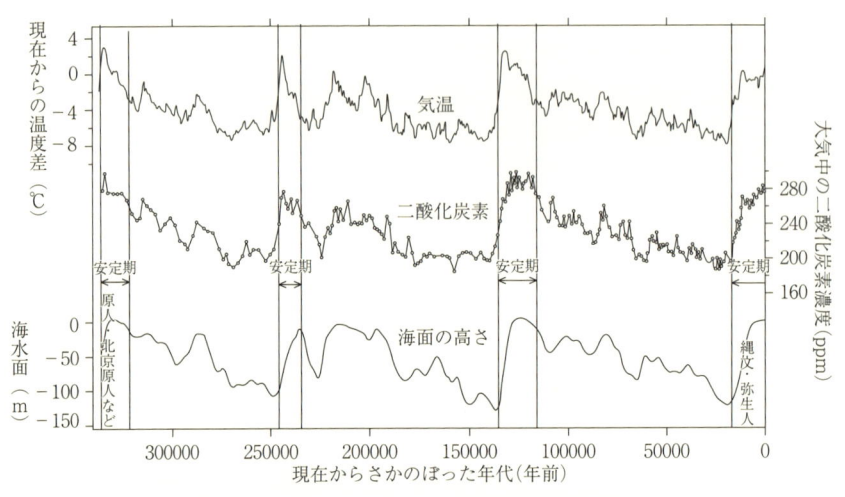

図6.6 地球の気候変動 ［東北大学 大気海洋変動観測センター］

### (2) 地球の温度

地球の温度（大気と地表面を含む平均気温）は約 40℃ ～ -40℃ 程度で，生命に欠かせない水が気体・液体・固体の三つの状態で存在できる．地球をこの温度にする第一の要因は，太陽からの距離で，他の惑星の状況と比較した結果を表6.1に示す．

表6.1 水星から金星までの表面温度

|   | 大気の質量 [$kg \cdot cm^{-3}$] | 太陽からの距離 [$10^6$ km] | 入射エネルギー [$W \cdot cm^{-2}$] | 黒体温度 [℃] | 反射率 | 反射冷却 [℃] | 温室効果 [℃] | 表面温度 [℃] |
|---|---|---|---|---|---|---|---|---|
| 水星 | 0 | 58 | 0.92 | 175 | 0.06 | 05 | 0 | -200～500 |
| 金星 | 115 | 108 | 0.26 | 55 | 0.71 | -84 | 460 | 430 |
| 地球 | 1.03 | 150 | 0.137 | 5 | 0.30 | -25 | 35 | 18 |
| 火星 | 0.016 | 228 | 0.06 | -50 | 0.17 | -10 | 15 | -45 |

表中，黒体温度とは，もし惑星が真っ黒で大気もなかった場合の温度で，実際は真っ黒でないので太陽からのエネルギーのいくらかは反射される．地球の温度は太陽からの放射エネルギーと，地球からの放射エネルギーが釣り合うところで決まる．物体が放射するエネルギーは物体の表面積が一定ならば，その物体の表面温度（絶対温度）の4乗に比例するという**ステファン・**

ボルツマンの法則を用いて地球の温度を求めることができる．

$$E = \sigma T^4 \tag{6.5}$$

ここで，$\sigma = 5.67 \times 10^{-8}\,\mathrm{W \cdot m^{-2} \cdot K^{-4}}$（**ステファン・ボルツマン定数**）
$E$：太陽から地球への放射エネルギー［$\mathrm{W \cdot m^{-2}}$］
$T$：表面温度［K］

［**例題 6.1**］ 太陽から地球の単位面積に放射されるエネルギーを $E$，地球のアルベド（反射率）$\alpha$，地球の表面温度を $T$ として，この $T$ を $E$，$\alpha$，$\sigma$ で表す関係式を求め，$E = 1370\,\mathrm{W \cdot m^{-2}}$，$\alpha = 0.3$ とした時の地球の表面温度を求めよ．

［**解**］ 図 6.7 に地球の直径 R の断面積（$\pi R^2/4$）に放射エネルギーが入射し，そのうちの反射率 $\alpha$ を除く，$(1-\alpha)$ が地表に吸収されて，再び地球の表面全体（$\pi R^2$）から宇宙空間に放出されると考え，式（6.5）を適用する．

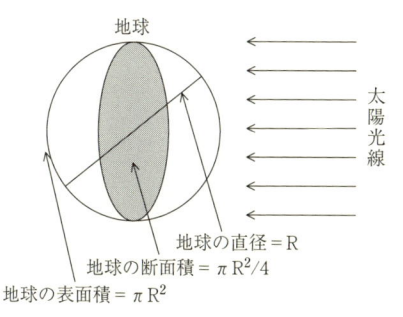

**図 6.7** 太陽からの放射エネルギー

$$(\pi R^2/4)(E)(1-\alpha) = \pi R^2 \times \sigma T^4 \tag{6.6}$$
$$T = [E(1-\alpha)/4\sigma]^{1/4} \tag{6.7}$$

式（6.7）に，$E = 1370\,\mathrm{W \cdot m^{-2}}$，$\alpha = 0.3$，$\sigma = 5.67 \times 10^{-8}\,\mathrm{W \cdot m^{-2} \cdot K^{-4}}$ を代入すると，

$$T = [1{,}370(1-0.3)/4(5.67 \times 10^{-8})]^{1/4}$$
$$= 255\,\mathrm{K}\,(= -18^\circ\mathrm{C})$$

地球全体を平均した温度は 255 K ということになるが，実際の地球全体の平均温度は 291 K で，36 K も高いことになる．これは温室効果によるものである．

## 6.2.2 地球の温暖化
### (1) 地球の温室効果

地表大気の熱源は太陽と地球表面である．図6.8に示すように，入射する太陽光線（エネルギー）を100とした場合，その内の30％が空気と雲と地表により宇宙空間へ反射される．これらの反射光は地球や大気を暖めない．残りの70％が雲や大気，地表により吸収される．地表の吸収が51％である．

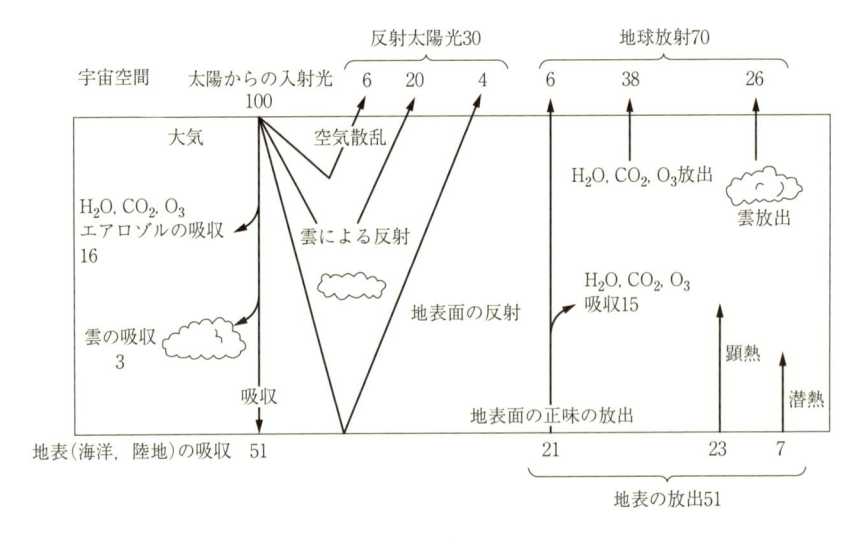

**図6.8** 全地球平均の放射収支［川平浩二，牧野行雄：オゾン消失，p.47，読売新聞社（1989）］

一方，地球は太陽から受けるエネルギーの51％分を宇宙に放射して反射しているので，地球の温度は変わらない．地球の核からくる熱は無視できる．また，人類が消費するエネルギーの総量は太陽からのエネルギーの1万分の1程度なので，これも無視できる．

地表の温度は全地域，全季節平均で現在，約291.2Kと低いため，波長の長い赤外線の形で吸収したエネルギーを放射する．地表の放出51％分のうち21％は地表から赤外線として放射され，このうち15％が大気中の水蒸気，炭酸ガス，オゾンなどに吸収される．これらの炭酸ガスなどは，吸収したエネルギーを熱放射線として放出し，その熱を地表や他の温室効果物質が受け取り，また放出する．このようにエネルギーの吸収・放射を繰り返すうち

に，大気の温度が上昇する．これが温室効果である．

炭酸ガスや水蒸気などによる温室効果がないとすると，地表の平均温度は例題6.1で求めたように約255Kになるといわれている．現在，地表の平均温度は約291Kなので，温室効果による上昇分は約36Kで，水蒸気による上昇分が28～32K，炭酸ガスによる上昇分が4～8Kと見積もられている．

これを図6.9に示すような定常エネルギー収支を考える．太陽から入射するエネルギー（熱放射線）のうち，地表に吸収される分を $I_S$，地表から放射されるエネルギーを $I_E$，$I_E$ のうち大気によって吸収されるエネルギーを $\beta I_E$ とすると，宇宙へ放射されるエネルギーは $(1-\beta)I_E$ となる．大気から地表へ放射されるエネルギーを $Q$，宇宙へ放射されるエネルギーを $I_A$ としてエネルギー収支をとると，次式が成り立つ

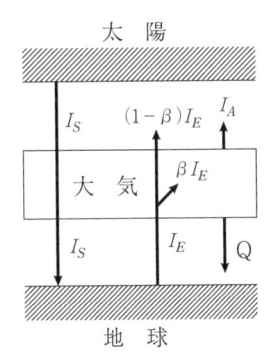

**図6.9** 地球の定常エネルギー収支

$$地表: I_S + Q = I_E \tag{6.8}$$

$$大気: \beta I_E = I_A + Q \tag{6.9}$$

$CO_2$ などの温室効果ガスが増加すると，吸収率 $\beta$ が増加し，$Q$ と $I_E$ が増大する．$I_E$ の増加は，次式により地表の温度 $T_E$ が高くなることを意味する．

$$I_E = \beta \sigma T_E^4 \tag{6.10}$$

### (2) 地球温暖化ガス

地球温暖化問題は人類の生存基盤に係わる環境問題の一つとされ，1997年に第3回気候変動枠組条約第3回締約国会議（**COP3**：The 3rd Session of Conference of Parties）が京都で開催され，先進国の温室効果ガスの削減について法的拘束力を持つ京都議定書が採択された．大気圏にあって地表から放出された赤外線の一部を吸収することによって温室効果をもたらす気体を**温室効果ガス**という．この温室効果ガスが地球温暖化の一因と考えられ，京都議定書において排出量削減対象となった物質は，$CO_2$（二酸化炭素），$CH_4$（メタン），$N_2O$（亜酸化窒素），HFCs（ハイドロフルオロカーボン類），PFCs（パーフルオロカーボン類），$SF_6$（六フッ化硫黄）の6種類である．

これら温室効果ガス6種の100年間の温室効果の強さを比較した指数である**地球温暖化係数**を表6.2に示す。同一重量にして$CH_4$は$CO_2$の約21倍，$N_2O$は約300倍，フロン類は数百～数千倍となっており，$CO_2$自体の影響は極めて小さいが，水蒸気を除いた大気への排出量は$CO_2$が約9割を占めることと$CO_2$は人為的に排出されるために，温室効果ガスの中では$CO_2$の影響が最も大きいとされている。

そこで，$CO_2$の量を炭素Cに換算して地球における炭素の存在と循環を図6.10に示す。植物の呼吸と堆積有機物の分解酸化によって放出される$CO_2$がCとして350億トンで，光合成によって吸収される$CO_2$が同じく350億トンでほぼ釣り合っていたが，このバランスが崩れて$CO_2$の増加が目立つようになってきた。この増加の約30%は森林の減少，約70%は各種燃料の燃焼によるものと考えられている。この$CO_2$の増加分の半分程度は海水に吸収されていると推定されている。$CO_2$の濃度増加は非定常の物質収支となる。図6.10に従って物質収支をとると，C基準として，

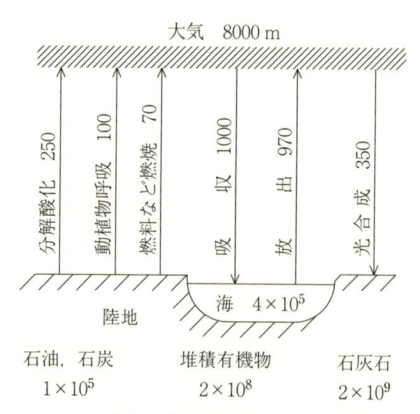

図6.10 地球上における炭素の存在と循環 (単位 C億トン)
[安藤淳平:化学工学会第22回秋季大会要旨集, p.547, (1989)]

大気への流入量 = 100(動植物呼吸) + 250(分解酸化) + 70(燃料などの燃焼) + 970(海からの放散)
    = 1390億トン/年
大気からの流出量 = 350(光合成) + 1000(海への吸収)
    = 1350億トン/年

## 6.2 地球温暖化

大気への蓄積量＝流入量－流出量＝1390－1350＝40億トン／年

よって，現在大気中には毎年約40億トンのC，すなわち147億トンの$CO_2$が増えていることになる．これを地球全体の濃度で表してみる．

地球の大気の体積を$V$，地球の直径$D=12{,}600$ km，大気圏の高さ$H=10$ kmとすると，標準状態（273.2 K，$1.013\times10^5$ Pa）では，

$$V = (4/3\pi)[(D/2+H)^3 - (D/2)^3] = (4/3\pi)[(6300+10)^3 - 6300^3](10^3)^3$$
$$= 5.11\times10^{18} \text{ m}^3$$

地球大気の全モル数$n_t$は，

$$n_t = (5.11\times10^{18}\times10^3)/22.4 = 2.28\times10^{20} \text{ mol}$$

したがって，大気中の$CO_2$濃度の増加$\Delta C$は，

$$\Delta C = [(147\times10^8\times10^3\times10^3)/44] \div (2.28\times10^{20})$$
$$= 1.47\times10^{-6}[\text{モル分率}] = 1.47 \text{ ppm}$$

すなわち，1年当たり$CO_2$濃度は1.47 ppm増加することになる．現在の大気中の$CO_2$濃度は385 ppm（≒0.0385 vol%）である．

この$CO_2$濃度と地球の平均温度の関係は種々の説があるが，図6.8に示したように南極の氷床深層コアの研究からその相関があるとの説が有力となっている．そこで，図6.11に$CO_2$濃度と気温変化との関係を示す．図中

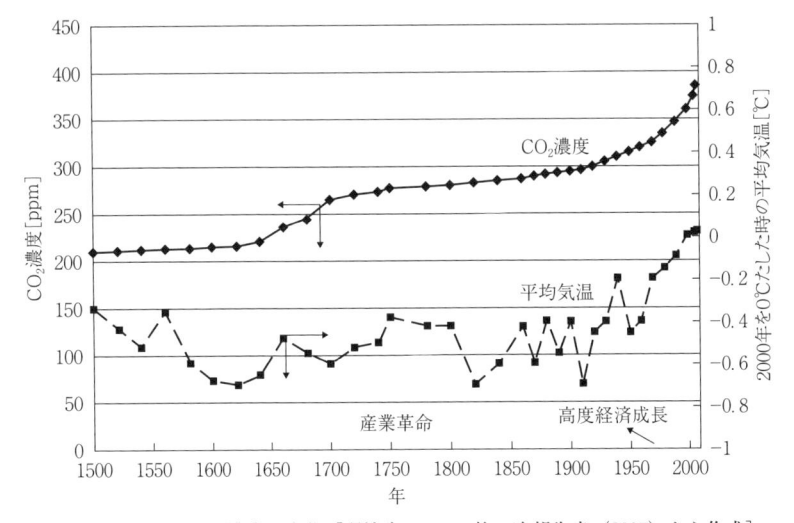

**図6.11** 気温と$CO_2$濃度の変化［環境省：IPCC第4次報告書（2007）から作成］

の気温の変化については種々のボーリングによって得られた過去の各種堆積物や樹木の年齢，氷床，貝殻などの自然物の記録や，気候に関する様々な情報を用いて復元された1300年間の値と1860年頃から計測機器によって測定された気温の全平均値を用いた．

$CO_2$濃度は18世紀から19世紀初めの産業革命後から上昇し始めている．これは石炭などの化石燃料をエネルギーとして使用し始めて大気中の$CO_2$濃度が上昇したことと一致している．さらに20世紀後半からは高度経済成長期となり，多量のエネルギー消費と多量消費による廃棄物の増加，森林の伐採による光合成の減少と海洋汚染による$CO_2$吸収の減少なども大きく影響している．また，一方では，気温の上昇によって海水からの$CO_2$放散が多くなるという説もあり，いずれにしてもこの$CO_2$濃度の上昇と共に気温も上昇しており，20世紀後半の上昇ペースが速く，海水面の上昇や気象の変化が観測され，生態系や人類の活動への悪影響が懸念されている．

### 6.2.3 地球温暖化対策
#### (1) 廃棄物と地球温暖化

化石系資源に由来する廃棄物の焼却に伴う$CO_2$の排出が大きな割合を占めているが，その他に食品廃棄物，紙類等のバイオマス系廃棄物を直接埋め立てた場合，$CO_2$よりも地球温暖化係数の大きな$CH_4$が発生したり，燃焼温度の低い焼却炉からは$N_2O$が発生する．これら廃棄物からの温室効果ガスの排出量削減には6.1.1項で述べたように，発生抑制（Reduce），再使用（Reuce），再生利用（Recycle）及び熱回収といった循環資源の利用が不可欠である．

最も効果が大きいのは，**発生抑制**で廃棄物の減量化である．再生利用においては，新たな化石系資源の節約やエネルギー消費量が減少するという効果もある．最終的には，焼却しなければならないときも廃熱利用の熱回収によって化石燃料の削減に寄与する．このように廃棄物の持っているエネルギーを有効利用することが，地球温暖化対策の面でも重要である．

#### (2) 地球温暖化の予測

世界中の科学者や政府関係者の努力によって深刻化する地球温暖化問題の研究成果が**IPCC**(Intergovermental Panel on Climate Change：気候変動に

関する政府間パネル）第4次評価書として公表された．この報告を受け，国連・温暖化防止枠組条約締約国会議（**COP**）において京都議定書以降の長期的な削減目標の交渉が進展するかどうかが問題である．この IPCC 第4次評価書に基づいて，地球温暖化対策の中期（2050 年），長期（2100 年）が検討され始めている．

この中期目標が設定された理由は，次のようである．地球温暖化を引き起こす温室効果ガスは表 6.2 に示したように $CO_2$ 以外に $CH_4$ や $N_2O$ などの種々のガスがある．京都議定書では6種類のガスを温暖化対策削減ガスとしている．2000 年における $CO_2$ の濃度は約 370 ppm であるが，これら6種類の温室効果ガス全部の影響をそれと等価な $CO_2$ ガス

表 6.2　地球温暖化係数（地球温暖化対策の推進）に関する法律施行令第4条（2009 年改正）

| 順位 | 温室効果ガス | 地球温暖化係数 |
| --- | --- | --- |
| 1 | $CO_2$ | 1 |
| 2 | $CH_4$ | 21 |
| 3 | $N_2O$ | 310 |
| 4 | HFCs* | 2,430 |
| 5 | PFCs* | 7,610 |
| 6 | $SF_6$ | 23,900 |

濃度に換算してみると約 430 ppm となり，その差は 60 ppm にも達する．この等価 $CO_2$ 濃度が温暖化を引き起こすとされている．さらに IPCC では主に農業活動から発生する $CH_4$ や $N_2O$ の削減については言及していないので，将来 100 ppm 程度の差が生じると考えられている．

仮に，2100 年頃に等価 $CO_2$ 濃度を 550 ppm に安定化することを削減目標とすると，$CO_2$ 単独濃度では $CH_4$ や $N_2O$ などの等価 $CO_2$ 濃度 100 ppm を差し引いた 450 ppm と大幅に減少することになる．2000 年を基準とすると約 80 ppm しか余裕がない．$CO_2$ 濃度の年間増加率は 1.5～2.0 ppm であるから，2050 年には 450 ppm に達してしまうことになる．これが 2050 年を注目する理由である．

そこで，中期目標までの世界人口と $CO_2$ 濃度の関係を図 6.12 に示す．世界の人口は増加の一途にあり，それに比例して $CO_2$ 濃度も増加している．京都議定書では 1990 年を基準とした削減対策が論じられたが，それ以後の人口と $CO_2$ 濃度の増加は急上昇する傾向にある．このように $CO_2$ 濃度削減を実施する場合の予測を IPCC 評価書の三つのシナリオと比較してみたのが図 6.13 である．2000 年の気温を 0°C とした場合の地球上の温度は 0.035～

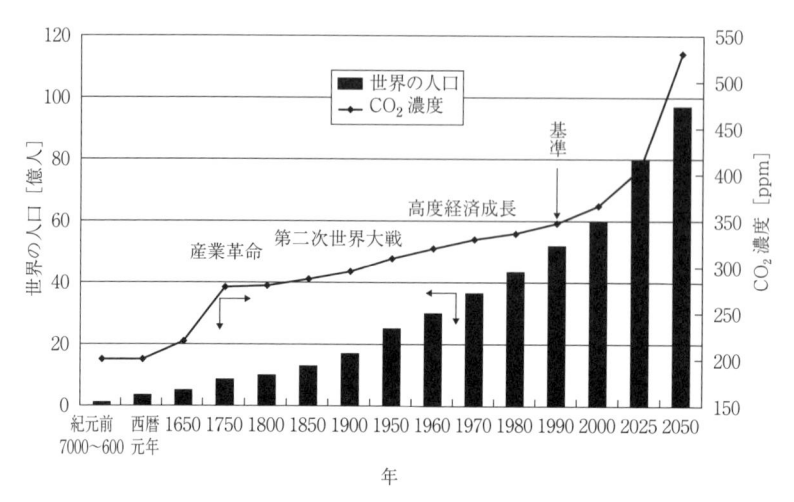

**図6.12** 世界の人口増加と$CO_2$濃度〔環境省：IPCC第4次報告書（2007）から作成〕

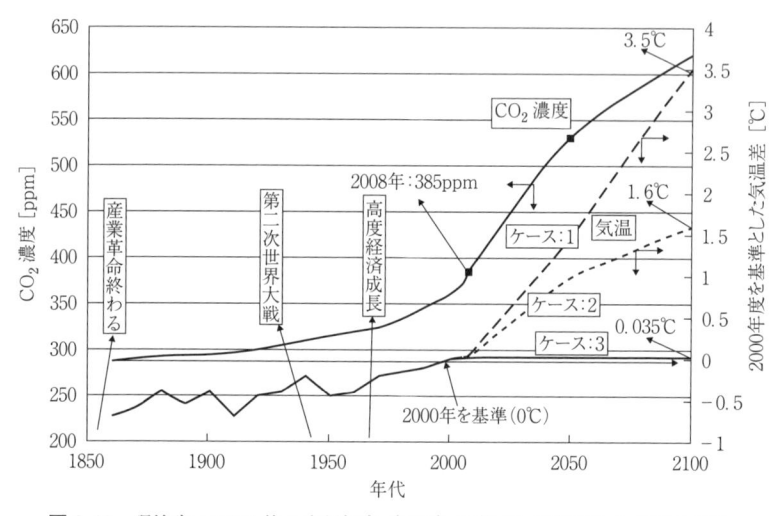

**図6.13** 環境省：IPCC第4次評価書（2007）に基づいて作成した気温の変化

3.5℃の上昇が予測できる．このシナリオとしてケース1は，化石燃料を現在の状態で使用する場合，ケース2は循環型社会が形成された場合，ケース3は現時点から非化石化を行った場合である．

この結果，ケース3が最も望ましいが，非現実的である．せめてケース2

の2100年までに気温上昇は2℃以下に抑制すべきである．そのためには，$CO_2$排出量を地球の吸収量になるまで削減し，ゼロエミッション世界を実現するか，大規模植林を行い，$CO_2$を大量に吸収させその森林バイオでエネルギーを供給し，回収した$CO_2$は地中に戻せばよい．このシステムは**BEPCCS**(Biomass Energy Production with Carbon Capture and Storage)と呼ばれている．

### (3) 温暖化対策の対応

温暖化対策として最も重要なことは，最終目標をどこに設けるかである．ヨーロッパ連合（EU：European Union）は地球大気温度を産業革命以前の自然の値に比べ2℃以内の上昇にとどめるという目標を掲げ，その対策を検討しているようである．そのために何をすべきか，その一つは$CO_2$の排出を次の式 (6.11) に示すような要因に分けて考える．

$$CO_2 = CO_2/E + E/GDP + GDP \quad (6.11)$$

この第一項は単独エネルギー当たりの$CO_2$排出量で，エネルギーの炭素集約率に対応し，第二項は単位**GDP**(Gross Domestic Product)当たりのエネルギーで経済のエネルギー集約率になる．第三項はGDPで経済生産そのものを表す．式(6.11)から各項の平均変化率の和が$CO_2$変化率となる場合，第一項，第二項の変化率は通常マイナスで，その意味は前者がエネルギーの脱炭素率，後者が経済のエネルギー率ということになる．過去においては省エネルギー貢献が脱炭素よりも大きな影響があった．しかし，将来を考えた場合，省エネルギーへの依存だけでは不可能であることから今後はエネルギーの脱炭素を考えるべきである．

そこで，図6.14に我が国の$CO_2$排出の構造を示した．発電，鉄鋼，自動車だけで60%を占めている．脱炭素にはこれらの部門での対応が重要である．第一の発電では，非化石燃料への転換で，再生可能エネルギー（水力，風力，太陽光など）利用が基盤となる．もう一つの手段として化石燃料を利用しつつ排出される$CO_2$を回収して地中などに貯留する技術で一般的に**CCS**(Carbon Capture and

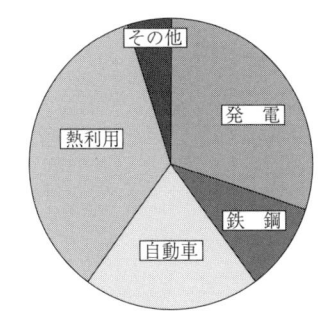

**図6.14** 我が国の$CO_2$排出構造 ［中部電力］

Storage)と略される．第二は自動車で，現在，石油燃料に依存しているのを転換することが最大の課題である．一つの解決策は炭素中位であるバイオマス原料とするエタノールなどの利用で，ブラジルなどではすでに実用の段階にある．もう一つの方向は水素を利用した燃料電池自動車あるいは直接電力を貯蔵して走る自動車であろう．第三の鉄鋼業では，石炭を利用した炭素による鉄鉱石の還元プロセスが中心であり，この脱炭素となると一つは発電の場合と同様に従来プロセス+CCSが，もう一つは炭素以外の元素による還元プロセスの導入である．後者の場合は，水素であるが非化石燃料から水素を作り出すことを考えねばならない．

以上のように温暖化対策の対応には，省エネルギー技術，自然エネルギー利用技術，CCS技術などの諸技術を中心に検討を行う必要がある．

### (4) $CO_2$ 分離回収と貯留

豊かな経済社会を維持しながら，低炭素社会を構築するためには化石エネルギーを有効に活用しながら次世代エネルギーが出現するまでの時間確保のためにCCS技術が有望視される．

圧力 $p$[Pa]で $n$[mol]の混合ガス中から $x$ モル分率の $CO_2$ を半透膜により等温圧縮で圧力 $p$ の $CO_2$ を分離する工程を考え，そのエネルギー $W_{CO_2}$[J・$mol^{-1}$]は気体定数 $R$，温度 $T$ とすると式(6.12)となる．

$$W_{CO_2} = nRT[x\log x + (1-x)\log(1-x)]/x \quad (6.12)$$

理想状態での分離エネルギーは，ガス濃度と初期の $CO_2$ モル分率のみの関数となり，$CO_2$ の分圧が大きく，低温になるほど小さくなる．$CO_2$ の分離回収法としては，吸収，吸着，膜，深冷分離があり，現状の排出源と $CO_2$ 分離回収法は表6.3に示すように，いろいろな組み合わせで検討が進められている．また，各種の $CO_2$ の分離原理を図6.15に示す．図中(a)の吸収・吸着法はそれぞれの反応，溶解，

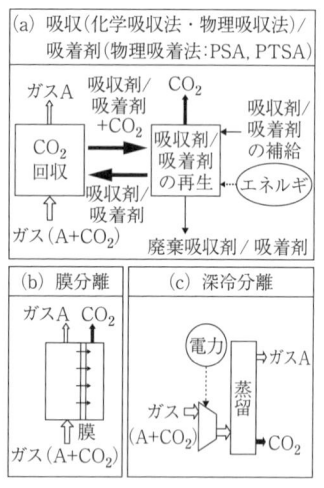

図6.15 $CO_2$ の分離原理[藤岡祐一：化学工学，71, 747 (2007)]

## 6.2 地球温暖化

**表 6.3 排出源と $CO_2$ 分離回収法**

| $CO_2$発生源 | 分離回収方法 | エネルギー (GJ/ton-$CO_2$) | $CO_2$固定コスト (円/ton-$CO_2$) | 現状 |
|---|---|---|---|---|
| 微粉炭燃焼 | 化学吸収 (新設発電所) | 2~3 | 3500~6100 | 関西電力・三菱重工が開発したKS液が最も低エネルギー。国内ではCOCSプロジェクト、欧州ではCASTORプロジェクト、米国ではAEPとAlstomのアンモニア系吸収液の開発が進展。ドライアイス・尿素原料用としては700トン-$CO_2$/日が稼働。 |
| | 化学吸収 (既設発電所) | | 5400~8800 | |
| | 吸着 | 3~6 | — | ゼオライト系吸着剤が発電用に開発が進められたが、ベンチスケール規模で中断中。新規な吸着剤が研究中。 |
| | 膜 | 0.7 程度 | — | 分離エネルギーは低いが、膜コストが高く微粉炭燃焼用としては、化学吸収法が有利。 |
| | 純酸素燃焼 | 2.5 | 1700~8600 | 微粉炭燃焼の要素技術をベンチスケール規模で開発中。 |
| 製鉄所高炉ガス | 化学吸収 | 1~2 | 2000~4000 | 高炉ガスに適したプロセス、吸収液、廃熱利用技術を開発中。ベンチスケールレベル。 |
| 石炭ガス化 (IGCC, $H_2$製造) | 物理吸収 | | 1600~4400 | 米国ダコタでルルギプロセスからレクチゾール法 (メタノールが吸収液) で、8000トン-$CO_2$/日回収。尿素製造プラントとして800トン-$CO_2$/日規模が稼働。 |
| | 物理化学吸収 | | | |
| | 膜 | 0.7 程度 | — | 加圧ガス向けの高い透過流速と選択性を持った膜を開発中。ラボレベルの開発段階。 |
| | 純酸素燃焼 | — | — | FS、小規模試験レベル。発電効率が55%以上との目標値を掲げる検討もある。 |
| 採掘天然ガスに随伴される$CO_2$ | 化学吸収あるいは膜分離+物理吸収 | — | — | 商業ベースであり、詳細な情報が公開されていない。 |
| $CH_4$あるいは石炭ガスをクリーンアップしたガス | 化学吸収法 | — | 4400~8900 | コンバインドサイクルへの適用例のFS段階。技術的には微粉炭燃焼と同等の技術。 |
| | 純酸素燃焼 | — | — | 各種プロセスが提案され、一部要素試験が実施されているレベル。 |

[藤岡祐一：化学工学, 71, 747 (2007)]

吸着を利用して，$CO_2$ を分離するのでそれぞれのシステムは似ている．(b) のように膜を用いて分離する場合は，圧力差及び膜構造と分子の大きさ，電界分子などの分子間インターラクションを用いて分離する．膜の開発が先決であるが，分離エネルギーは小さいといわれている．(c) の**深冷分離法**は冷却液化して液体の蒸気圧差を利用するため，他と比べて分離コストが高いが，排ガス中に分子量の大きい炭化水素を含む場合や高濃度の $CO_2$ を得るために用いられる．分離された $CO_2$ の貯留は地中隔離法や海洋隔離法さらには植物系での吸収が検討されている．地中隔離法の地中貯留は天然ガス田や枯渇油ガス田などで実施されている**帯水層貯留**で，これらの方法は地下に $CO_2$ ガスを圧入するために，まだまだ多くの技術的課題がある．

しかし，$CO_2$ に視点をおいて，鉱物固定が起こる地質条件を探ることも考えられる．例えば，次の式 (6.13) のような反応は魅力的である．

$$Ca^{2+} + 2OH^- + CO_2 \rightarrow CaCO_3 + H_2O \tag{6.13}$$

大気の $CO_2$ 濃度が上昇するとそれと平衡になるように海は $CO_2$ を吸収する．しかし，海には**温度躍層**があるため水深 100 m 程度を表層水，数千 m を**中深層水**に分かれていて，鉛直方向の拡散は時間がかかり，**表層水**はすぐに大気と平衡になるが，中深層に行き渡って大気・海洋システム全体に平衡になるのに数百年から数千年と予測されている．したがって，**海洋隔離法**は人工的に $CO_2$ をこの中深層まで送り込み海の $CO_2$ 吸収力を人為的に早めることによって自然のプロセスを人工的に促進する技術である．一方，この方法のリスクとしては中深海生物への影響が考えられるため，今後更なる調査と予測が必要である．

$CO_2$ 隔離貯留法として最も自然に近いのが植物の光合成により得られる樹木である．また，森林は成熟すると炭素固定はできず逆に腐敗によって $CH_4$ や $CO_2$ を排出する．そのため成熟した森林をバイオエネルギーとして利用し，その跡地に若木を植林するという循環型が必要である．また，砂漠地への植林と水循環を大規模に改変すれば 600 年間で大気中の $CO_2$ 蓄積をゼロにできるとの未来予測もある．さらに，世界の人口増から将来的には食糧危機になると予測できるので，分離回収した $CO_2$ を農産物食料に貯留するプロセスを考える必要がある．

植物は $CO_2$ を吸収して光合成によって成長すると考えられているので，

植物のCO₂吸収量は式(6.14)で算出されている．式中の**絶乾量**は乾燥器の温度を110～120℃に設定して恒量になった重量をいう．主な植物のCO₂吸収量を光合成速度で表6.4に示す．

植物の重量 − 植物の水分量 ＝ 植物の絶乾量 ＝ CO₂吸収量
(6.14)

表 6.4 植物の光合成速度

| 草本植物と植生区分 | | 光合成速度* [$g\text{-}CO_2 \cdot m^{-2} \cdot day^{-1}$] |
|---|---|---|
| 単子葉植物 | イネ | 9.84 |
| | オオムギ | 6.48 |
| | サトウキビ | 14.40 |
| | トウモロコシ | 9.60 |
| | オヒシバ | 18.48 |
| 双子葉植物 | サツマイモ | 5.76 |
| | アサガオ | 3.36 |
| | トマト | 5.28 |
| | ヒマワリ | 10.80 |
| 植生区分 | 田 | 3.01 |
| | 畑 | 3.29 |
| | 果樹園地 | 2.74 |
| | 牧草地 | 2.19 |
| | 針葉樹林（人工林） | 3.84 |
| | 針葉樹林（天然林） | 3.01 |
| | 常緑広葉樹林 | 5.48 |
| | 落葉広葉樹林 | 2.47 |
| | 竹林 | 2.74 |
| | 都市公園 | 1.37 |

＊図解生物学データブック，丸善(1986)から算出

## 6.3 水 環 境

水環境は，自然環境を育み，人間文明を支える主体であると同時に災害をもたらすものである．世界人口の急激な増加に対応した安全な水資源の確保のための技術開発が求められている．特に，発展途上の地域の水環境問題解決のための技術開発が望まれている．ここでは，水資源の確保と土壌・地下水の浄化について述べる．

### 6.3.1 水の循環と水利用
#### (1) 水 の 循 環

地球上に存在する水の量は，およそ14億km³であるといわれている．そのうち約97.5%が海水等であり，淡水は僅か約2.5%で，この大部分は南極・北極地域の氷や氷河として存在し，さらにはそのほとんどが地下水である．河川や湖沼などの水として存在する淡水の量はわずか0.01%（約0.001億km³）にすぎない（図6.16参照）

地球上の年降水総量は約57.7万km³/年で，陸上の年降水総量は約

11.9万km³/年で，その中で7.4万km³/年が蒸発により失われ，残りの4.5万km³/年のうち，表流水として，また0.2万km³/年が地下水として流出している．

このような水は土地と共に国土を構成する重要な要素であると共に，生命にとって必要不可欠なものである．しかし，人間活動は自然の水循環に対して大きな影響を及ぼしている．今後，人類及び生態系が水の恵みを持続的に享受できるように水資源を適切に利用していくことが重要である．

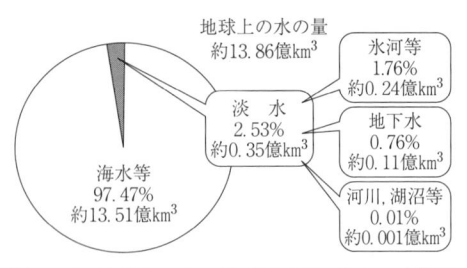

図6.16 地球上の水の量［国交省：日本の水資源（平成19年版）(2007)］

地球上の水の量 約13.86億km³
海水等 97.47% 約13.51億km³
淡水 2.53% 約0.35億km³
氷河等 1.76% 約0.24億km³
地下水 0.76% 約0.11億km³
河川，湖沼等 0.01% 約0.001億km³

### (2) 降水量

我が国は，世界でも有数の多雨帯であるモンスーンアジアの東端に位置し，年平均降水量は1660 mmで，世界（陸域）の年平均降水量約810 mmの約2倍となっている．しかし，この降水量に国土面積を乗じ全人口で除した一人当たり年降水量は，約5000 m³/人・年となり，世界の年降水総量約16000 m³/人・年の3分の1程度となっている．また，水資源として，理論上人間が最大限利用可能な量を**水資源賦存量**といって，降水量から蒸発散量を引いたものを当該地域の面積を乗じて求めた値で，一般的に平均水資源賦存量という．

世界の平均は，約8600 m³/人・年に対して，我が国は約3200 m³/人・年と2分の1以下であり，これは降水量が多いわりには地形が急峻で河川の流路長が短く，降雨が梅雨期や台風期に集中するため，水資源賦存量のうちかなりの部分が洪水となり，利用されないまま海に流出するためである．この降水量の経年変化を図6.17に示す．

この図から最近20～30年間は小雨の年と多雨の年の降雨水量の開きが次第に大きくなっており，100年前から比較すると約100 mmも減少している．これは，地球温暖化による気候変動によるものと考えられている．

### (3) 水資源の利用

水資源の利用状況については，図6.18に示すような水使用形態区分が行

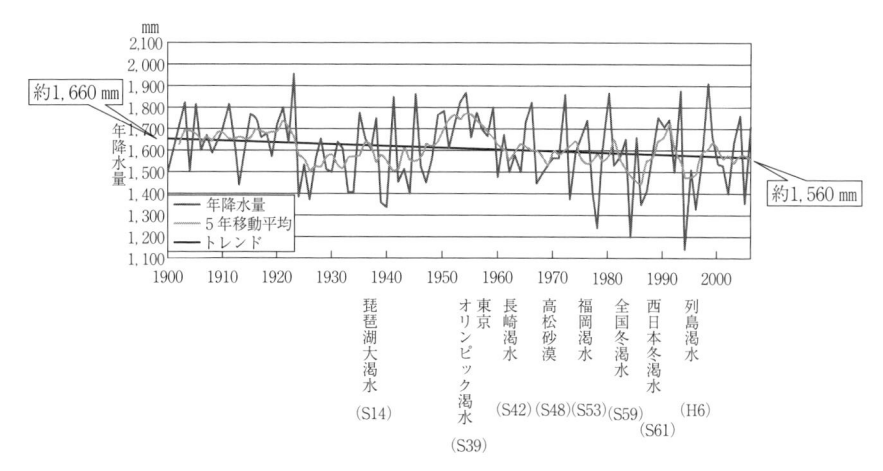

**図 6.17** 降水量の経年変化［国交省：日本の水資源（平成19年版）(2007)］

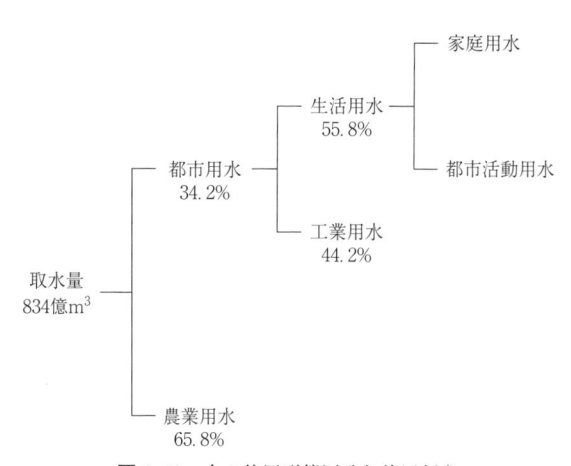

**図 6.18** 水の使用形態区分と使用割合

われている．図中の使用水量割合は全国の水道取水量を基準として算出した．水道から工場に供給している水量は，生活用水ではなく工業用水に計上してある．また，農業用水の使用量は，実際の使用量の計測が難しいため耕地の整備状況，かんがい面積単位水量，家畜飼養頭羽数などから国土交通省水資源で推計した値を用いている．なお，養魚用水や消・流雪用水，公益事業（電気事業，ガス事業及び熱供給事業）などは含んでいない．

2005年度の全国の水使用量は，合計で約834億 m³/年で，同じ年の降水量 6400億 m³/年の約13%であり，水賦存量 4100億 m³/年の約20.3%であることから，我が国の水資源においては省エネルギー効果が現れており，現状を維持していくべきである．なお，生活用水については地域格差が生じているが，生活水使用量を給水人口で除した一人一日平均使用量（都市活動用水を含む）は，307リットル/人・日で近年ほぼ同じ傾向にある．

## (4) 水　質

　水資源の利用は，それぞれの用途に応じた適正な水質の確保されていることを前提としている．河川・湖沼は都市用水の水源の約76%を占める．河川における水質環境基準の達成率は，上昇傾向にあり最近では約91.2%になっているが，湖沼では平均して約56%である．湖沼の一部では，栄養塩類の流入などによる**富栄養化**が進み，アオコ等の発生による悪臭や水道水のかび臭等の問題が生じている．また都市用水の水源の約25%を占める地下水の一部で硫酸性窒素及び亜硝酸性窒素等による汚染がみられる．さらに農村部においては，生活排水の流入による河川や農業用排水路等の水質悪化が問題となっている例もある．

　河川・湖沼の水質を保全するために，水質汚濁に係わる環境基準の設定，工場，事業場からの排水の規制，生活排水処理施設の整備，河川等における浄化など，種々の対策が実施されている．環境基準については，人の健康の保護に関する環境基準と生活環境の保全に関する環境基準からなり，水生生物保全の観点から新たに全亜鉛が生活環境項目として設定されている．生活排水対策については，地域の特性や実情に応じ，下水道や浄化槽など各種生活排水処理施設の普及が図られている．これらの生活排水処理施設の普及状況を人口で表した汚水処理人口普及率でみると，約82.4%である．

　安全で良質な水の確保のために，浄水場においては浄水過程に注入される塩素と反応して生成される**トリハロメタン**の低減化が図られている．水源となる河川・湖沼等においては**ダイオキシン類対策特別措置法**に基づき，ダイオキシン類の水質基準が設定された．そして近年はミネラルウォーターの年間生産実績が急激に伸びると共に浄水器の家庭での普及が進んでいる．

## 6.3.2 地下水と土壌・地下水浄化
### (1) 地下水

水循環系において，図 6.16 に示したように地球上の水の量の 0.76％に相当する約 0.11 億 km³ が地下水として存在する．この地下水は河川の流量の安定化，土壌等による水質浄化やミネラル成分の付与，自然環境の保全や湧き水等による水辺空間の形成など，重要な役割を果たしている．そして，年間を通じて温度が一定で低廉であるなどの特徴から良質で安価な水資源として幅広く活用されてきた．しかし，地下水の多量の採取は**地盤沈下**や**塩水化**といった**地下水障害**が発生し，大きな社会問題となったため，法律や条例等によって採取規制や河川水の水資源転換などの地下水保全対策が実施されている．冬暖かく，夏は冷たいという恒温性をもつ地下水は貴重な熱エネルギー源として，積雪地域の地域交通の確保のための消雪，屋根雪の処理のほかヒートポンプ等の熱利用機器による冷暖房等に利用されている．さらに帯水層の地下水を熱エネルギーの貯蔵に利用する技術開発も進んでいる．地下水の良質な特性を付加価値としたミネラルウォーター，缶飲料等の飲食品，日本酒の製造，化粧水等の日用品が開発されている．また災害時の水源としての計画や表流水の開発が困難な地域での地下ダムや都市部における表流水調整用地下ダムも広義の地下水と考えるべきである．

### (2) 土壌・地下水の汚染

1982 年の環境省調査で**ハロカーボン**（フッ素，塩素，臭素，ヨウ素を含んだ炭化水素化合物の総称）による全国的な地下水汚染が見出された．1992 年から「**水質汚濁防止法**」の改正によって地下水汚染の体系的監視が始められ，炭化水素や重金属など多様な有害物質による土壌や地下水の汚染が明らかとなった．土壌・地下水での汚染物質の存在形態や挙動は，その性状や土壌の状況によって大きく異なる．ハロカーボンは，重い液体であることから土中深くまで浸透し，滞水帯付近に滞留する．一方で，揮発性であることから間隙ガス中にも高濃度で存在する．また土壌に吸着しやすい重金属は，表層の土壌粒子に吸着して存在する．このような汚染物質の暴露は主に地下水の利用を通して起こるため，土壌と地下水の両方が汚染されているおそれがある．

土壌・地下水汚染の浄化対策技術は図 6.19 に示すように分類できる．我

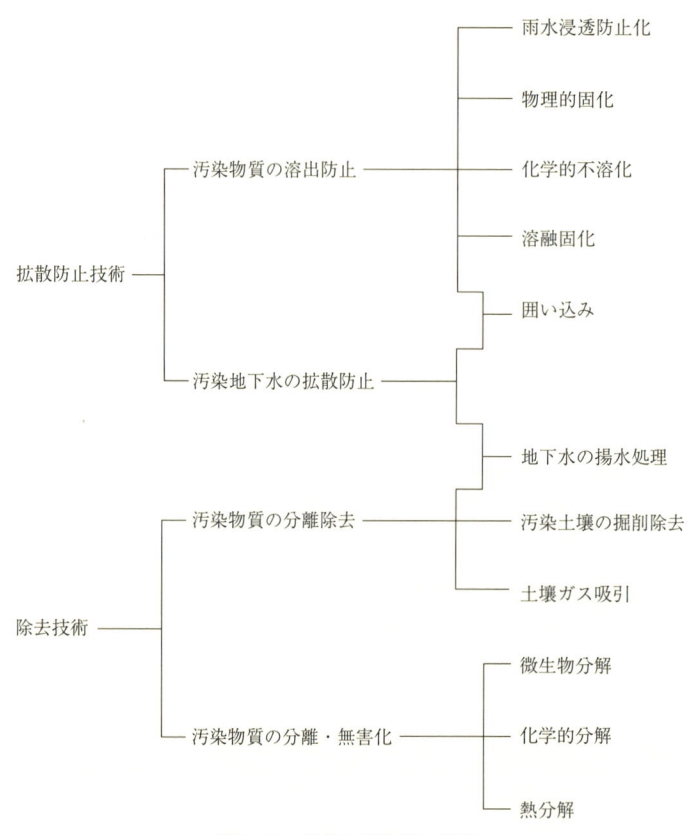

```
拡散防止技術 ─┬─ 汚染物質の溶出防止 ─┬─ 雨水浸透防止化
             │                      ├─ 物理的固化
             │                      ├─ 化学的不溶化
             │                      ├─ 溶融固化
             │                      └─ 囲い込み
             └─ 汚染地下水の拡散防止 ─ 囲い込み

除去技術 ─┬─ 汚染物質の分離除去 ─┬─ 地下水の揚水処理
         │                      ├─ 汚染土壌の掘削除去
         │                      └─ 土壌ガス吸引
         └─ 汚染物質の分離・無害化 ─┬─ 微生物分解
                                   ├─ 化学的分解
                                   └─ 熱分解
```

**図 6.19　浄化対策技術の分類**

が国では，当初重金属類の暴露防止が対象であったためにコンクリート槽による遮断，遮水，覆土や不溶化などの拡散防止技術が用いられていた．しかし，分解が可能なハロカーボンや揮発性有機化合物（**VOC**：Volatile Organic Compounds）等の分解・除去が対象となり，除去対象技術の割合が増えている．そのため土壌中から汚染物質を取り出す場合は，除去した汚染物質が再び環境汚染を引き起こさないように，排ガス，排水及び廃棄物として適切に処理する必要がある．一方，重金属は分解・無害化できないため，保管管理する必要があるが，永久的に封じ込めることはできないので，できるだけ汚染物質を濃縮して資源としての再利用をする技術開発が必要で

ある.

　土壌・地下水汚染は直接触れる機会が少ないことと，対策の実施には多額の経費がかかるため，汚染土壌・地下水の浄化対策への取り組みは十分ではない．今後，土壌・地下水汚染の汚染対策を推進するためには，より安価な経費で2次汚染を出さないように浄化できる技術開発が必要である．

### 6.3.3　21世紀末に向けての水循環構想

　地球環境問題は21世紀末を長期目標とした対策が検討されている．世界的に人口の増加は止まらないとすれば，人々の定住策による森林伐採，焼き畑，過放牧によって乾燥地の拡大（**砂漠化**）は避けられない．この拡大を阻止するためには，地下水開発と淡水化技術との組み合わせ，緑化の斬新的拡大が地道に行われる必要がある．砂漠化は，気候の温暖化も加わり拡大傾向にあるようで，科学的に食い止めることができるかどうかは水循環の大きな変動の予測可能性にも関連し，将来的な大きな問題の一つである．

　我が国は降水量に恵まれ水資源の枯渇に悩む地域は余り多くなく，砂漠化・塩害とも無縁である．都市に住めば，豪雨期の水・土砂災害の影響も受けにくく，水汚染に気づくことなく生活できる．しかし，地球温暖化の進行と共に，経験的予測から逸脱した突然的・破壊的水災害問題と蓄積型・非実害的水環境問題（例えば，富栄養化，地下水汚染，人工物による環境変化など）はどの地域にも常に存在し，改善の糸口の見つからないものも多いため，今後も国，自治体，研究者，技術者の取り組みが必要である．さらにより広範囲の水問題は，国内より海外発展途上地域にある．砂漠化，塩害，水の枯渇など様々なスケールの水汚染，災害問題は尽きない．

## 6.4　大 気 環 境

　大気環境について最も注目されていることは地球温暖化ガスの排出抑制である．この地球温暖化ガスについては6.2節で述べたので，ここでの大気汚染は火山噴火などの自然災害ではなく，人間の経済的，社会的活動によって大気が有害物質で汚染され，人の健康や生活環境，動植物等に悪影響が生じる状態をいい，その原因と対策について述べる．

## 6.4.1 大気汚染の原因（汚染物質）

自然には自然の浄化作用があって，それぞれの物質を処理して自然環境を維持している．大気においても同様に大気の浄化処理能力以上の物質が大気に溢れたとき，大気が汚染されたことになる．過去の症例や研究成果に基づいて，汚染された大気によって人の健康（呼吸器に悪い影響を与える）や生活環境に悪影響が生じた物質や生じる恐れのある物質を大気汚染物質といい，その主なものは浮遊粒子状物質（**SPM**：Suspended Particulate Matter），二酸化窒素（窒素化合物），亜硫酸ガス（硫黄酸化物），揮発性有機化合物（VOC），ダイオキ

```
ばい煙 ─┬─ 硫黄酸化物（SOx）
        ├─ ばいじん（すすなど）
        ├─ 有害物質 ─┬─ 窒素酸化物（NOx）
        │            ├─ カドミウム及びその化合物
        │            ├─ 塩素及び塩化水素
        │            ├─ フッ素，フッ化水素及びフッ化ケイ素
        │            └─ 鉛及びその化合物
        └─ 特定有害物質（未指定）

粉じん ─┬─ 一般粉じん（セメント粉，石炭粉，鉄粉など）
        └─ 特定粉じん（石綿）

自動車排ガス ─┬─ 一酸化炭素（CO）
              ├─ 炭化水素（HC）
              ├─ 鉛化合物
              ├─ 窒素酸化物（NOx）
              └─ 粒子状物質（PM）

特定物質 ── 化学合成・分解その他の化学的処理に伴い発生する物質
            のうち人の健康又は生活環境に被害を生ずるおそれの
            ある物質：28種類（フェノール，ピリジンなど）

有害大気汚染物質 ── 有害大気汚染物質に該当する可能性のある物質：234種類
                    └─ うち優先取組物質：22種類
                        └─ 指定物質：4種類
                            （ベンゼン，トリクロロエチレン，
                             テトラクロロエチレン，ダイオキシン類）
            ※ダイオキシン類については指定物質とされていたが，ダイ
              オキシン類特別措置法により対策が進められることになっ
              たため，平成13年1月に指定物質から削除された．
```

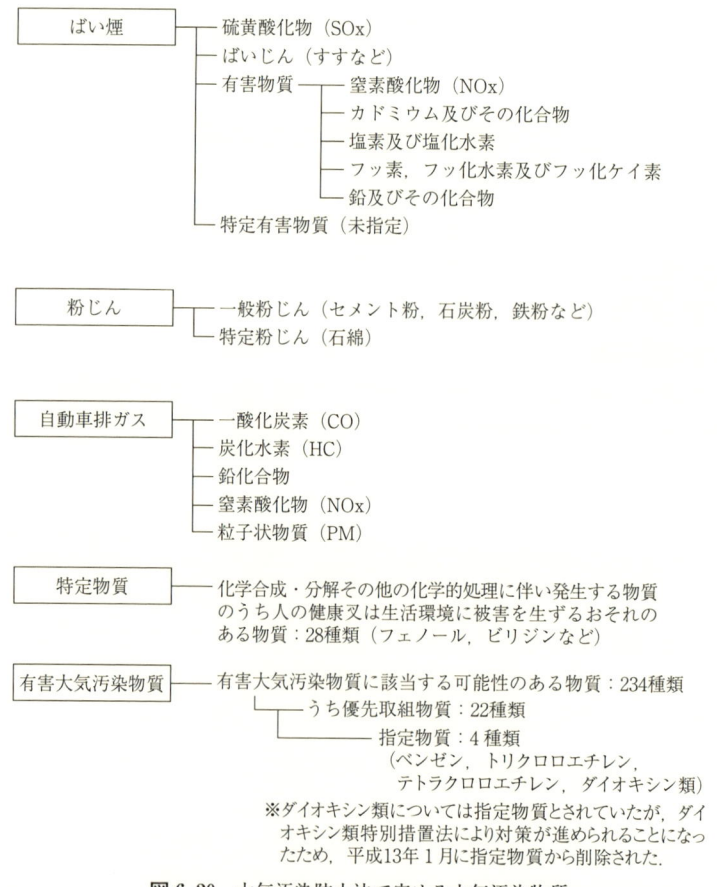

**図 6.20　大気汚染防止法で定める大気汚染物質**

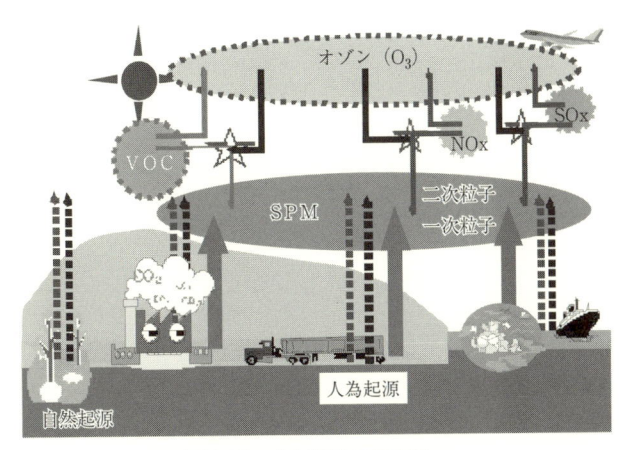

図 6.21　大気汚染の概念図

シンなど多岐にわたり，アスベストやスス，黄砂などの粉塵も大気汚染物質に含めるという考えもある．

　大気汚染防止法で定められている大気汚染物資を図 6.20 に示す．これらの大気汚染物質は，図 6.21 に示すように自然に発生（**自然起源**）する場合と工場などの固定発生源，自動車などの移動発生源など，人が社会活動を行うことによって発生する場合（**人為起源**）とがある．そして，発生する形状もガス，エアロゾル（大気中に浮遊している固体・液体の微粒子状物質），粒子と様々で，我が国では，1960 年代から 1980 年代にかけて工場から大量の硫黄酸化物（$SO_x$）等が排出され，工業地帯など工場が集中する地域を中心として著しい大気汚染が発生した（四日市の大気汚染）．

　最近では，大都市を中心に自動車特にディーゼル車から排出される窒素酸化物（$NO_x$）および浮遊粒子物質（SPM）による大気汚染が問題となっている．この SPM は，大気中に浮遊する粒子状物質のうち，粒子径が 10 $\mu$m 以下のもので工場などから排出される煤塵や粉塵，ディーゼル車の排出ガス中に含まれる黒煙など人為的発生源によるものと，土壌の飛散など自然発生源によるものがあり，発生源から直接粒子として大気中に排出される一次粒子と，ガス状物質として排出されたものが大気中で光化学反応により粒子に変化する二次粒子に分類される．そして，粒子径 2.5 $\mu$m 以下を PM2.5 という．SPM の中でもディーゼル機関からの排気微粒子（**DEP**：Diesel Emitted Particulate）につい

**表 6.5 特定物質**

アンモニア，フッ化水素，シアン化水素，一酸化炭素，ホルムアルデヒド，メタノール，硫化水素，リン化水素，塩化水素，二酸化窒素，アクリルアルデヒド，二酸化硫黄，塩素，二酸化炭素，ベンゼン，ピリジン，フェノール，硫酸，フッ化ケイ素，ホスゲン，二硫化セレン，クロロ硫酸，黄リン，三塩化リン，臭素，五塩化リン，ニッケルカルボニル，エンタチオール（エチルメルカプタン）

**表 6.6 優先取扱物質**

アクリロニトリル，アセトアルデヒド，塩化ビニルモノマー，クロロホルム，クロロメチルメチルエーテル，酸化エチレン，1.2-ジクロロエタン，ジクロロメタン，水銀及びその化合物，タルク，ダイオキシン類，テトラクロロエチレン，トリクロロエチレン，ニッケル化合物，ヒ素及びその化合物，1.3-ブタジエン，ベリリウム及びその化合物，ベンゼン，ベンゾ(a)ピレン，ホルムアルデヒド，マンガン及びその化合物，六価クロム化合物

ては，発ガン性が疑われていることに加え，動物実験においてぜん息様の病態が認められるなど，アレルギー疾患との関連が指摘されている．また，図6.20に示した特定物質は大気汚染防止法第17条で規制対象となっている28種類の物質で表6.5に示す．さらに，有害大気汚染物質は234種類といわれ，そのうち優先取組物質は表6.6に示すように22種類とされている．世界保健機構（WHO：World Health Organization）では，発ガン性や動物実験での報告で奇形，甲状腺機能低下，生殖器官の重量や精子形成の減少，免疫機能の低下などを引き起こすとされている．ポリ塩化ジベンゾ-パラ-ジオキシン（PCDP 75種類），ポリ塩化ジベンゾフラン（PCDF 135種類），コプラナーポリ塩化ビフェニル（コプラナー PGB 10種類）を総称してダイオキシン類としている．これらはダイオキシン類特別措置法によって対策が進められている．このダイオキシン類はごみの燃焼過程など，炭素，酸素，水素，塩素が熱せられるような過程で非意図的に生成するといわれている．

　SPM や光化学スモッグの原因物質である VOC は，常温では揮発性を有し，大気中で気体となる有機化合物の総称で，WHO による分類では沸点に応じて4種類（表6.7）に分類されている．沸点が50℃以上で，240〜260℃までの有機化合物を VOC と定義することができる．そして，この範囲内にある物質で大気汚染に関与する物質を**有害大気汚染物質**（234種類）として指定している．

表6.7 WHOによる有機化合物の分類

| 化合物名 | 略記号 | 沸点範囲 |
|---|---|---|
| Very Volatile Organic Compounds | VVOC | 0~50℃ – 100℃ |
| Volatile Organic Compounds | VOC | 50~100℃ – 240~260℃ |
| Semi Volatile Organic Compounds | SVOC | 240~260℃ – 380~400℃ |
| Particulate Organic Compounds | POC | 380℃以上 |

## 6.4.2 大気汚染の理論
### (1) 煙の排気速度と濃度

一般に,煙突から排出される煙は適当な排出速度を持っている.この排出速度に浮力による上昇分を加えると煙突の出口部分からの煙の上昇分が求められる.

$$\Delta H = [1.5(V \cdot d) + 0.4 Q_H]/U \tag{6.15}$$

$$Q_H = (\pi/4) d^2 V [T_1/(T_1+\Delta)] \rho C_p \tag{6.16}$$

ここで,$\Delta H$:煙の上昇分[cm·s$^{-1}$],$V$:排気速度[cm·s$^{-1}$],$d$:煙突の口径[cm],$U$:風速[cm·s$^{-1}$],$Q_H$:浮力による上昇分[$\Delta$Cal·s$^{-1}$],$T_1$:大気の温度[K],$T_1+\Delta$:排気ガスの温度[K],$C_p$,$\rho$:$T_1$での空気の比熱と密度

なお,風速に逆比例する定数1.5は実験的に求められた係数である.また,0.4が単位を調整するための次元を持っているので,必ずc.g.sの単位を用いることになっている.煙突から上昇した煙が大気中を広がっていく様子から煙の濃度を求める.

煙の中の濃度分布は正規分布として煙の幅を標準偏差で表せば,中心濃度の$1/\sqrt{e}$が煙の幅である.また中心濃度の1/10になる点をとって煙の幅(h)を表しても良いとされている.ここでは,1/10なる幅を用いて濃度を表す式を示す.1分間に放出される質量を1(質量の単位は任意で1 mg·min$^{-1}$ならば濃度はmg·m$^{-3}$となる.)とすれば,煙の濃度は次式で求められる.

$$C = 2.86 \times 10^{-3} F_1(h/H)/ux\theta h \tag{6.17}$$

ここで,$u$:平均風速[m·s$^{-1}$],$x$:風下方向の距離[km],$\theta$:縦方向の広がり[m],$F_1(h/H)$:煙突ファクター,$H$:煙突の高さ[m]

$\theta$,$F_1(h/H)$は表6.8,図6.22,図6.24から求められる.

表6.8 大気安定度（気象条件）[木村恒行：公害の理論, p.43, 朝倉書店 (1971)]

| 地上10 mにおける風速 | 昼　　　間 | | | 夜　　　間 | |
|---|---|---|---|---|---|
| | 日　射　量 | | | 薄い雲が全天をおおっているか, 低い雲が全天の半分以上 | 全天の半分以下の雲 |
| | 強い | 中程度 | 弱い | | |
| $<2\,\mathrm{m\cdot sec^{-1}}$ | A | A–B | B | – | – |
| 2～3 | A–B | B | C | E | F |
| 3～5 | B | B–C | C | D | E |
| 5～6 | C | C–D | D | D | D |
| >6 | C | D | D | D | D |

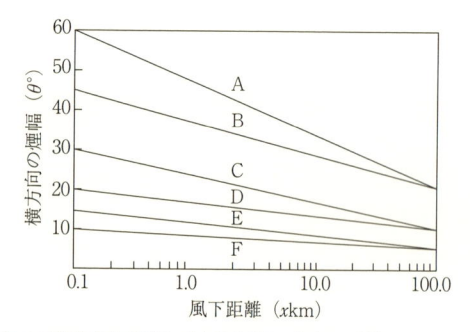

図6.22　横方向の煙幅と風下距離 [木村恒行：公害の理論, p.43, 朝倉書店 (1971)]

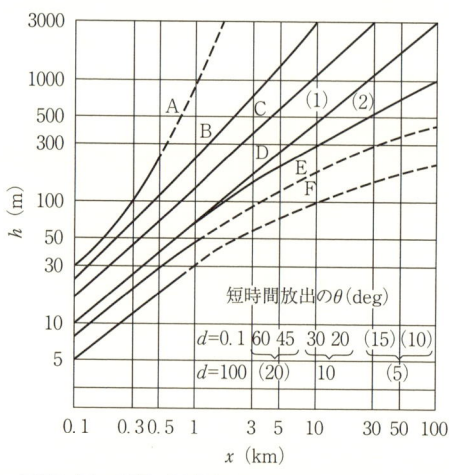

図6.23　縦方向の煙幅と風下距離 [木村恒行：公害の理論, p.43, 朝倉書店 (1971)]

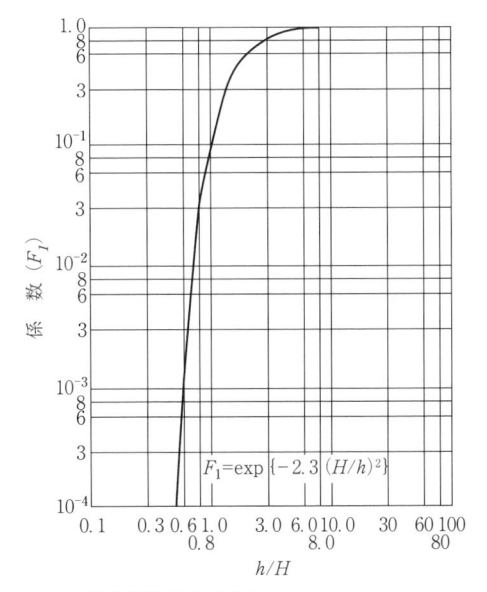

**図 6.24** 煙突係数 $F_1$ と h/H
[木村恒行：公害の理論, p.43, 朝倉書店 (1971)]

**[例題 6.2]** 煙突の高さ 50 m, 風速 5 m/s, 夜間で晴れて雲なし, 風下 1 km の濃度を求めよ.

**[解]** 表 6.8 から晴れて雲がないことから気象条件は $E$ と決める. 図 6.22 より, 1 km の横方向の煙幅 $\theta$ は 11, 図 6.23 より 1 km の $h$ は 46 m と求められる.

$$h/H = 46/50 = 0.92$$

図 6.24 より, $F_1 = 7 \times 10^{-2}$

$$C = (2.8 \times 10^{-3})(7 \times 10^{-2})(46/50) = 7.28 \times 10^{-7} \ [1 \cdot m^{-3}]$$

したがって, 1 分間 5 mg の放出量ならば $3.64 \times 10^{-6}$ [mg·m$^{-3}$]

### (2) 光化学と光化学オキシダント

光化学過程の初期段階において 1 個の吸収光子は 1 個の吸光分子を活性化するという Einstein の光化学当量の法則 (**光化学第 2 法則**) によって光エネルギーは式 (6.18) で求められる.

$$1 \text{ einstein} = N_0 hC/\lambda = 1.2 \times 10^{-1}/\lambda \ [J \cdot mol^{-1}] \tag{6.18}$$

ここで，$N_0$：アボガドロ数，$h$：プランク定数，$C$：光速，$\lambda$：波長

例えば，$\lambda = 100$ nm の光の持つエネルギーを求めると 1200 kJ·mol$^{-1}$ となり，化学結合の C–C 結合エネルギーが 335 kJ·mol$^{-1}$，C–H 結合が 410 kJ·mol$^{-1}$，O–H 結合が 456 kJ·mol$^{-1}$ であることから，100 nm の光が吸収されれば反応が起こることになる．

[**例題 6.3**] 大気中の窒素酸化物や揮発性有機化合物（非メタン系炭化水素）が太陽光（紫外線，$\lambda = 10 \sim 400$ nm）を受けた場合の反応を考えてみよ．

[**解**] 光エネルギーは，式 (6.18) から，12000〜300 kJ·mol$^{-1}$ となる．まず，図 6.25 の (a) のように次の反応が起こる．

太陽光
$$NO_2 + O_2 \rightarrow NO + O_3 \tag{6.19}$$
$$NO + O_3 \rightarrow NO_2 + O_2 \tag{6.20}$$

大気中に非メタン炭化水素（ベンゼン，トルエン，キシレン等：NMHC）が存在するので，図 6.25 の (b) に示すように式 (6.19) の NO は $O_3$ ではなく，NMFC の酸化によって過酸化ラジカルと反応して $NO_2$ に戻るため，$O_3$ が消費されず，逆に急速に生成されるようになる．

太陽光
$$NMHC + OH + O_2 \rightarrow RO_2\cdot + H_2O \tag{6.21}$$
$$RO_2 + NO \rightarrow RO\cdot + NO_2 \tag{6.22}$$

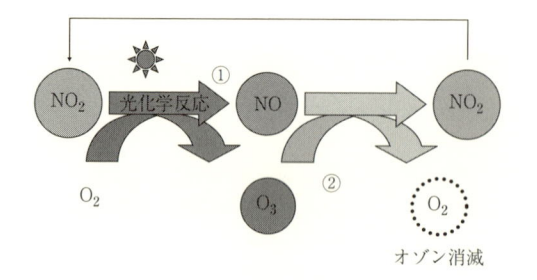

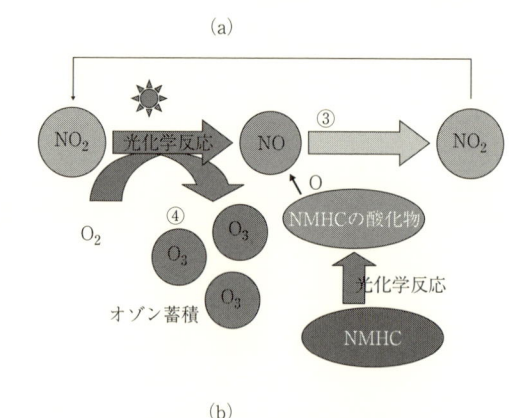

**図 6.25** 光化学オキシダントの生成過程
［光化学オキシダント対策検討会報告 (2005)］

これらの反応によって，オゾン，パーオキシアシルナイトレート，パーオキ

シベンゾイルナイトレートなどのオキシダントやアルデヒドなどの還元性物質といった汚染物質を生成する．これらのうち $NO_2$ を除いたものが光化学オキシダントと呼ばれ，気象条件によっては光化学スモッグとなり，粘膜や農作物への影響を及ぼしている．

### 6.4.3 大気環境対策

大気環境は，大気汚染物質の有無によって左右される．自然起源による汚染物質の規制は困難であるので，人為起源による汚染物質を規制することが大気環境を守ることになる．その一つの例として，東京都は2003年10月からディーゼル車走行規制等を実施した．

その結果，図6.26に示すように，自動車の排気ガス測定局のSPMは，2年後（2005年）から環境基準値を達成している．

したがって，人為起源の汚染物質については法的規制を設定し，それを経済・社会情勢と調和して如何に遵守させるかがこれからの課題である．

これまでの大気汚染防止法では，ばい煙（硫黄酸化物，窒素酸化物，ばいじん等），粉じん，特定物質，自動車排ガスの規制は行われてきた．その後，浮遊粒子状物質（SPM）や光化学オキシダントの生成要因の一つとされるVOCの排出規制については，人への直接の有害性がないため，SPMや光化学オキ

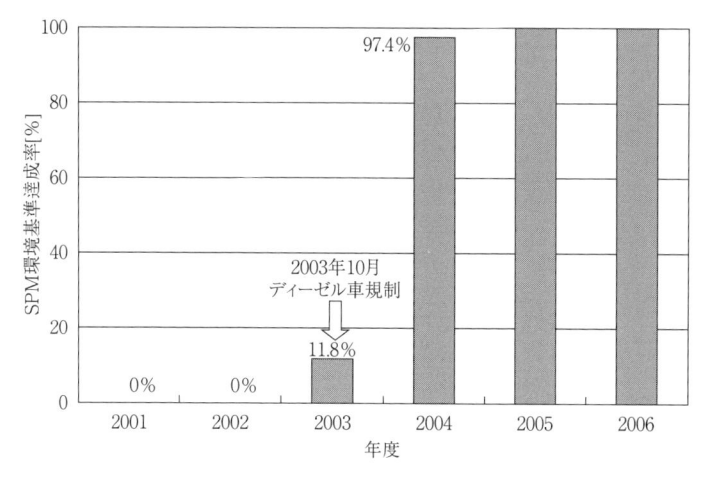

図 6.26 ディーゼル車規制と環境基準達成率（東京都）

シダントなどの間接的リスクを改善するという対策で，事業者にとっては費用対策効果の高い方法が実施できるように「法規制」と「自主的取組」の組み合わせた制度で **PRTR**（Pollutant Release and Transfer Register：化学物質排出移動量届出制度）法を制定した．この制度は1970年代にオランダで，また1980年代に米国で導入された．その重要性が国際的に認められはじめたのが，1992年に開催された地球サミットで，ここで採択された「アジェンダ21」や「リオ宣言」の中でPRTRの考え方が示された．その後，**OECD**（Organisation for Economic Co-operation and Development：経済開発機構）による普及と積極的な取組が始まり，我が国も1999年に法制化し，対象物質は354物質で2010年以後は462物質となる．

　この制度は対象物質としてリストアップされた化学物質を製造したり使用したりしている事業者（民間の企業だけでなく，国や地方公共団体などの廃棄物処理施設や下水処理施設，教育研究期間などを含む．）は，環境中に排出した量と廃棄物として処理するために事業所の外へ移動させた量を自ら把握し，年に一回国に届ける．国はその届出データを集計するとともに，届出の対象にならない事業所や家庭，自動車などから環境中に排出されている対象化学物質の量を集計して，二つのデータを併せて公表する．これによって事業者自らの排出量の適正な処理に役立つとともに，市民と事業者，行政との共通基盤となり，化学物質の環境リスクの削減が図れる．

　これからの環境保全は，限られた物質を個別に規制していくのではなく，多くの物質の環境リスクを全体として削減することが必要である．化学物質は事業活動だけでなく，消費者（市民）による製品等の使用消費によっても環境中に排出されている．したがって，化学物質の環境リスクを減らすためには，市民も自らの生活を点検し，化学物質の使用量を減らしたり，再利用することが必要で，行政だけでなく事業者や市民もそれぞれの立場で取り組むことが大切である．

〈参考文献〉

茅　陽一編：地球環境工学ハンドブック，オーム社（1991）

環境省編：平成20年版環境循環型社会白書（2009）

時間と空間（homepage3, niffycom/iromono/kougi/timespace/timespace：html）（2002）

日本鉱業協会：平成15年度報告書（2004）

東北大学理学研究科：大気海洋変動観測研究所ホームページ（2003）
川平浩二，牧野行雄：オゾン消失，読売新聞社（1989）
安藤淳平：化学工学会第 22 回秋季大会要旨集，p547（1989）
地球温暖化対策の推進に関する法律施行令第 4 条（2009）
環境省：IPPC 第 4 次報告書（2007）
光化学オキシダント対策検討会：光化学オキシダント対策検討会報告（2005）
武田邦彦：日本人はなぜ環境問題にだまされるのか，PHP 新書（2008）
図解生物学データブック，丸善（1986）
国交省：日本の水資源（平成 19 年版）（2007）
木村恒行：公害の理論，朝倉書店（1974）
茅　陽一：化学工学，71，738（2007）
藤岡祐一：化学工学，71，747（2007）
小島紀徳：化学工学，71，759（2007）
竹下健二：化学工学，72，570（2008）
丸山康樹：化学工学，71，743（2007）

## 演習問題

6.1　循環基本法は，3R という廃棄物処理の優先順位を明確にしている．これを具体的に説明せよ．　　　　　　　　　　　　　　　　　　　　　（略）

6.2　廃棄物処理法における廃棄物の定義と区分について調べよ．　　（略）

6.3　廃棄物は有価鉱山ともいわれているが，レアメタルの回収方法を調べよ．
　　　　　　　　　　　　　　　　　　　　　　　　　　　　　　（略）

6.4　地球への太陽エネルギーは，1343 $W \cdot m^{-2}$ である．地球の大気はその 30% を反射する．大気中に進入するエネルギーと定常状態が成り立っているとして，大気から宇宙に出ていくエネルギーを求めよ．　　　　　（940 $W \cdot m^{-2}$）

6.5　水は温室効果に寄与するが，京都議定書では水に対する排出目標値が定められていない．その理由を説明せよ．　　　　　　　　　　　　　　（略）

6.6　電圧変圧器の絶縁や製錬工程のカバーガスとして使われている六フッ化硫黄（$SF_6$）は温室効果ガスとして地球温暖化係数も $CO_2$ の 23,900 倍であるのに余り注目されない理由を調べよ．　　　　　　　　　　　　　　　　　（略）

**6.7** 火山から放出される $SO_2$ の量は，地球全体で年平均 $19 \times 10^6$ トンと推定されている．この $SO_2$ の中に含まれる硫黄の質量を求めよ． ($9.5 \times 10^6$ トン)

**6.8** 牛や羊は，1年間に7300万トンの $CH_4$ を放出すると見積もられている．これだけの質量の $CH_4$ に入っている炭素のトン数を求めよ． ($55 \times 10^6$ トン)

**6.9** 体重70 kgの成人男性は，$CO_2$ を平均385.4 kg-$CO_2$/年排出しているという．この $CO_2$ ガスの50%をオヒシバに吸収させるとして必要な面積を求めよ．

($28.7 \, m^2$)

**6.10** 水500 mℓ入りボトル1本にはカルシウムが39 mg含まれていると標記されている．1日当たり推奨されているカルシウムの摂取量の4%($Ca^{+2}$) が得られる．

①ラベルに記されている値から1日当たり推奨されているカルシウム摂取量をmg単位で逆算せよ．

②この摂取量は，全ての人に当てはまるか否かを理由つけて説明せよ．

③必要なカルシウム量を水だけで摂取するためには，500 mℓ入りのボトルを1日何本飲まなければならないか． (974 mg/日，略，25本)

第 7 章

# 生物化学工学

　1953 年にワトソンとクリックが DNA の二重らせん構造を明らかにして以来，生物科学が飛躍的な進歩をとげ，遺伝，増殖，代謝などの複雑な現象が分子レベルで解明されてきた．これらの知見は生物利用の工学に応用されており，「21 世紀はバイオの世紀」といわれている．

　生物化学工学は生化学反応を工業的に利用して有用物質を生産する化学技術であり，バイオの分野における化学技術者の役割は，生物反応を産業規模で行わせるための技術を担当し，生産プラントの設計と最適な操作条件を決めることである．このためには，生物反応の特徴を良く理解し利用することが重要となる

## 7.1 酵素の反応

### 7.1.1 酵素とは

　**酵素**（enzyme）は，生体内に存在する分子量数万〜数百万のタンパク質で，他のタンパク質と同様に細胞内の**リボソーム**（ribosome）で生合成される．酵素は生体内の化学反応の触媒として働き，生体内における物質の消化・吸収・輸送・代謝・排泄に至るまでのすべてのプロセスに関与しており，生体が物質を変化させ

図 7.1　F 型バイオリアクター（固定化酸素または微生物用の三相流動層）［関西化学機械製作㈱提供］

て利用するのに欠かせない物質である．タンパク質であるため，触媒活性は温度やpH，基質の濃度などの影響を強く受ける．活性の劣化は必ず起こるので，長期間利用するためには，特別な工夫が必要になる．

## 7.1.2 酵素の分類

酵素の分類方法はいくつかあるが，ここでは酵素の所在による分類と，基質と酵素反応の種類（基質特異性と反応特異性の違い）による系統的分類を取り上げる．後者による分類は酵素の命名法と関連している．

### 1) 所在による分類

酵素を存在する場所によって分類すると，生体膜（細胞膜や細胞小器官の膜）に結合している**膜酵素**と，細胞質や細胞外に存在する**可溶型酵素**とに分類される．可溶型酵素のうち，細胞外に分泌される酵素を特に**分泌型酵素**と呼ぶ．

### 2) 系統的分類

酵素の系統的分類を表す記号として，**EC 番号**がある．EC 番号は，1964 年に**国際生化学連合**（IUB）によって公式に採用されたもので，EC は Enzyme Commision の略号であり，分類の仕方は，1) 酵素を構造や性質ではなく，触媒する反応の種類によって六つのグループ（酸化還元反応，転移反応，加水分解反応，解離反応，異性化反応，ATP の補助を伴う合成）に大別し，その各グループを反応特異性と基質特異性との違いで4～13の小群に細分化する．2) EC 番号は"EC"に続けた4個の番号"EC X. X. X. X"（X は数字）による表記がなされるが，左から右にかけて分類が細かくなっていく．

EC 1. X. X. X － 酸化還元酵素（Oxidoreductase）：酸化還元反応を触媒する酵素で，カタラーゼやグルコースオキシダーゼなど

- EC 2. X. X. X － 転移酵素（Transferase）：リン酸基などを転移する酵素で，クレアチンキナーゼなど
- EC 3. X. X. X － 加水分解酵素（Hydrolase）：エステル結合などを加水分解する酵素で，トリプシンやペプシンなど．
- EC 4. X. X. X － 脱離酵素（Lyase）：ある基に二重結合をつけたり，その逆を行う酵素で，トリプトファナーゼなど．

- EC 5. X. X. X – 異性化酵素（Isomerase）：ラセミ化などを行い異性化を行う酵素で，グルコースイソメラーゼなど．
- EC 6. X. X. X – 合成酵素（Ligase, Synthetase）：ATP などの分解によるエネルギーを利用して二つの分子を結合させる酵素で，グルタチオンシンテターゼなど．

全ての酵素に EC 番号が割り振られており，現在約 3000 種類ほどの反応が見つかっている．

### 7.1.3 酵素の命名法

酵素の名前は国際生化学連合（IUB）の酵素委員会によって命名され，基質と反応の種類を表す**系統名**と**常用名**と EC 番号が与えられている．系統名は二つの部分からなり，前の部分は基質名を，後の部分は反応の種類を示し，—ase で終わる．例えば，次の反応

$$\text{アルコール} + NAD^+ \rightleftarrows \text{アルデヒド} + NADH \qquad (7.1)^*$$

を触媒する酵素は，常用名をアルコールデヒドロゲナーゼというが，系統名は，アルコール：$NAD^+$ オキシドレダクターゼ（酸化還元酵素）で番号は [1.1.1.1] である．古くに発見され命名された酵素については，上述の規則ではなく当時の名称がそのまま使用されている．ペプシン，トリプシン，キモトリプシン，カタラーゼなどがこれにあたる．また，最近，リボ核酸（RNA）が触媒作用をもっていることがわかり，触媒作用をもつ RNA は，**リボザイム（ribozyme）**と呼ばれている．地球上に，最初に誕生した生命は RNA と考えられている．

### 7.1.4 基質特異性と反応特異性，立体特異性

酵素は，特定の構造をもつ基質の特定の位置に作用するため，基質特異性（**substrate specificity**：特定の基質にのみ作用する性質）と反応特異性（特定の反応のみを触媒する性質）を示す．ただし，構造の良く似た基質には作用する場合がある．立体特異性は立体異性体の片方のみに作用する性質である．**基**

---

＊ NAD：ニコチンアミドアデニンヌクレオチド

**質特異性**は酵素の立体構造が基質分子となじむか否かによるもので，基質の結合が不完全であれば反応点が酵素の活性発現部位に寄ることもなく反応が起こらない．場合によっては，酵素は基質と結合する際にコンホメーション変化を起こし，酵素反応に適した構造をとることもある．

酵素の性質は**鍵と鍵穴**に喩えたモデルでよく説明される．酵素であるタンパク質の立体構造には様々な大きさや形状のくぼみが存在し，それはタンパク質の一次配列（アミノ酸の配列順序）に応じて決定付けられている．鍵穴はまさにタンパク質立体構造のくぼみ（クラフト）である．酵素は，くぼみに合った基質だけをくぼみの奥に存在する酵素の活性中心へ導くことで，酵素作用を発現する．

酵素はそれぞれに固有の基質と生化学反応を担当するが，同じ生体内でも組織や細胞の種類が異なると，別種の酵素が同じ基質の同じ生化学反応を担当する場合がある．このような関係の酵素を互いに**アイソザイム**（isozyme）と呼ぶ．

### 7.1.5　酵素の階層構造

酵素は 20 種類のアミノ酸を構成材料とするタンパク質なので，1 次から 4 次までのタンパク質の階層構造をもっている．**1 次構造**はアミノ酸配列で，**2 次構造**は $\alpha$-ヘリックスや $\beta$-シートのような折りたたみ構造．この 2 次構造がいくつか集合してドメインという球状構造が形成され，このドメインがつなぎ合わされて機能を有するタンパク質構造が生成されるが，これを**3 次構造**という．さらに，この 3 次構造を有するサブユニットが複数集合して**4 次構造**を形成してはじめて酵素としての機能を発揮するようになる酵素があり，これを**オリゴマー酵素**という．

### 7.1.6　酵素の変性

酵素はタンパク質であり，1 個のタンパク質分子からなる**単量体酵素**と 2 個以上のサブユニット分子からなる**多量体酵素**があるが，多くの化学的要因と物理的要因により変性し，活性が低下したり，失活したりする．化学的要因としては，pH，アセトン，エタノール，界面活性剤，酸化剤，重金属，空気酸化などがあり，物理要因としては，温度〔熱〕，紫外線，X 線，振とう，圧力，凍結，せん断力などがある．

酵素反応には**最適な温度** $T_{opt}$(303～313K) が存在し，$T_{opt}$ 以上では酵素の熱変性のために活性が低下する．$T_{opt}$ 以下では，反応の活性化エネルギーの効果のため，温度が高いほど反応速度は大きくなる．

酵素のイオン化状態が pH により異なるため，酵素の活性は pH によって大きな影響を受け，**最適な pH** が存在する．最適な pH は，通常 5.0～9.0 の間にあるが，ペプシンなどのように 1.8 という例もある．

### 7.1.7　補　酵　素

ある種の酵素は，活性発現のため，タンパク質以外の非タンパク質成分を必要とすることがある．このような非タンパク質を**補因子**という．補因子を結合した活性のある酵素を**ホロ酵素**，補因子を取り除いた酵素を**アポ酵素**という（ホロ酵素＝アポ酵素＋補因子）．補因子には金属イオンと**補酵素**があり，金属イオンを必要とする酵素を**金属酵素**という．

## 7.2　酵素の反応速度式

### 7.2.1　単一基質反応

酵素反応の基本式は，**ミハエリス・メンテン**（Michaelis-Menten, M-M と略す）の式で，そのモデルは酵素 E と基質 S の間に中間複合体（酵素基質複合体）ES が生成し，その ES が分解して生成物 P を生じ，同時に酵素 E が再生するものと考える．

$$E + S \underset{k_{-1}}{\overset{k_{+1}}{\rightleftarrows}} ES \overset{k_{+2}}{\rightarrow} E + P \tag{7.2}$$

ここで，$k_{+1}$, $k_{-1}$, $k_{+2}$ は反応速度定数である．このとき，生成物 P の生成速度 $r_p$[mol/m³·s] は次式となる．

$$r_p = dC_P/dt = -dC_S/dt = k_{+2}C_{ES} = V_m C_S/(K_m + C_S) \tag{7.3}$$

$$K_m = (k_{-1} + k_{+2})/k_{+1} \tag{7.4}$$

$$V_m = k_{+2}C_{E0} \tag{7.5}$$

ここで，$K_m$ は**ミハエリス定数** [mol·m$^{-3}$]，$V_m$ は生成物 P の**生成の最大速度** [mol·m$^{-3}$·s$^{-1}$] である．$K_m$ は酵素と基質間の化学親和力の逆数に等しく，

$K_m$ の値が小さいほど親和力は大きいといえる．

**[例題7.1]** 式 (7.2) において，中間複合体の濃度 $C_{ES}$ は基質の濃度 $C_S$ に比べて十分小さく，かつ一定（定常状態）として，式 (7.3) を導け．

**[解]** 濃度 $C_{ES}$ は一定であるから，$dC_{ES}/dt=0$ となるので，

$$dC_{ES}/dt = k_{+1}C_E C_S - k_{+2}C_{ES} - k_{-1}C_{ES} = 0 \quad (7.6)$$

酵素と基質の物質収支より次式が成り立つ．

$$C_{E0} = C_E + C_{ES} \quad (7.7)$$

ここで，$C_{E0}$ は酵素の初濃度である．式 (7.6) より

$$C_{ES} = k_{+1}C_E C_S/(k_{-1}+k_{+2}) = C_E C_S/K_m \quad (7.8)$$

式 (7.8) を，式 (7.7) に代入すると

$$C_E = C_{E0}/[1+(C_S/K_m)] \quad (7.9)$$

式 (7.9) を式 (7.8) と式 (7.3) に代入すると

$$r_p = k_{+2}C_E C_S/K_m = k_{+2}C_{E0}C_S/(K_m+C_S) = V_m C_S/(K_m+C_S) \quad (7.10)$$

図 7.2 に，生成物 P の生成速度 $r_p$ と基質の濃度 $C_S$ の関係を示す．$C_S \ll K_m$ のときは，反応速度 $r_p$ は $C_S$ について 1 次で $r_p \propto V_m C_S/K_m$ となり，$C_S \gg K_m$ のときは，$r_p$ は $C_S$ について 0 次で $r_p \propto V_m$ となって，最大速度 $V_m$ に近づくことがわかる．

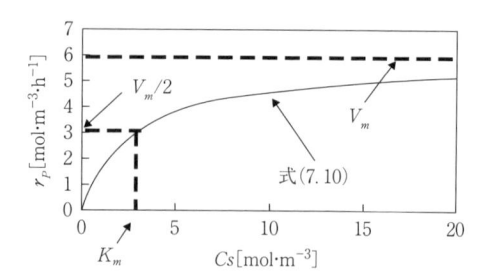

**図7.2** 反応速度 $r_p$ と基質濃度 $C_S$ の関係
（$V_m=6\text{h}^{-1}$, $K_m=3\text{mol}\cdot\text{m}^{-3}$ の場合）

M・M 式 (7.3) より $V_m$ と $K_m$ を求めるには，式 (7.3) の逆数をとり

$$1/r_p = (K_m/V_m)(1/C_S) + (1/V_m) \quad (7.11)$$

縦軸に $1/r_p$，横軸に $1/C_S$ をとると図 7.3 のような直線が得られ，縦軸の切片が $1/V_m$，横軸の切片が $-1/K_m$ となる．このプロットを **L-B**(Lineweaver-Burk) **プロット**といい，実験データから，式 (7.3) の係数 $V_m$ と $K_m$ を求める時に利用される．

## 7.2.2 酵素反応の阻害 (inhibition of enzyme reaction)

酵素への阻害物質の結合や，酵素作用に関連する官能基の修飾などにより酵素活性が低下することを**阻害**といい，酵素そのものの構造変化などにより触媒活性を失うことを**失活**という．阻害には，基質阻害，生成物阻害，可逆阻害，不可逆阻害，拮抗阻害，不拮抗阻害，非拮抗阻害，混合阻害などがある．

**1) 拮抗阻害**は，基質に類似した物質*I（阻害剤）が，基質が結合すべき酵素の活性部位に結合し反応速度を低下させるもので，次の反応速度式で表される．

$$E + S \underset{k_{-1}}{\overset{k_{+1}}{\rightleftarrows}} ES \overset{k_{+2}}{\rightarrow} E + P \tag{7.12}$$

$$E + I \underset{k_{-3}}{\overset{k_{+3}}{\rightleftarrows}} EI \quad K_I = k_{-3}/k_{+3} \tag{7.13}$$

反応速度式 $r_p$ は

$$r_p = V_m C_S / [K_m(1 + C_I/K_I) + C_S] \tag{7.14}$$

ここで，$C_I$ は阻害剤 I の濃度である．式（7.14）の両辺の逆数をとると

$$1/r_p = (K_m/V_m)(1 + C_I/K_I)(1/C_S) + (1/V_m) \tag{7.15}$$

が得られるので，$1/r_p$ 対 $1/C_S$ プロットより，$K_m$, $V_m$, 平衡定数 $K_I$ が求まる（図 7.3 参照）．

**2) 不拮抗阻害**は阻害剤 I が酵素基質複合体 ES にのみ結合する場合で

$$E + S \underset{k_{-1}}{\overset{k_{+1}}{\rightleftarrows}} ES \overset{k_{+2}}{\rightarrow} E + P \tag{7.16}$$

$$ES + I \underset{k_{-4}}{\overset{k_{+4}}{\rightleftarrows}} ESI \quad K_I = k_{-4}/k_{+4} \tag{7.17}$$

反応速度式は

$$r_p = V_m C_S / [K_m + C_S(1 + C_I/K_I)] \tag{7.18}$$

---

\* 例えば，コハク酸脱水素酵素の場合，マロン酸，マレイン酸も拮抗阻害物質として働く．

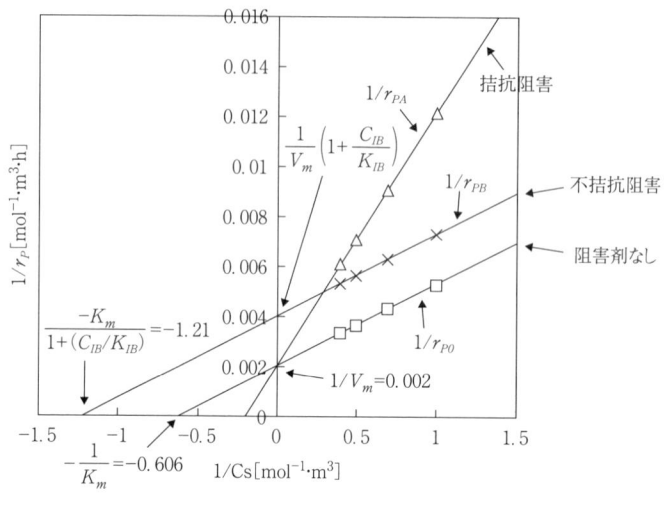

[図 7.3 L-B プロット]

グラフ中の注記:
- $1/r_p \mathrm{[mol^{-1} \cdot m^3 \cdot h]}$
- $1/r_{PA}$ 拮抗阻害
- $\dfrac{1}{V_m}\left(1+\dfrac{C_{IB}}{K_{IB}}\right)$
- $1/r_{PB}$ 不拮抗阻害
- $1/r_{P0}$ 阻害剤なし
- $\dfrac{-K_m}{1+(C_{IB}/K_{IB})}=-1.21$
- $-\dfrac{1}{K_m}=-0.606$
- $1/V_m = 0.002$
- $1/C_s \mathrm{[mol^{-1} \cdot m^3]}$

式 (7.18) の両辺の逆数をとると

$$1/r_b = (K_m/V_m)(1/C_S) + (1/V_m)(1+C_I/K_I) \tag{7.19}$$

が得られるので，$1/r_b$ 対 $1/C_S$ プロットより，$K_m$，$V_m$，平衡定数 $K_I$ が求まる（図 7.3 参照）.

[例題 7.2] 基質 S を酵素で反応させ，阻害剤 A または B を加えたときと，加えないときの反応速度 $r_{p0}$ と $r_{pA}$，$r_{pB}$ を測定したところ，表 7.1 の実験データが得られた．このデータより，$K_m$，$K_{IA}$，$K_{IB}$，$V_m$ を求めよ．ただし，$r_{p0}$ は阻害剤のないときの反応速度で，$r_{pA}$ は阻害剤 A が $C_{IA}=5\,\mathrm{mol \cdot m^{-3}}$，$r_{pB}$ は阻害剤 B が $C_{IB}=5\,\mathrm{mol \cdot m^{-3}}$ の時の反応速度とする．

表 7.1 酵素反応の実験データ

| $C_s$ | $r_{p0}$ | $r_{pA}$ | $r_{pB}$ |
| --- | --- | --- | --- |
| $\mathrm{[mol \cdot m^{-3}]}$ | $\mathrm{[mol \cdot m^{-3} \cdot h^{-1}]}$ | $\mathrm{[mol \cdot m^{-3} \cdot h^{-1}]}$ | $\mathrm{[mol \cdot m^{-3} \cdot h^{-1}]}$ |
| 2.5 | 301 | 167 | 188 |
| 2 | 274 | 143 | 177 |
| 1.43 | 232 | 111 | 158 |
| 1 | 189 | 83 | 137 |

[解] 図 7.3 のように，$1/r_{p0}$ 対 $1/C_S$，$1/r_{pA}$ 対 $1/C_S$，$1/r_{pB}$ 対 $1/C_S$ をプロットし，$1/K_m$，$1/V_m$，$1/[K_m(1+C_{IA}/K_{IA})]$，$K_m/(1+C_{IB}/K_{IB})$ を求めると

$1/K_m = 0.606$　　　　　　　$\therefore K_m = 1.65 \text{ mol} \cdot \text{m}^{-3}$
$1/V_m = 0.002$　　　　　　　$\therefore V_m = 500 \text{ mol} \cdot \text{m}^{-3} \cdot \text{h}^{-1}$
$1/[K_m(1+C_{IA}/K_{IA})] = 0.2$　$\therefore K_{IA} = 2.46 \text{ mol} \cdot \text{m}^{-3}$
$K_m/(1+C_{IB}/K_{IB}) = 1.21$　$\therefore K_{IB} = 13.7 \text{ mol} \cdot \text{m}^{-3}$

### 7.2.3 酵素活性

酵素の活性を表す単位として，**酵素国際単位**（IU）と国際酵素命名委員会の**カタール**（kat）がある．1分間当たり，1 $\mu$mol の基質を変換する活性量を1 IU といい，1秒間に1 mol の基質を変換する活性量を1 kat という．式(7.3)の反応速度定数 $k_{+2}$[1/s] は酵素単位量当たりの最大活性を表している．

## 7.3 微生物の反応

### 7.3.1 微生物の種類と特徴

生物（organism）は動物（animal）と植物（plant），原生生物（protista）に分類され，原生生物を微生物（microbe または microorganism）という．微生物は，人間の肉眼では直接見ることができないほど小さな生物の通称でもある．有用微生物の分類を表7.2に示す．「微生物は，適切な栄養条件と環境条件が整えられると自己増殖するが，ウイルスやファージ*，マイコプラズマ**などは，増殖に宿主を必要とする．微生物の大部分は単細胞であり，器官に分化していない．微生物は，高等生物より増殖速度が極めて大きい」などの特徴がある．

微生物の命名には学名が用いられる．学名は**リンネ**（Linne）の創定による**二名法**で，大文字で始まる**属名**と小文字で始まる**種名**からなっている（ラテン語）．変種または亜種に対しては，**三名法**を用い，種名の次に変種名または亜種名を挿入する．なじみ深い菌については，学名のほかに，大腸菌(*Esherichia coli*)，枯草菌(*Bacillus subtilis*)，青かび(*Penicillum* 属の菌)，黒カビ(*Aspergillus nigar*)，赤パンカビ(*Neurospora* 属のカビ)，パン酵母(*Saccharomyces cere-*

---

　* ファージ（Phage）：細菌に感染するウイルスの総称．
　** マイコプラズマ（Mycoplasma）：真正細菌の一属で，病原菌であるものが多い．

visiae), 酢酸菌 (*Acetobactor* 属の菌), こうじ菌 (*Aspergillus oryzae*), 乳酸菌 (*Lactobacillus* 属の菌) などの常用名が用いられる.

菌株が公的な微生物保存機関において管理・保存されている標準株である場合は, 属名, 種名の次に機関の略号と登録番号を記入する.

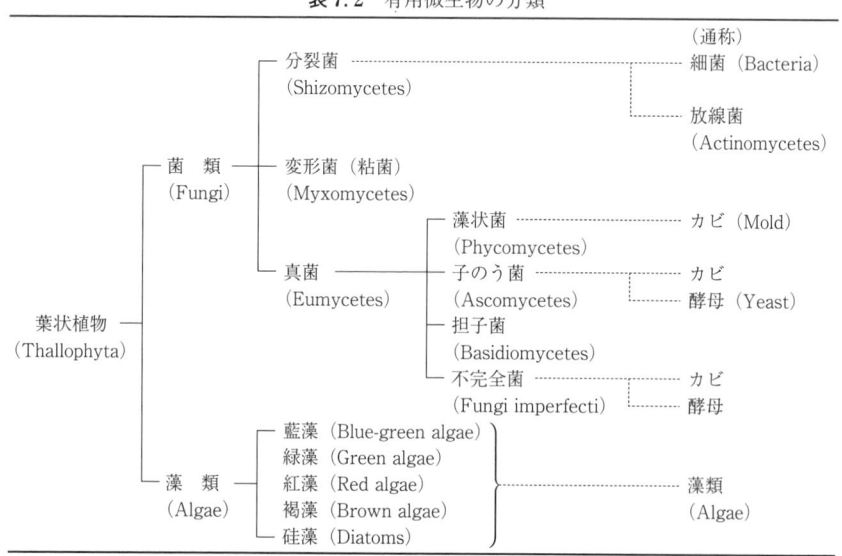

**表 7.2** 有用微生物の分類

```
                              ┌ 分裂菌 ─────────────── (通称)
                              │ (Shizomycetes)      ┌── 細菌 (Bacteria)
                              │                     └── 放線菌
                              │                          (Actinomycetes)
                ┌ 菌 類 ─────┤ 変形菌 (粘菌)
                │ (Fungi)    │ (Myxomycetes)
                │            │            ┌ 藻状菌 ─────── カビ (Mold)
                │            │            │ (Phycomycetes)
                │            │            │ 子のう菌 ────── カビ
                │            └ 真菌 ─────┤ (Ascomycetes)   酵母 (Yeast)
葉状植物 ──────┤              (Eumycetes)│ 担子菌
(Thallophyta)   │                         │ (Basidiomycetes)
                │                         │ 不完全菌 ────── カビ
                │                         └ (Fungi imperfecti) 酵母
                │            ┌ 藍藻 (Blue-green algae)
                │            │ 緑藻 (Green algae)
                └ 藻 類 ─────┤ 紅藻 (Red algae)     ───── 藻類
                  (Algae)   │ 褐藻 (Brown algae)          (Algae)
                             └ 硅藻 (Diatoms)
```

[山根恒夫著:生物反応工学 (第3版), p.150, 産業図書 (2002)]

### 7.3.2 増殖に対する環境条件の影響

微生物の生命維持と増殖活動には, 栄養源に関する化学的因子と外部環境に関する物理的因子が影響する. 栄養源に関する化学的因子としては, エネルギー源や炭素源, 窒素源, 無機塩類, 微量栄養素または生育因子 (ビタミンなど) があり, 外部環境に関する物理的因子としては, 温度, 湿度, 酸素, pH, 光, 圧力などがある. 微生物を**栄養要求性** (nutritional requirement) とエネルギー源から分類すると, ①**光合成独立栄養微生物** (エネルギー源として光を利用し, 主な炭素源として $CO_2$ を利用する微生物で, 藻類や紅色硫黄細菌, 緑色硫黄細菌など), ②**光合成従属栄養微生物** (エネルギー源として光を利用し, 主な炭素源として有機化合物を利用する微生物で紅色非硫黄細菌や緑色非硫黄細菌など), ③**化学合成独立栄養微生物** (エネルギー源として化学物質を

利用し，主な炭素源として$CO_2$を利用する微生物で，硝化細菌，硫黄酸化細菌，鉄酸化細菌，水素細菌，一酸化炭素細菌など），④**化学合成従属栄養微生物**（エネルギー源として化学物質を利用し，主な炭素源として有機化合物を利用する微生物で，ほとんど全ての菌類と細菌が含まれる）のようになる．

　微生物の増殖は，培地（medium）に種菌を接種（inoculation）して行われる．培地は，栄養素を混合した水溶液を調製し，滅菌してつくる．培地は，**合成培地**と**複合培地**に分けられる．合成培地は，完全に化学的組成と性質の明らかな栄養のみを含む培地であり，複合培地は化学的に不明確な成分を含む培地で，**天然培地**と**半合成培地**がある．合成培地のうち，単一炭素源以外すべて無機塩である培地を**最小培地**という．

1) 温度：微生物の増殖は温度によって大きな影響を受け，最適温度が存在し，最適温度が283～293 Kの**好冷菌**（Psychrophiles），293～313 Kの**中温菌**（Mesophiles），314 K以上の**好熱菌**（Thermophiles）に分けられる．工業的に利用されている菌は中温菌が多いが，ビールや日本酒の製造においては，293 K以下の低温発酵が行われている．現在知られている微生物の成育可能な最高温度は約394 K，最低温度は約268 Kである．微生物の増殖は，高温になると急激に低下することが知られているが，これは，タンパク質や細胞構造の熱による変性のためである．

2) 湿度：微生物にはそれぞれ生育可能な水分活性範囲があり，ある水分活性以下では生育できなくなる．その下限の水分活性を**生育最低水分活性**といい，食品の微生物的変敗を防止する上で重要な指標となるほか，どの微生物が食品変敗の原因となりうるかを予測することが可能になる．一般細菌は水分活性が0.90 Aw以上で増殖し，生育に最適な水分活性は0.98 Aw以上であるといわれている．

　食品中に含まれる水分はその形態から**結合水**，**自由水**に分類され，結合水は食品の構成成分であるタンパク質や炭水化物と固く結合した水で，自由水は環境や温度，湿度の変化で容易に移動や蒸発がおこる水である．これらの中で微生物が繁殖に利用することができる水は自由水で，この自由水の割合を水分活性（Aw）という単位で表す．**水分活性**（Aw）は，食品を入れた密閉容器内の水蒸気圧（$P$）とその温度における純水の蒸気圧（$P_0$）の比で定義される（Aw $= P/P_0$）．

3) 酸素：微生物は酸素要求性により，**偏性嫌気性菌**（絶対嫌気性菌ともいい，$O_2$ は有毒で，Clostridium 属や Methanobacterium 属など）と**耐性嫌気性菌**（$O_2$ を利用できないが，$O_2$ にさらしても死なないもので，Streptococcus 属など），**通性嫌気性菌**（$O_2$ を利用できる場合は利用するが，$O_2$ なしでも増殖するもので，大腸菌や酵母など），**微好気性菌**（大気濃度よりかなり低い $O_2$ 濃度（2〜10%）のみを必要とし，より高い $O_2$ 濃度では増殖できないもので，水素化菌など），**偏性好気性菌**（増殖に $O_2$ を必要とするが，大気濃度より高い $O_2$ 濃度は有毒なもので，カビなど）に分けられる．微生物は $O_2$ を水に溶存した状態で利用する．溶存酸素濃度が極めて小さい場合に，微生物の嫌気性を表す手段として，培地の酸化還元電位を利用する方法がある．

4) pH：微生物の増殖は pH によって大きな影響を受け，最適な pH が存在する．細菌の最適な pH は中性近傍(6.5〜8)であり，カビや酵母の最適 pH は 4.0〜6.0 の微酸性である．

5) 光：光合成を行う微生物以外では，光は一般に微生物の生育に有害である．

6) 圧力：深海に生息している魚や微生物，小動物は高圧力下で良く生育するが，1 気圧では正常な生育を示さない．逆に 1 気圧に適応した生物は圧力の存在下では通常の生育を示さず，高圧力下では転写，翻訳，酵素反応などが阻害，停止することが知られている．低温，高圧下でゆで卵が作成されたり，**高圧殺菌**という熱変性を受けにくい殺菌方法がある．

7) 有機溶媒：有機溶媒は生物にとっては猛毒であり，細胞の構造を破壊する．またタンパク質もコンフォメーションを保てず，変性して白濁する．唯一安定なのは核酸のみであり，核酸の抽出にエタノールやフェノールが使用されている．しかしながら，一部の細菌あるいは酵母などでは水と二層にわかれるほど大量の有機溶媒存在下でも増殖可能なものが見つかっている．このような生物を**有機溶媒耐性菌**という．有機溶媒耐性菌には有機溶媒を資化するものも存在する．

8) 放射線：放射線は DNA の変異源であり，癌源物質ではもっとも有害なものの一つであるが，**放射線耐性菌** *Deinococcus radiodurans* は放射線存在下でも増殖が可能である．大腸菌やヒトでは，30 グレイ程度の放射線量で死に至るが，放射線耐性菌は 5000 グレイ程度の放射線に対して耐性を持ち，増殖が可能である．放射線耐性菌は極めて強力な DNA 修復機構を所持していると考

えられており，放射線や紫外線によるDNA変異に対して，すぐさま修復機構が働くことによって生育可能となると考えられている．

### 7.3.3 微生物の育種
活性が高く，安定性の良い優れた微生物を得ることは極めて重要であり，そのために突然変異や細胞融合，遺伝子組み換えなどの方法が用いられる．

#### (1) 突然変異
微生物に紫外線やX線を照射したり，ニトロソグアジンなどの変異誘発物質を用いてデオキシリボ核酸（DNA）の塩基の脱落，読み取り枠の移動，追加，入れ替わりなどを促進し，突然変異を惹き起こす方法である．ペニシリンでは，突然変異の利用により，1929年にペニシリウム・ノタツムで力価1～2単位/$cm^3$であったものが，現在では変異株Q176により50000～60000単位/$cm^3$と，1万倍以上の生産力をもつ菌株が得られている．（突然変異は，1901年にオランダの**ド・フリース**によって発見され，突然変異を人為的に誘発できることを実験的に証明したのは**ハーマン・J・マラー**である）

#### (2) 細胞融合
二つの細胞がもつ各々の優れた特徴を兼ね備えさせるため，二つの細胞を融合させて一つの細胞にする方法で，例えばトマトとジャガイモからポマトが得られている．植物細胞の場合はあらかじめ細胞膜分解酵素により，セルロースなどの細胞壁を除いた細胞すなわち**プロトプラスト**を作ってから融合させる必要がある．

#### (3) 遺伝子の組換え
遺伝子の組換えは，図7.4に示すように，まず目的とする生物のDNAを**制限酵素**\*で切断し，目的とする遺伝子部分を採取する．次に，**宿主細胞**\*\*の**プラスミド**\*\*\*を取り出し，制限酵素で切断し，採取した遺伝子部分とプ

---
\* DNA鎖の塩基配列を認識して，鎖の途中で切断する特殊な酵素．
\*\* 大腸菌，枯草菌，Saccharomyces cerevisiae などが使われている．
\*\*\* 染色体外遺伝子で，染色体とは別に独立して自律増殖し，安定に子孫に伝達される遺伝子（DNA）

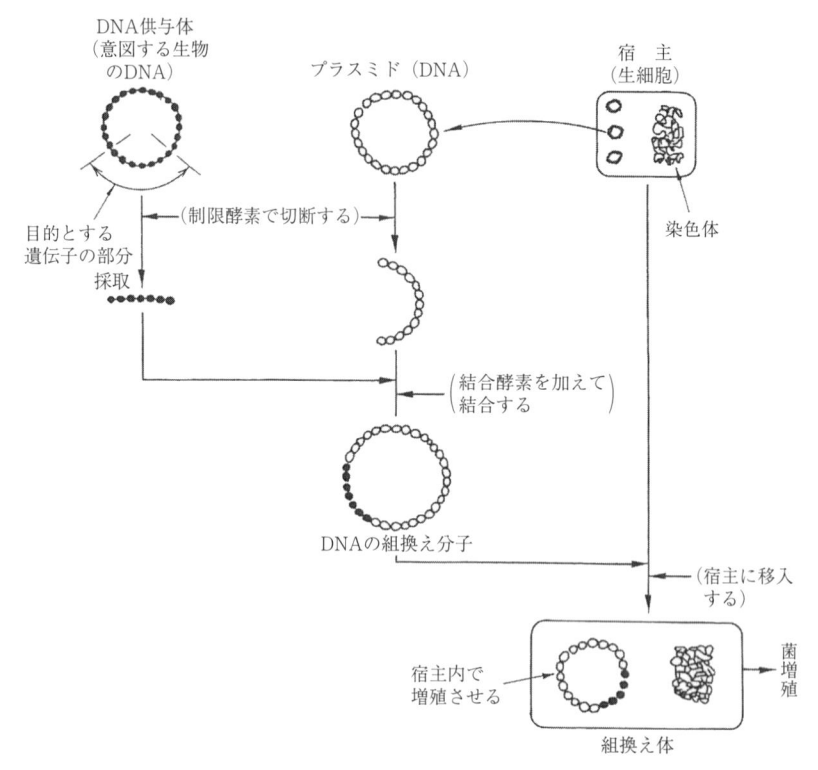

**図7.4** 遺伝子の組換え［蜂谷昌彦, 緒田原蓉二：バイオプロセスエンジニアリング, p.4, シーエムシー, (1985)］

ラスミドを**結合酵素**により結合する．そして，DNAの組換え分子を作り，宿主に移入して増殖させる．現在のところ，この技術によりインシュリンや成長ホルモン，ワクチンなどの大量生産が可能となっている．また，除草剤耐性大豆や，害虫抵抗性トウモロコシなども作られている．

### (4) ES 細胞

**胚性幹細胞**（Embryonic Stem cells：ES 細胞）とは，動物の発生初期段階である胚盤胞期の胚の一部に属する内部細胞塊より作られる幹細胞細胞株のことで，生体外にて，理論上すべての組織に分化する分化多能性を保ちつつ，ほぼ無限に増殖させる事ができるため，再生医療への応用に注目されて

いる．ES 細胞の利用により，パーキンソン病などの神経変性疾患，脊髄損傷，脳梗塞，糖尿病，肝硬変，心筋症など根治の無かった疾患を将来的に治療できる可能性がある．

### (5) iPS 細胞

iPS 細胞（induced pluripotent stem cells，人工多能性幹細胞）とは，体細胞へ数種類の遺伝子を導入することにより，ES 細胞（胚性幹細胞）に似た**分化万能性**（pluripotency）を持たせた細胞のことで，京都大学の山中伸弥教授らのグループによってマウスの iPS 細胞が 2006 年に世界で初めて作られた．山中らのチームはさらに研究を進め，2007 年には，ヒトの大人の細胞に 4 種類の遺伝子（OCT3/4, SOX2, C-MYC, KLF4）を導入することで，ES 細胞に似た人工多能性幹（iPS）細胞を作製する技術を開発した．そのため，再生医療の実現に向けて，世界中の注目が集まっている．iPS 細胞は，ES 細胞の作製時における胚を壊すという倫理的問題や拒絶反応の問題を一挙に解決できるため，ES 細胞に代わる細胞として大きな注目と期待を集めている．

### 7.3.4 微生物の反応速度

微生物 X は基質 S を取り込んで消費しつつ，自身は増殖しながら代謝産物 P を生成する．微生物の増殖を表すためには，**構造モデル**と**非構造モデル**がある．構造モデルは，細胞内の各部分（細胞質や細胞膜，細胞壁など）の挙動の差も考慮に入れたモデルで，非構造モデルは，細胞全体を均一とするモデルであり，取り扱いが容易になる．ここでは，非構造モデルのみを扱う．

#### 1）増殖速度

微生物の増殖には，**調和型増殖**と**非調和型増殖**とがある．細胞重量が増加するにつれて，タンパク質や RNA，DNA，水分含量などの他の計測可能なすべての物質が同じ割合で増加する増殖を調和型増殖（balanced growth）といい，特定の物質，例えば，貯蔵物質だけが増加する増殖を非調和型増殖という．

調和型増殖においては，微生物の増殖速度 $r_x$ は菌体濃度 $C_x$ に比例する．

$$r_x = dC_x/dt = \mu C_x \tag{7.20}$$

$$\mu = r_x/C_x \tag{7.21}$$

ここで，$\mu$ は**比増殖速度**（specific growth rate）$[\mathrm{s}^{-1}]$ という．通常，菌体質量としては，乾燥菌体質量が用いられる．菌体の質量あるいは菌体数が2倍になるのに要する時間を**倍加時間**（doubling time）$t_d$ という．$t_d$ または $\mu$ は培養条件によって異なるが，高等な生物ほど $t_d$ は大きくなる（$\mu$ は小さくなる）．

微生物の比増殖速度 $\mu$ と制限基質の濃度 $C_s$ との関係は，多くの実験式が提案されているが，簡単な**モノー**（Mond）の式が良く利用されている．

$$\mu = \mu_m C_s / (K_s + C_s) \tag{7.22}$$

ただし，$\mu_m$ は**最大比増殖速度**で，$K_s$ は飽和定数である．モノーの式はM-M式と同じ形であるが，モノーの式は経験的なものであり，適合しない場合もある．菌体の維持代謝に必要な基質量を考慮に入れると，モノーの式は，次式となる．

$$\mu = \mu_m C_s / (K_s + C_s) - b_m \tag{7.23}$$

ここで，$b_m$ は菌体の維持代謝を表す項である．

減衰期においては，微生物の一部が死滅することを考慮すると増殖速度は次式となる．

$$r_x = dC_x/dt = \mu C_x - k_d C_x \tag{7.24}$$

ここで，$k_d$ は**死滅速度定数** $[\mathrm{s}^{-1}]$ である．

微生物の増殖速度が阻害される場合があり，酵素反応の阻害と同様に，拮抗型阻害，非拮抗型阻害，不拮抗型阻害がある．

## 7.4 微生物の培養

### 7.4.1 回分培養

回分培養を行うには，まず，保存菌株を用いて振とうフラスコに植菌し，一定時間増殖させた後，この培養液を種母培養槽に移して培養し，さらに主発酵槽で培養する．この際，雑菌汚染を防ぐため，培養槽と培地の加熱などによる殺菌と，通気用空気のフィルタによる除菌なども必要である．回分培養においては，雑菌汚染が生じても培養を中止しやすいし，少量生産が可能であるが，培養槽の洗浄，殺菌，冷却などの準備期間が長いため生産性が低くなる欠点がある．

図7.5に回分培養の**増殖曲線**（growth curve）を示す．増殖曲線は，回分

操作での微生物培養における菌体濃度の時間変化を表す曲線で，**誘導期**，**対数増殖期**，**転移期**，**静止期**，**減衰期**がある．誘導期は，培地に接種された微生物が，温度や栄養などの環境条件に順応するための期間であるが，この誘導期を支配する因子は不明で，予測も困難である．誘導期を過ぎると微生物はやがて活発に増殖し始める．基質濃度の変化が小さく，増殖速度が菌体濃度のみに比例すると近似できる期間では式（7.20）が成り立つ．時間 $t=0$ で $C_x = C_{x0}$ の初期条件を用いて式（7.20）を積分すると

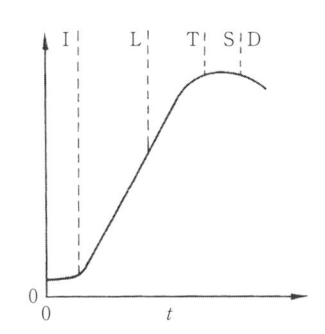

**図 7.5** 回分操作での微生物の増殖曲線 [I：誘導期，L：対数（指数）増殖期，T：転移期，S：静止期，D：減衰期]

$$C_x = C_{x0} e^{\mu t} \tag{7.25}$$

菌体濃度 $C_x$ が培養時間の経過につれて指数関数的に増加することから，この期間を対数増殖期または，指数増殖期という．実際の回分操作では，時間の経過とともに基質濃度が減少するから，式（7.25）が成立する期間は厳密には存在しない．対数増殖期を過ぎると，基質濃度の減少に伴い菌体増殖速度も減少し，転移期，静止期，減衰期へと遷移する．減衰期では，基質がなくなり，菌体は**自己消化**により減衰していく．

### 7.4.2 半回分培養

半回分培養は，培養中に栄養源などを供給する操作で，**流加培養**ともいわれる．培養液中の基質濃度などを制御できるので，半回分培養では，菌体濃度を高くし，効率を高めることができる．半回分培養の場合，培地の体積 $V$ が変化するので，基礎式は，以下のようになる．

菌体収支　　$d(VC_x)/dt = \mu C_x V$ 　　　　　　　　　　(7.26)

基質収支　　$d(VC_s)/dt = FC_{sF} - (1/Y_{x/s})d(VC_x)/dt$ 　(7.27)

生産物収支　$d(VC_p)/dt = Y_{p/x} d(VC_x)/dt$ 　　　　　(7.28)

流量収支　　$dV/dt = F$ 　　　　　　　　　　　　　(7.29)

ここで，$V$ は時間 $t$ における培養液体積，$F$ は添加する基質の体積流量，$C_{sF}$

は添加する基質の濃度である．

### 7.4.3 連続培養

　連続培養においては，培養槽に新鮮な培地を連続的に供給し，培養液を連続的に取り出すので，槽内の定常状態が保たれる．連続培養には，**ケモスタット**，**タービドスタット**，**ニュートリスタット**などがある．ケモスタットは培地の供給速度を一定に保ち，制限基質によって微生物の増殖を制限する方法で，タービドスタットは培養液中の菌体濃度（濁度）を一定に保つように新鮮な培地の供給を制御する方法，ニュートリスタットは，エタノールなどの栄養源濃度を一定となるように制御する方式である．

　連続培養の研究は多くあり，回分培養より効率は良いが，工業化された例はきわめて少ない．この原因は，**変異株**が出現する恐れがあること，**雑菌汚染**防止が困難なことなどのためである．

　図7.6のように完全混合槽（容積 $V_r$）で連続培養を行うとすると，定常状態における基質 $S$ と菌体 $X$，生産物 $P$ の物質収支式は以下のようになる．

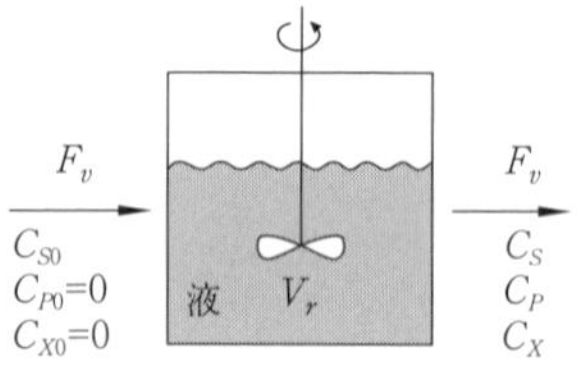

$$F_v C_{s0} - F_v C_s + r_s V_r = 0 \quad (7.30)$$
$$-F_v C_x + r_x V_r = 0 \quad (7.31)$$
$$-F_v C_p + r_p V_r = 0 \quad (7.32)$$

**図7.6** 完全混合型連続培養槽

各式を $V_r$ で割ると

$$D(C_{s0} - C_s) + r_s = 0 \quad (7.33)$$
$$-DC_x + r_x = 0 \quad (7.34)$$
$$-DC_p + r_p = 0 \quad (7.35)$$

ここで，$D$ は**希釈率**（dilution rate）$[s^{-1}]$ と呼ばれ**平均滞留時間** $t_a$ の逆数となり

$$D = F_v / V_r = 1/t_a \quad (7.36)$$

で与えられる．

　式（7.20）と式（7.33）～（7.35）より，次式が成り立つ．

$$D = \mu \quad (7.37)$$
$$C_p = Y_{p/x} C_x \quad (7.38)$$

## 7.4 微生物の培養

$$C_x = Y_{x/s}(C_{s0} - C_s) \tag{7.39}$$

ここで，$Y_{p/x}$ は**菌体に対する生産物収率**（$= \Delta C_P/\Delta C_x$），$Y_{x/s}$ は**基質に対する菌体増殖収率**である（$= -\Delta C_x/\Delta C_s$）．

比増殖速度として，モノーの式（7.22）が適用できるときは，次式が成り立つ．

$$\mu = D = \mu_m C_s/(K_s + C_s) \tag{7.40}$$

$$C_s = DK_s/(\mu_m - D) \tag{7.41}$$

$$C_x = Y_{x/s}[C_{s0} - DK_s/(\mu_m - D)] \tag{7.42}$$

式（7.40）と（7.36）より，希釈率 $D$，すなわち供給速度 $F$ により，連続培養の比増殖速度 $\mu$ を制御できることがわかる．菌体の生産性（＝単位時間当たり，単位液量当たりに収穫される菌体量）$P_x$ は

$$P_x = FC_x/V_r = DC_x = Y_{x/s}D[C_{s0} - DK_s/(\mu_m - D)] \tag{7.43}$$

$DC_x > 0$ であるから，式（7.43）より，

$$C_{s0} - DK_s/(\mu_m - D) > 0 \tag{7.44}$$

$$\therefore \quad D < D_{cr} = \mu_m C_{s0}/(K_s + C_{s0}) \tag{7.45}$$

$D$ は**臨界希釈率** $D_{cr}$ より小さいことが必要となる．$D > D_{cr}$ のとき，槽内の菌体はすべて排出されてゼロとなる．この現象を**ウォッシュアウト**（wash out）という．通常，$C_{s0} \gg K_s$ であるから，$D_{cr} \approx \mu_m$ となる．

[**例題 7.3**] 式（7.40）～（7.42）を使って，単槽連続培養の挙動を無次元化したグラフに示せ．ただし，無次元化のために，以下の変数を用い，$\alpha = 0.02$ とせよ．

$$\alpha = K_s/C_{s0}, \quad C_{xa} = C_x/(Y_{x/s} \cdot C_{s0}), \quad C_{sa} = C_s/C_{s0}, \quad \beta = D/\mu_m$$

[**解**] 与えられた無次元変数を用いて，式（7.40）～（7.42）を無次元化すると，$C_{sa} = \alpha\beta/(1-\beta)$，$C_{xa} = 1 - C_{sa}$，$DC_{xa}/\mu_m = \beta(1 - C_{sa})$ となる．$\alpha = 0.02$ として，横軸に $\beta$，縦軸に $C_{xa}$，$C_{sa}$，$DC_{xa}/\mu_m$ をとると，図 7.7 が得られる．$\beta = 0.97$ でウォッシュアウトが起きていることがわかる．菌体の生産性 $P_x = FC_x/V_r = DC_x$ は $\beta = 0.87$ で最大となるので，実際の培養はこの付近の条件で行われる．

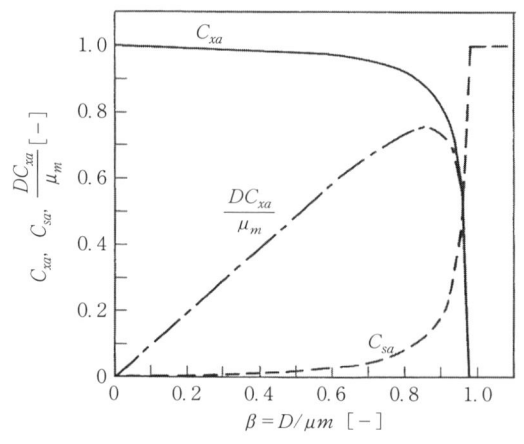

**図 7.7** モノー型ケモスタットにおける挙動 ($a = 0.02$)

## 7.5 固定化生体触媒

　酵素は直径が 50 Å 程度と小さく水溶性であるため，反応終了後に失活させずに回収することが困難である．さらに，酵素は比較的高価なので，再利用のために固定化する方法が開発された．これらの方法は，酵素だけでなく，**オルガネラ**（organelle＝ミトコンドリア，クロロプラスト（葉緑体）などの細胞内小器官），微生物，動物細胞，植物細胞などの固定化にも利用されている．固定化された酵素などは，触媒活性をある程度保ったまま不溶性となり，固定触媒として利用することが可能となる．固定化の利点は，「①生成物と触媒の分離の必要性がなくなること，②酵素の安定性が増す場合があること，③酵素の再利用が可能になること，④連続反応が可能となること，⑤反応器の小型化が可能になること，⑥制御がしやすくなること」などであり，欠点は，「①粒子内拡散抵抗などにより，反応速度が低下する場合があること，②担体が必要となること，③活性な酵素の総量が減少すること」などである．

　固定化酵素が実際に工業生産に応用されるようになったのは，1969 年，田辺製薬の千畑らが DEAE セファデックスに固定化したアミノアシラーゼによるアシル-L-アミノ酸の連続製造プロセスの工業化に成功したのが，世界で最初である（図 7.8 参照）．

7.5 固定化生体触媒

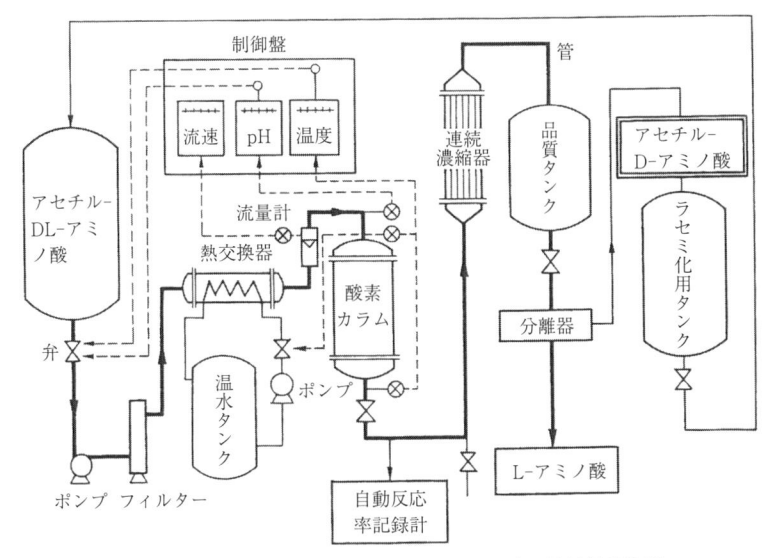

**図7.8** 固定化アミノアシラーゼを用いるL-アミノ酸の連続製造装置のフローダイアグラム〔千畑一郎，土佐哲也：化学工学，40，128 (1976)〕

### 7.5.1 酵素の固定化方法

酵素や微生物は酸，pHや温度等の影響を受けやすいので，できるだけ温和な条件で固定化することが望ましい．固定化方法には，**担体結合法**と**架橋法**，**包括法**，**複合法**がある．

### 7.5.2 反応速度

固定化酵素はフリーの酵素に比べ1万倍以上大きいので，拡散抵抗を考慮する必要がある．**拡散抵抗**には，担体の周囲の**液境膜抵抗**と担体内の**内部抵抗**との二つがあるが，一般には境膜抵抗が総括反応速度に影響することはほとんどないので，内部抵抗のみを考えればよい．

一般に担体中の基質濃度 $C_{se}$ と液本体中の基質濃度 $C_s$ とは反応がない場合でも異なり，$C_{se}$ と $C_s$ の比を**分配係数** $K_p[-]$ という．

$$K_p = C_{se}/C_s \tag{7.46}$$

また，図7.9のように担体中の基質の**有効拡散係数** $D_e$ は，液本体中の拡散係数 $D_a$ とは異なることが知られている．

固定化酵素の総括反応速度に対する物質移動抵抗の影響を表すために，**有効係数 $\eta$** が使用される．有効係数 $\eta$ の定義は

$\eta =$（実際の反応速度）／（触媒粒子内部の基質濃度が均一で外表面濃度と等しいときの反応速度）

(7.47)

有効係数 $\eta$ の値は，通常 $0 \leqq \eta \leqq 1$ であるが，基質阻害のある場合においては反応を阻害する基質濃度が担体内部で低下するため，$1 < \eta$ となることもありうる．また，分配係数が相互作用で 1 より大きい場合にも $1 < \eta$ となることもありうる．

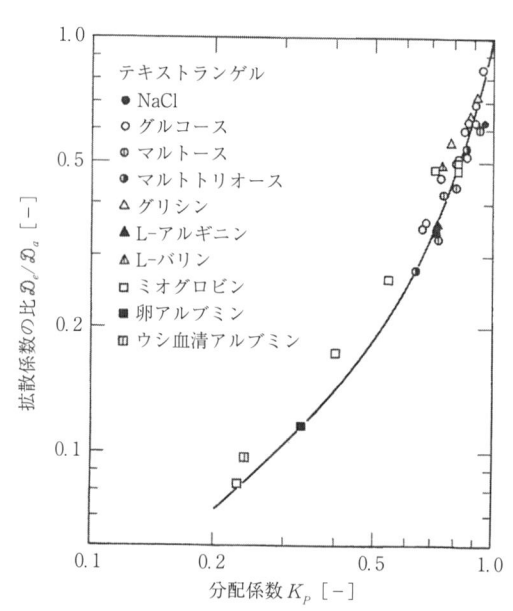

**図7.9** テキストランゲルにおける分配係数と拡散係数の関係［松野隆一，中西一弘：細胞工学，2, p.342, (1983)］

生体触媒が担体内に均一に固定化されている場合には，有効係数 $\eta$ を使って，次式により**総括反応速度** $r_{p0}$ を求めることができる．

$$r_{p0} = \eta r_p(C_s) \qquad (7.48)$$

M-M 型反応の場合，球形触媒について有効係数 $\eta$ の解析解を求めることは困難なので，厳密には数値解を求める必要がある．有効係数 $\eta$ は以下に示す**チイル数 $\phi_1[-]$** と**ビオ**（Bio）**数 $B_i[-]$** に依存することが知られている．

$$\phi_1 = R[V_m/(K_m D_e)]^{0.5} \qquad (7.49)$$
$$B_i = k_L R/D_e \qquad (7.50)$$

ここで，$k_L$ は液中の基質の物質移動係数で，$R$ は担体粒子の半径，$V_m$ は M-M 式の最大反応速度，$K_m$ はミハエリス定数，$D_e$ は担体粒子内における基質の有効拡散係数である．

A）粒子の外側の液境膜内の物質移動抵抗が無視できて，分配係数 $K_p = 3$ の

場合の有効係数 $\eta$ とチイル数 $\phi_1$ の関係を図 7.10 に示す．$\phi_1$ が小さい場合は，$\eta$ は物質移動には影響されず 1 に近く**反応律速**となり，$\phi_1$ が大きい場合は，$\eta$ は小さくなり**拡散律速**となる．

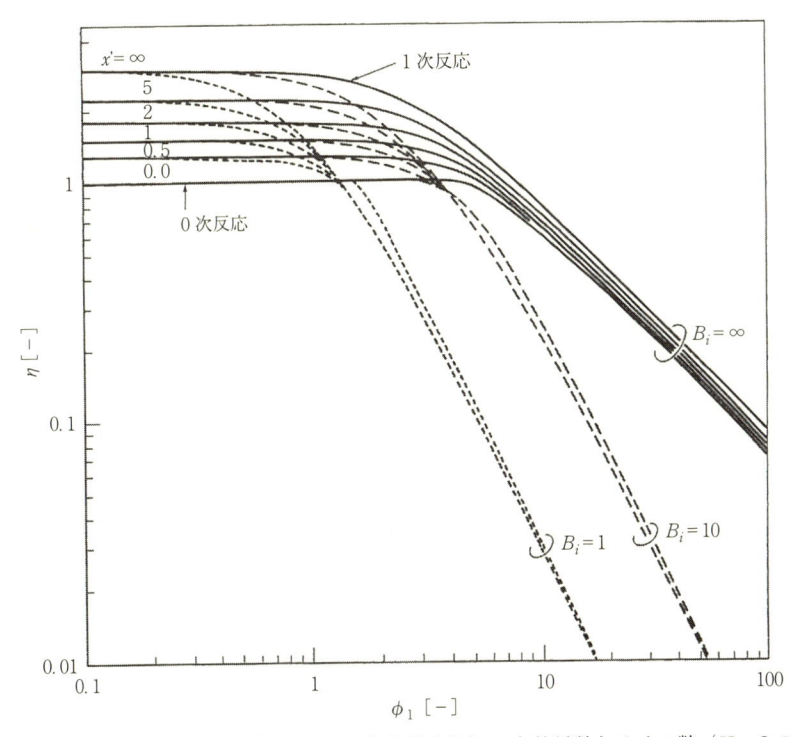

**図 7.10** 球体固定化酵素（あるいは固定化微生物）の有効係数とチイル数（$K_p=3$ の場合）[山根恒夫：生物反応工学（第 3 版），p.75，産業図書（2002）]

$\beta = K_m/C_s$ が無限大の場合，反応速度式は $r_p = (V_m/K_m)C_s$ となり，反応は 1 次反応となるので，有効係数 $\eta$ の解析解が求まり，次式によって与えられる．

$$\eta = (3/\phi_1^2)(\phi_1 \coth \phi_1 - 1) \tag{7.51}$$

B) 液境膜内の物質移動抵抗が無視できない場合，$C_s \ll K_m$ のときは，M-M 型の反応は 1 次反応（$r_p = (V_m/K_m)C_s$）となり，$C_s \gg K_m$ のときには，反応は 0 次反応（$r_p = V_m$）となるので，有効係数 $\eta$ は以下の式によって与えられる．
$C_s \ll K_m$ のとき

$$\frac{1}{\eta} = \frac{\phi_1^2}{3K_p(\phi_1\coth\phi_1 - 1)} + \frac{\phi_1^2}{3B_i} \tag{7.52}$$

$C_s \gg K_m$ で $\phi_0 \geq \left(\dfrac{6}{1/K_p + 2/B_i}\right)^{0.5}$ のときは

$$\frac{1}{\phi_0^2} - \frac{\eta}{3B_i} = \frac{1}{6K_p}\left\{1 - (1-\eta)^{\frac{1}{3}}\right\}^2 \left\{2(1-\eta)^{\frac{1}{3}} + 1\right\} \tag{7.53}$$

$\phi_0 \leq \left(\dfrac{6}{1/K_p + 2/B_i}\right)^{0.5}$ のときは

$$\eta = 1 \tag{7.54}$$

ただし，$\phi_0 = R\left(\dfrac{V_m}{D_e C_s}\right)^{0.5}$ \qquad (7.55)

$\phi_0$ は 0 次反応のチイル数である．

[例題 7.4] 球形の固定化酵素について，反応は M－M 型として $V_m = 3 \times 10^{-2}$ mol·m$^{-3}$·s$^{-1}$, $K_m = 3$ mol·m$^{-3}$, $C_s = 0.03$ mol·m$^{-3}$, $D_a = 7 \times 10^{-10}$ m$^2$·s$^{-1}$, $K_p = 0.5$, 半径 $R = 3$ mm, $k_L = 10^{-5}$ m·s$^{-1}$ の条件で，チイル数 $\phi_1$, 有効係数 $\eta$, 反応速度 $r_{p0}$ を求めよ．ただし，担体内の有効拡散係数は図 7.9 から求めよ．

[解] $K_p = 0.5$ であるから，「B) 液境膜内の物質移動抵抗が無視できない」ときで，$C_s \ll K_m$ の場合になる．

$$C_{se} = K_p C_s = (0.5)(0.03) = 0.015 \text{ mol·m}^{-3}$$

担体内の有効拡散係数 $D_e$ は $K_p = 0.5$ であるから，図 7.9 より，$D_e/D_a = 0.19$

$$\therefore D_e = (0.19)(7 \times 10^{-10}) = 1.33 \times 10^{-10}$$

式 (7.49) と (7.50) より

$$\phi_1 = R[V_m/(K_m D_e)]^{0.5} = (3 \times 10^{-3})[(3 \times 10^{-2})/\{(3)(1.33 \times 10^{-10})\}]^{0.5} = 26.0$$

$$B_i = k_L R/D_e = (10^{-5})(3 \times 10^{-3})/(1.33 \times 10^{-10}) = 225.6$$

これらの値を式 (7.52) に代入すると

$$1/\eta = 26^2/\{(3)(0.5)(26\coth 26 - 1)\} + 26^2/\{(3)(225.6)\} = 19.0$$

$$\therefore \eta = 0.053$$

反応速度は式 (7.48) より

$$r_{p0} = (0.053)\{(3 \times 10^{-2})(0.03)/(3 + 0.03)\} = 1.57 \times 10^{-5} \text{ mol·s}^{-1}$$

この場合，担体内の拡散抵抗が大きいため，反応速度は固定化しないときの約

5%となり，大幅に低下する．

## 7.6 バイオリアクターの設計

**バイオリアクター**（bioreactor）は，生体触媒を用いて生化学反応を行う装置の総称で，遺伝子工学や培養技術の進歩により急速に発展してきた．バイオリアクターを用いた場合，通常の触媒反応器にくらべ穏和な条件で反応が行えること，副生成物が少ない，工程が少ない，収率がよいなどの利点があるので，コンタミネーションや失活などの問題もあるが，今後の環境と調和した工業を考える上で非常に重要である．ペニシリン発酵が最初の工業化であるが，現在では，種々のバイオリアクターを利用して有用な物質を低コストで迅速に生産することが可能になっている．

以下に酵素や微生物を利用したバイオリアクターの設計法を示す．一般に，充填層型が多く，生体触媒としては酵素（主として死滅菌）と静止菌体が利用されている．

### 7.6.1 回分式攪拌槽反応器

回分式の攪拌槽において，フリーの酵素を用いてS（基質）→P（生産物）の反応を行う．反応速度を $r_p$，反応器容積を $V_r$ とすると，フリーの酵素の場合は水溶性で均相系の反応になるから，Sの物質収支式は

$$(r_p)V_r dt = -V_r dC_s \tag{7.56}$$

積分すると

$$t = -\int_{C_{s0}}^{C_s} \frac{dC_s}{r_p} \tag{7.57}$$

固定化生体触媒を用いてS→Pの反応を行うとSの物質収支式

$$\eta(r_p)(1-\varepsilon)V_r dt = -\varepsilon V_r dC_s \tag{7.58}$$

から設計方程式は次式となる．

$$t = -\left(\frac{\varepsilon}{1-\varepsilon}\right)\int_{C_{s0}}^{C_s} \frac{dC_s}{\eta r_p} \tag{7.59}$$

ここで，$\varepsilon$ は空隙率 [－] で，$(1-\varepsilon)V_r$ は固定化生体触媒の容積，$\varepsilon V_r$ は反応液の容積である．

酵素の反応速度式として，M-M 式が適用できるとすると，式 (7.3) を式 (7.57) と (7.59) に代入して，積分すると
フリーの酵素の場合は

$$t = \frac{K_m}{V_m} \ln\left(\frac{C_{s0}}{C_s}\right) + \frac{(C_{s0} - C_s)}{V_m} \tag{7.60}$$

固定化生体触媒の場合は，$\eta$ は一定とすると

$$t = \left(\frac{\varepsilon}{1-\varepsilon}\right)\left(\frac{1}{\eta}\right)\left\{\frac{K_m}{V_m} \ln\left(\frac{C_{s0}}{C_s}\right) + \frac{(C_{s0} - C_s)}{V_m}\right\} \tag{7.61}$$

となる．

### 7.6.2 流通式攪拌槽（完全混合）反応器

図 7.6 に示したような容積 $V_r$ の流通式完全混合槽に基質濃度 $C_{s0}$ の培地を流量 $F_v$ で供給したとき，基質 S の物質収支は，フリーの酵素のときは均相となるので

$$F_v C_{s0} = F_v C_s + V_r r_p \tag{7.62}$$

$$t_a = V_r / F_v = (C_{s0} - C_s) / r_p \tag{7.63}$$

固定化生体触媒の場合の物質収支は

$$F_v C_{s0} = F_v C_s + \eta(1-\varepsilon) V_r r_p \tag{7.64}$$

$$t_a = V_r / F = (C_{s0} - C_s) / [\eta(1-\varepsilon) r_p] \tag{7.65}$$

ただし，$t_a$ は平均滞留時間である．

[例題 7.5] 固定化酵素を使って，流通式攪拌槽（完全混合）において反応を行わせる．反応速度は M-M 式 (7.3) で表される．$V_m = 5 \times 10^{-1}$ mol·m$^{-3}$·min，$K_m = 0.2$ mol·m$^{-3}$，$C_{s0} = 6$ mol·m$^{-3}$，$K_p = 0.7$，$\varepsilon = 0.9$，$\eta = 0.3$，$F_v = 5$ m$^3$·h$^{-1}$ の反応条件で，必要な平均滞留時間 $t_a$，必要な反応器容積 $V_r$ を求めよ．ただし，基質の反応率は 80% とする．

[解] 基質の反応率は 80% であるから

$$C_s = 6(1 - 0.80) = 1.2 \text{ mol·m}^{-3}$$

分配係数 $K_p$ は 0.7 であるから

$$C_{se} = K_p C_s = (0.7)(1.2) = 0.84 \text{ mol·m}^{-3}$$

反応速度は M-M 式に従うから

$$r_p = V_m C_s/(K_m + C_s) = (0.5)(1.2)/(0.2+1.2) = 4.29 \text{ mol}\cdot\text{min}^{-1}$$

以上の値と，与えられた条件を式 (7.65) に代入すると必要な平均滞留時間 $t_a$ と反応器容積 $V_r$ は

$$t_a = V_r/F_v = (6-1.2)/\{(0.3)(1-0.9)(4.29)\} = 37.3 \text{ min}$$
$$V_r = t_a F_v = (37.3)(5/60) = 3.11 \text{ m}^3$$

### 7.6.3 充填層反応器

固定化生体触媒を用い，図 7.12 のような充填層反応器において反応を行う．固液系のバイオリアクターでは押し出し流れ（ピストン流れ）とみなせることが多く，このときには，次式が成り立つ．

$$u\frac{dC_s}{dz} + \frac{1-\varepsilon}{\varepsilon}\eta r_p = 0 \quad (7.66)$$

ここで，$u$ は液の平均流速である．境界条件は，$z=0$ で $C_s = C_{sin}$ とすると，式 (7.66) より

$$L = \int_0^L dz = -\frac{\varepsilon u}{1-\varepsilon}\int_{C_{sin}}^{C_{sout}}\frac{dC_s}{\eta r_p} \quad (7.67)$$

$\varepsilon u = F_v/A$ であるから

$$t_a = LA/F_v = -\frac{\varepsilon}{1-\varepsilon}\int_{C_{sin}}^{C_{sout}}\frac{dC_s}{\eta r_p} \quad (7.68)$$

ここで，$A$ は塔の断面積，$L$ は塔の高さである．

有効係数 $\eta$ は基質濃度 $C_s$ によって変化するが，反応器入り口と出口の基質濃度の対数平均値で算出した有効係数 $\eta_l$ を使えば $C_s$ によら

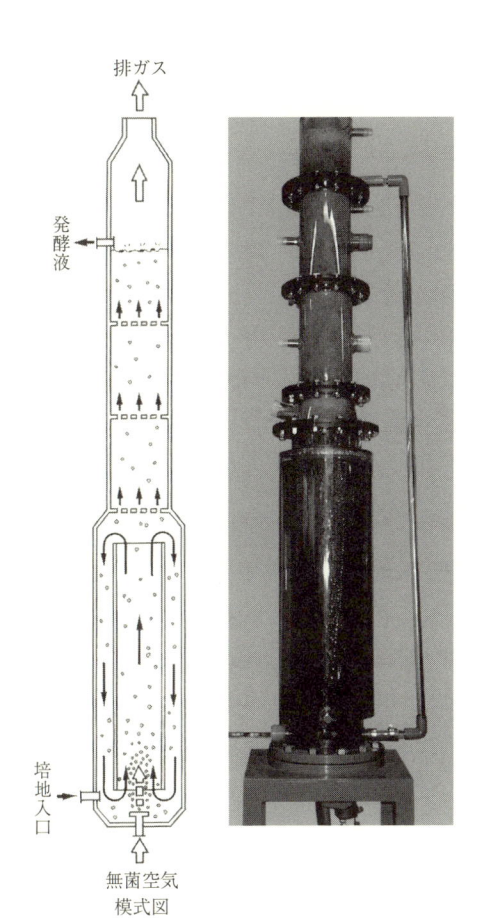

**図 7.11** HF 型バイオリアクター（通気層全体を攪拌するドラフトチューブと棚段とを組み合わせたエアーリフト型培養装置）［関西化学機械製作㈱提供］

ないとすることができる．反応が M–M 式に従うとすると，式 (7.68) に式 (7.3) を代入して式 (7.46) を使って積分すると

$$V_r(1-\varepsilon)\eta_1 V_m / F_v = (C_{\sin} - C_{sout}) + (K_m/K_p) \ln(C_{sin}/C_{sout}) \tag{7.69}$$

反応器内の縦方向の流れの混合を無視できないときは，式 (7.66) の代わりに，次式を解く必要がある．

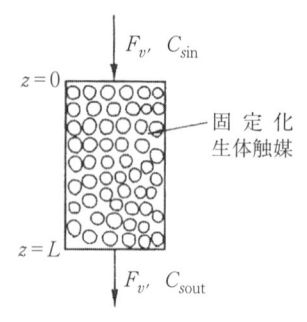

**図 7.12** 固定化生体触媒の充填層

$$D_e \frac{d^2 C_s}{dz^2} + u \frac{dC_s}{dz} + \frac{1-\varepsilon}{\varepsilon} \eta r_p = 0 \tag{7.70}$$

ここで，$D_e$ は混合拡散係数である．式 (7.70) の第 1 項が反応器内の混合拡散を表す．

**[例題 7.6]** 充填層型リアクターに，例題 7.4 の固定化酵素を空隙率 $\varepsilon = 0.6$ で充填する．濃度 $0.05\ \mathrm{mol\cdot m^{-3}}$ の基質を $3\times 10^{-3}\ \mathrm{m^3\cdot s^{-1}}$ で供給し，80% の反応率を達成するための反応器容積 $V_r$ を求めよ．ただし，流れは押し出し流れとする．

**[解]** 反応率が 80% であるから，出口基質濃度 $C_{sout}$ は

$$C_{sout} = 0.05(1-0.80) = 0.01\ \mathrm{mol\cdot m^{-3}}$$

例題 7.4 より，有効係数 $\eta_1 = 0.053$ であるから

$$V_r(1-0.6)(0.053)(3\times 10^{-2})/(3\times 10^{-3}) = (0.05-0.01) + (3/0.5)\ln(0.05/0.01)$$

$$V_r = 9.70/0.212 = 45.8\ \mathrm{m^3}$$

この場合，有効係数が小さいために必要な反応器容積 $V_r$ が大きくなる．

### 7.6.4 膜型バイオリアクター

膜型バイオリアクターは，膜の分離機能を利用して反応と分離を同時に達成しようというものである．図 7.13 に示すように膜を使って酵素などの生体触媒を反応器に保持して反応させ，生成物を取り出す．膜としては，**逆浸透膜**，**限外濾過膜**，**精密濾過膜**が用いられる．生体触媒を固定化する必要がなくなること，反応代謝物を連続的に除去できるので代謝生成物による反応進行の妨害

がなくなり，生産性が格段に向上する可能性がある．しかし，膜の目詰りや汚れが問題となる．

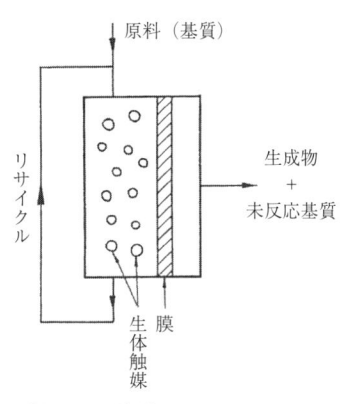

**図 7.13** 膜型バイオリアクター

## 演習問題

**7.1** 酵素反応の長所と短所を述べよ．

**7.2** 拮抗阻害の反応速度式（7.14）を導け．

**7.3** 不拮抗阻害の反応速度式（7.18）を導け．

**7.4** ある酵素によるでん粉の加水分解実験のデータは以下のようである．

| $C_s[\text{kg}\cdot\text{m}^{-3}]$ | 0.5 | 1.0 | 2.0 | 3.0 | 4.0 |
| --- | --- | --- | --- | --- | --- |
| $r_p[相対値]$ | 83.3 | 90.9 | 95.2 | 96.8 | 97.6 |

L-B プロットにより，$V_m$ と $K_m$ を求めよ．

($V_m = 100$[相対値], $K_m = 0.1\text{kg}\cdot\text{m}^{-3}$)

**7.5** M-M 式（7.3）より，$V_m$ と $K_m$ を求める方法として L-B プロット以外の方法を考えよ．

**7.6** カタラーゼやインベルターゼなどは，基質が特異的に酵素の阻害剤となることが知られている（基質阻害）．その反応機構は以下のようである．反応速度式を求めよ．

$$E + S \underset{k_{-1}}{\overset{k_{+1}}{\rightleftarrows}} ES \overset{k_{+2}}{\rightarrow} E + P, \quad ES + S \overset{K_{ESS}}{\rightleftarrows} ESS$$

ここで，$K_{ESS}$ は $ESS$ の解離定数である．

$$(r_p = V_m C_s / [K_m + C_s(1 + C_s/K_{ESS})])$$

**7.7** 上の問題 7.6 における基質阻害の反応速度が最大となる基質濃度 $C_s$ を求めよ．
 ヒント：$dr_p/dC_s = 0$ となる $C_s$ を求めよ．

**7.8** 「Dixon プロット」も良く利用されるプロットである．どういうプロットか，調べよ．

**7.9** グルタミン酸脱水酵素によるグルタミン酸の脱水反応において，サリチル酸は非拮抗阻害の作用をすることが知られている．このとき，
 ①非拮抗阻害の反応速度式を求めよ．ただし，$K_I = k_{-3}/k_{+3}$

$$\begin{array}{c} k_{+1} \quad k_{+2} \\ E + S \rightleftarrows ES \rightarrow E + P \\ k_{-1} \end{array}$$

$$\begin{array}{cc} k_{+3} & k_{+3} \\ E + I \rightleftarrows EI, & ES + I \rightleftarrows ESI \\ k_{-3} & k_{-3} \end{array}$$

$$(r_p = V_m C_s / [(K_m + C_s)(1 + C_I/K_I)])$$

②以下の実験データより，$V_m$，$K_m$，$K_I$ の値を求めよ．ただし，反応速度 $r_p$ の単位は 340 nm における吸光度の増加速度で，$r_{p0}$ は阻害剤なしのときの，$r_{pI}$ はサリチル酸を $C_I = 60$ mol·m$^{-3}$ 含んでいるときの値である．

| $C_s$[mol·m$^{-3}$] | 1.0 | 1.25 | 2.0 | 10.0 |
|---|---|---|---|---|
| $r_{p0}$[$\Delta E_{340}$/h] | 21.7 | 23.8 | 31.3 | 43.4 |
| $r_{pI}$[$\Delta E_{340}$/h] | 12.0 | 13.2 | 16.4 | 24.0 |

($V_m = 50.0\, \Delta E_{340}$/h, $K_m = 1.28$ mol·m$^{-3}$, $K_I = 7.06$ mol·m$^{-3}$)

**7.10** 指数増殖期において，あるバクテリアは 20 分毎に 1 回分裂して 2 個になるとすると，1 個のバクテリアは 3 時間後には何個になるか． (512 個)

**7.11** 式 (7.43) より，菌体の生産性 $P_x$ が最大となる $D$ の値 $D_{max}$ を求めよ．
 ヒント：$dP_x/dD = 0$ となる $D$ を求めよ．($D_{max} = \mu_m [1 - \{K_s/(K_s + C_s)\}^{0.5}]$)

# 付　録

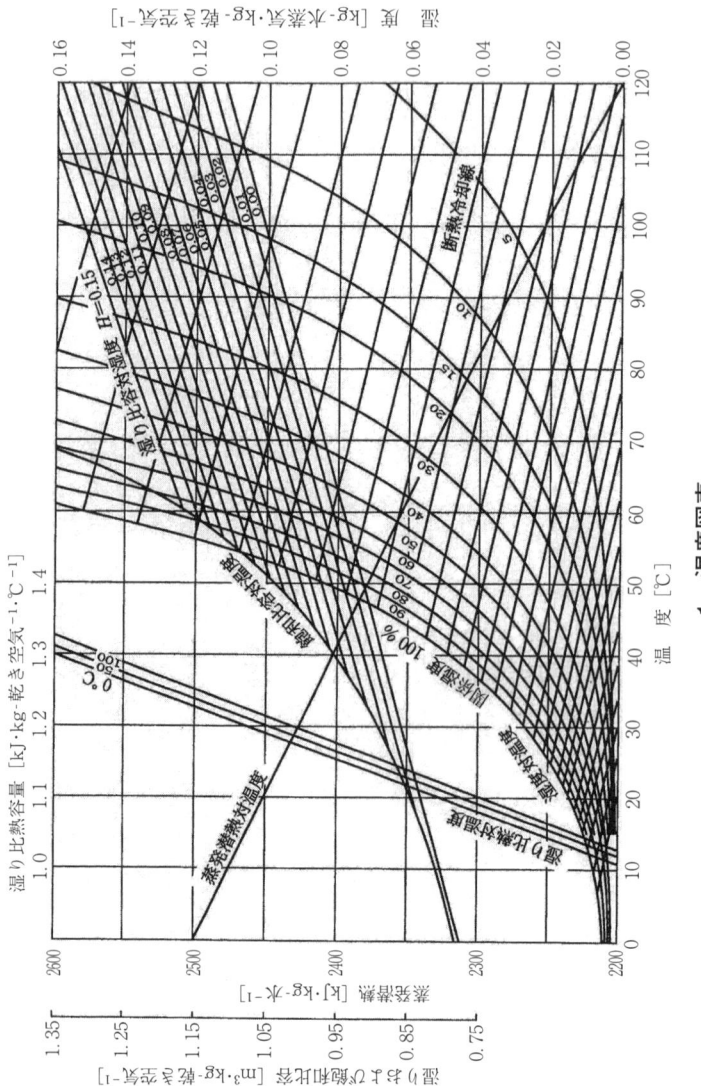

1. 湿度図表

## 2. SI単位の基本単位

| 物理量 | 名称 | | 記号 |
|---|---|---|---|
| 長さ | メートル | meter | m |
| 質量 | キログラム | kilogram | kg |
| 時間 | 秒 | second | s |
| 電流 | アンペア | ampere | A |
| 熱力学温度 | ケルビン | kelvin | K |
| 物質量 | モル | mole | mol |
| 光度 | カンデラ | candela | cd |

## 3. 主なSI誘導単位

| 物理量 | 名称 | 記号 | 定義 |
|---|---|---|---|
| エネルギー | ジュール (joule) | J | $kg \cdot m^2 \cdot s^{-2}$ |
| 力 | ニュートン (newton) | N | $kg \cdot m \cdot s^{-2} = J \cdot m^{-1}$ |
| 仕事率 | ワット (watt) | W | $kg \cdot m^2 \cdot s^{-3} = J \cdot s^{-1}$ |
| 圧力 | パスカル (pascal) | Pa | $kg \cdot m^{-1} \cdot s^{-2} = N \cdot m^{-2} = J \cdot m^{-3}$ |
| 周波数 | ヘルツ (hertz) | Hz | $s^{-1}$ |
| 電気量 | クーロン (coulomb) | C | $A \cdot s$ |
| 電圧 | ボルト (volt) | V | $J \cdot C^{-1}$ |
| 電気抵抗 | オーム (ohm) | Ω | $V \cdot A^{-1}$ |
| 面積 | | | $m^2$ |
| 体積 | | | $m^3$ |
| 密度 | | | $kg \cdot m^{-3}$ |
| 速度 | | | $m \cdot s^{-1}$ |
| 角速度 | | | $rad \cdot s^{-1}$ |
| 加速度 | | | $m \cdot s^{-2}$ |
| 比熱 | | | $J \cdot kg^{-1} \cdot K^{-1}$ |

### 4. SI補助単位

| 物理量 | 許容単位 | 単位の記号 |
|---|---|---|
| 時 間 | 分,時間,日,年 | min, h, d, a($y$) |
| 温 度 | セ氏度 | ℃ |
| 体 積 | リットル(liter = dm³) | L($l$, $\ell$) |
| 質 量 | トン(ton),グラム(gram) | t, g |
| 圧 力 | バール(bar = $10^5$ Pa) | bar |

### 5. SIで用いられる接頭語 (太字は要記憶)

| 倍数 | 名称 | | 記号 | 倍数 | 名称 | | 記号 |
|---|---|---|---|---|---|---|---|
| $10^{18}$ | エクサ | exa | E | $10^{-18}$ | アット | atto | a |
| $10^{15}$ | ペタ | peta | P | $10^{-15}$ | フェムト | femto | f |
| $10^{12}$ | テラ | tera | T | $10^{-12}$ | ピコ | pico | p |
| $10^{9}$ | ギガ | giga | G | $10^{-9}$ | ナノ | nano | n |
| $10^{6}$ | メガ | mega | M | $10^{-6}$ | マイクロ | micro | $\mu$ |
| $10^{3}$ | キロ | kilo | k | $10^{-3}$ | ミリ | milli | m |
| $10^{2}$ | ヘクト | hecto | h | $10^{-2}$ | センチ | centi | c |
| $10$ | デカ | deca | da | $10^{-1}$ | デシ | deci | d |

### 6. 単位換算表

#### (1) 長さ [L]

| cm | m(SI) | in | ft |
|---|---|---|---|
| 1 | 0.01 | 0.393 7 | 0.032 81 |
| 100 | 1 | 39.37 | 3.281 |
| 2.54 | 0.025 4 | 1 | 0.083 33 |
| 30.48 | 0.304 8 | 12 | 1 |

1 Å(オングストローム) = $10^{-8}$ cm
1 yd(ヤード) = 3 ft, 1 尺 = 0.303 m
1 mile = 1 760 yd = 5 280 ft = 1 609.3 m

#### (2) 面積 [L²]

| cm² | m²(SI)[a] | in² | ft² |
|---|---|---|---|
| 1 | 0.000 1 | 0.155 0 | 0.001 076 |
| 10 000 | 1 | 1 550 | 10.76 |
| 6.452 | 0.000 645 2 | 1 | 0.006 944 |
| 929.0 | 0.092 90 | 144 | 1 |

1 ha(ヘクタール) = 100 a(アール), 1 a = 100 m²
1 acre(エーカー) = 4 840 yd², 1 坪 = 3.306 8 m²
[a] 平方メートル,「へいべい」とも読む

### (3) 体 積 [L³]

| cm³ | m³(SI)a) | in³ | ft³ |
|---|---|---|---|
| 1 | $1 \times 10^{-6}$ | 0.061 024 | $3.531 \times 10^{-5}$ |
| $1 \times 10^6$ | 1 | 61 024 | 35.31 |
| 16.39 | $1.639 \times 10^{-5}$ | 1 | $5.787 \times 10^{-4}$ |
| 28 320 | 0.028 32 | 1 728 | 1 |

1 L = 1 000.03 cm³, 1 barrel(bbl) = 42 米 gal = 35 英 gal ≅ 159 L
1 米 gal = 231 in³ = 3 785 cm³, 1 m³ ≅ 1 kL
a) 立方メートル，「りゅうべい」とも読む

### (4) 質 量 [M]

| g | kg(SI) | lb |
|---|---|---|
| 1 | 0.001 | 0.002 205 |
| 1 000 | 1 | 2.205 |
| 453.6 | 0.453 6 | 1 |

1 t(メートルトン) = 1 000 kg
 = 0.984 2 long ton (英トン)
 = 1.102 short ton (米トン)
1 long ton = 2 240 lb = 1.016 5 t
1 short ton = 2 000 lb = 907.18 t

### (5) 密 度 [ML⁻³]

| g/cm³ | kg/m³(SI) | lb/ft³ | lb/米 gal |
|---|---|---|---|
| 1 | 1 000 | 62.43 | 8.345 |
| 0.001 | 1 | 0.062 43 | 0.008 345 |
| 0.016 02 | 16.02 | 1 | 0.133 7 |
| 0.119 8 | 119.8 | 7.481 | 1 |

1 g·L⁻¹ ≅ 1 kg·m⁻³, 1 lb·in⁻³ = 27.680 g·cm⁻³
水の 4℃ における密度は 1.000 × 10³ kg·m⁻³
20℃ では 0.998 × 10³ kg·m⁻³

### (6) 力および重量 [MLT⁻²], [F]

| kgf | lbf | m·kg·s⁻² = N(SI) |
|---|---|---|
| 1 | 2.205 | 9.807 |
| 0.453 6 | 1 | 4.448 2 |
| 0.102 0 | 0.224 8 | 1 |

1 dyn = 1 g·cm·s⁻²

### (7) 圧 力 $[ML^{-1}T^{-2}]$, $[FL^{-2}]$

| atm | bar | kgf·cm$^{-2}$ | lbf·in$^{-2}$ | mmHg(0℃) | mH$_2$O(4℃) | N·m$^{-2}$=Pa(SI) |
|---|---|---|---|---|---|---|
| 1 | 1.013 | 1.033 | 14.70 | 760.0 | 10.33 | 101 300 |
| 0.986 9 | 1 | 1.020 | 14.50 | 750.1 | 10.20 | 100 000 |
| 0.967 8 | 0.980 7 | 1 | 14.22 | 735.6 | 10.00 | 98 066 |
| 0.068 05 | 0.068 95 | 0.070 3 | 1 | 51.72 | 0.703 8 | 6 895 |
| 0.001 316 | 0.001 333 | 0.001 36 | 0.019 34 | 1 | 0.013 60 | 133.3 |
| 0.096 78 | 0.098 07 | 0.100 00 | 1.422 | 73.56 | 1 | 9 806.6 |
| 9.869×10$^{-6}$ | 1×10$^{-5}$ | 1.020×10$^{-5}$ | 1.450×10$^{-4}$ | 7.501×10$^{-3}$ | 1.020×10$^{-4}$ | 1 |

1 bar = 10$^6$ dyn·cm$^{-2}$, 1 lbf·in$^{-2}$ = 1 psia(pound per square inch, absolute)
1 mmHg = 1 Torr(トール), 1 mmH$_2$O ≅ 1 kgf·m$^{-2}$

### (8) 表面張力 $[MT^{-2}]$
$= [ML^2T^{-2}/L^2]$, $[FL^{-1}]$

| N·m$^{-1}$(SI) | kgf·m$^{-1}$ | lbf·ft$^{-1}$ |
|---|---|---|
| 1 | 0.102 0 | 0.010 20 |
| 9.807 | 1 | 0.672 0 |
| 14.59 | 1.488 | 1 |

1 N·m$^{-1}$(SI) = 1 000 dyn·cm$^{-1}$

### (9) 粘 度[a] $[ML^{-1}T^{-1}]$, $[FTL^{-2}]$

| P=g·cm$^{-1}$·s$^{-1}$ | kg·m$^{-1}$·h$^{-1}$ | kg·m$^{-1}$·s$^{-1}$ | lb·ft$^{-1}$·s$^{-1}$ | N·s·m$^{-2}$=Pa·s(SI)[a] |
|---|---|---|---|---|
| 1 | 360 | 0.1 | 0.067 20 | 0.1 |
| 0.002 778 | 1 | 0.000 277 8 | 0.000 186 7 | 0.000 277 8 |
| 10 | 3 600 | 1 | 0.672 0 | 1 |
| 14.881 | 5 357 | 1.488 1 | 1 | 1.488 1 |

P = poise(ポアズ) = 100 cP(センチポアズ), 1 ポアズは 1 ポイズともいう.
[a] SIでは粘性率とよぶ. 単位はニュートン秒毎平方メートル(=パスカル秒).

## (10) 仕事, エネルギーおよび熱量 $[ML^2T^{-2}]$, $[FL][Q]$

| J | kgf·m | l·atm | Btu | kcal$_{IT}$ | kW·h |
|---|---|---|---|---|---|
| 1 | 0.102 0 | 0.009 869 | $9.478 \times 10^{-4}$ | $2.388 \times 10^{-4}$ | $2.778 \times 10^{-7}$ |
| 9.807 | 1 | 0.096 78 | 0.009 295 | 0.002 342 | $2.724 \times 10^{-6}$ |
| 101.3 | 10.33 | 1 | 0.096 0 | 0.024 20 | $2.815 \times 10^{-5}$ |
| 1 055 | 107.6 | 10.41 | 1 | 0.252 0 | $2.930 \times 10^{-4}$ |
| 4 187 | 426.9 | 41.32 | 3.968 | 1 | 0.001 163 |
| $3.6 \times 10^6$ | $3.671 \times 10^5$ | $3.553 \times 10^4$ | 3 412 | 859.8 | 1 |

1 erg = 1 dyn·cm = $10^{-7}$ J,  1 W·s = 1 V·A·s = 1 J
表(10)〜(14)中の熱量は,国際標準化機構(ISO)の定義式による
    1 kcal$_{IT}$(IT キロカロリー) = 4 186.8 J
    1 Btu = 1 055.06 J = 0.252 0 kcal$_{IT}$
の値である.

## (11) 工率, 動力 $[FLT^{-1}]$, $[QT^{-1}]$

| kW | kgf·m·s | HP(馬力) | PS | kcal$_{IT}$·h |
|---|---|---|---|---|
| 1 | 102.0 | 1.341 | 1.360 | 859.8 |
| 0.009 807 | 1 | 0.013 15 | 0.013 33 | 8.432 |
| 0.745 7 | 76.04 | 1 | 1.014 | 641.1 |
| 0.735 5 | 75 | 0.986 3 | 1 | 632.4 |
| 0.001 163 | 0.118 6 | 0.001 559 | 0.001 581 | 1 |

1 W = 1 J·s$^{-1}$ = $10^{-3}$ kW,  1 HP ( = horse power) = 550 lbf·ft·s$^{-1}$
PS = Pferdestärke = metric horse power

## (12) 熱容量[a] $[QM^{-1}\theta^{-1}]$

| cal$_{IT}$·g$^{-1}$·℃$^{-1}$ | kcal$_{IT}$·g$^{-1}$·℃$^{-1}$ | Btu·lb$^{-1}$·°F$^{-1}$ | kJ·kg$^{-1}$·K$^{-1}$ |
|---|---|---|---|
| 1 | 1 | 1 | 4.186 8 |
| 0.238 85 | 0.238 85 | 0.238 85 | 1 |

1 J·kg$^{-1}$·K$^{-1}$ = 0.001 kJ·kg$^{-1}$·K$^{-1}$
  [a] 比熱 (specific heat, heat content) ともいう.

## (13) 熱伝導度 $[QL^{-1}T^{-1}\Theta^{-1}]$

| cal$_{IT}$·cm$^{-1}$·s$^{-1}$·℃$^{-1}$ | kcal$_{IT}$·m$^{-1}$·h$^{-1}$·℃$^{-1}$ | Btu·ft$^{-1}$·h$^{-1}$·°F$^{-1}$ | J·m$^{-1}$·s$^{-1}$·K$^{-1}$ |
|---|---|---|---|
| 1 | 360 | 241.90 | 418.68 |
| 0.002 778 | 1 | 0.671 9 | 1.163 0 |
| 0.004 134 | 1.488 2 | 1 | 1.730 7 |
| 0.002 388 | 0.859 8 | 0.577 8 | 1 |

### (14) 熱伝達係数 $[QL^{-2}T^{-1}\Theta^{-1}]$

| kcal$_{IT}$·m$^{-2}$·h$^{-1}$·℃$^{-1}$ | Btu·ft$^{-2}$·h$^{-1}$·°F$^{-1}$ | kcal$_{IT}$·cm$^{-2}$·s$^{-1}$·℃$^{-1}$ | cal$_{IT}$·cm$^{-2}$·s$^{-1}$·℃$^{-1}$ | kJ·m$^{-2}$·h$^{-1}$·K$^{-1}$ | kJ·m$^{-2}$·s$^{-1}$·K$^{-1}$ |
|---|---|---|---|---|---|
| 1 | 0.204 8 | 2.778×10$^{-4}$ | 2.778×10$^{-5}$ | 4.186 8 | 1.163×10$^{-3}$ |
| 4.885 6 | 1 | 1.357×10$^{-3}$ | 1.357×10$^{-4}$ | 20.44 | 5.678×10$^{-3}$ |
| 3 600 | 737.28 | 1 | 0.1 | 1.507 3×10$^{4}$ | 4.186 7 |
| 36 000 | 7 372.8 | 10 | 1 | 1.507 30×10$^{5}$ | 41.867 |
| 0.238 8 | 0.048 92 | 6.635×10$^{-5}$ | 6.635×10$^{-6}$ | 1 | 2.777 8×10$^{-4}$ |
| 859.7 | 176.1 | 0.238 9 | 0.023 89 | 3 600 | 1 |

1 Btu·in$^{-2}$·h$^{-1}$·°F$^{-1}$ = 144.0 Btu·ft$^{-2}$·h$^{-1}$·°F$^{-1}$ = 703.5 kcal$_{IT}$·m$^{-2}$·h$^{-1}$·℃$^{-1}$

## 7. ギリシャ文字と読み方

| 大文字 | 小文字 | よみ方 | 大文字 | 小文字 | よみ方 |
|---|---|---|---|---|---|
| $A$ | $\alpha$ | アルファ | $N$ | $\nu$ | ニュー |
| $B$ | $\beta$ | ベータ | $\Xi$ | $\xi$ | クシー(グザイ) |
| $\Gamma$ | $\gamma$ | ガンマ | $O$ | $o$ | オミクロン |
| $\Delta$ | $\delta$ | デルタ | $\Pi$ | $\pi$ | パイ |
| $E$ | $\varepsilon(\epsilon)$ | イプシロン | $P$ | $\rho$ | ロー |
| $Z$ | $\zeta$ | ジータ(ゼータ) | $\Sigma$ | $\sigma$ | シグマ |
| $H$ | $\eta$ | イータ(エータ) | $T$ | $\tau$ | タウ |
| $\Theta$ | $\theta(\vartheta)$ | シータ(テータ) | $Y$ | $\upsilon$ | ウプシロン |
| $I$ | $\iota$ | イオタ | $\Phi$ | $\phi(\varphi)$ | ファイ(フィー) |
| $K$ | $\kappa$ | カッパ | $X$ | $\chi$ | カイ |
| $\Lambda$ | $\lambda$ | ラムダ | $\Psi$ | $\psi(\psi)$ | プライ(プシー) |
| $M$ | $\mu$ | ミュー | $\Omega$ | $\omega$ | オメガ |

# 索　引

## ア　行

アイソザイム ……………………… 220
iPS 細胞 …………………………… 231
IPCC ……………………………… 192
亜酸化窒素 ………………………… 21
圧力損失 …………………………… 46
アナロジー ………………………… 38
アポ酵素 …………………………… 221
アミノ酸 …………………………… 220
アルコキシド法 …………………… 152
アレニウスの式 …………………… 84
アレン（Allen）の法則 …………… 169
安息角 ……………………………… 165
アンドリアゼンピペット ………… 162

ES 細胞 …………………………… 230
硫黄酸化物 ………………………… 20
EC 番号 …………………………… 218
異性化酵素 ………………………… 219
異相反応 …………………………… 101
1 次構造 …………………………… 220
1/7 乗則 …………………………… 43
位置ヘッド ………………………… 45
一酸化窒素 ………………………… 21
一般廃棄物 ………………………… 179
遺伝子の組換え …………………… 229
移動係数 …………………………… 38
移動単位数 ………………………… 135
移動単位高さ ……………………… 136
インパルス応答 …………………… 70

ウォッシュアウト ………………… 235

運動量密度 ………………………… 52
運動量流束 ………………………… 52

栄養要求性 ………………………… 226
液液抽出 …………………………… 138
液液反応 …………………………… 101
液架橋 ……………………………… 167
液架橋力 …………………………… 167
液境膜 ……………………………… 130
液境膜抵抗 ………………………… 237
液固反応 …………………………… 101
液相基準総括物質移動係数 ……… 64
SI 単位系 …………………………… 2
SI 補助単位 ………………………… 2
SI 誘導単位 ………………………… 2
SPM ……………………………… 206
x–y 線図 ………………………… 116
HTU ……………………………… 136
NTU ……………………………… 135
エネルギー収支 …………………… 44
FPS（feet, pound, second）単位系 … 3
MCVD 法 ………………………… 152
エラーバー ………………………… 11
L-B（Lineweaver-Burk）プロット … 222
遠心法 ……………………………… 168
円相当径 …………………………… 156
円相当直径 ………………………… 40
円筒座標系 ………………………… 53
塩類効果 …………………………… 129

Orsat 法 …………………………… 22
OECD ……………………………… 214
押し出し流れ …………………… 16, 70, 72

押し出し流れ反応装置 ……………… 95
オリゴマー酵素 …………………… 220
オルガネラ ………………………… 236
温室効果 ……………… 185, 188, 189
温室効果ガス ……………………… 189
温暖化 ……………………………… 188
温度差 ………………………………… 56

## カ 行

塊 …………………………………… 155
階差法図微分 ………………………… 11
回収比 ……………………………… 123
回収部 ……………………………… 122
回収部の操作線 …………………… 123
回収率 ……………………………… 142
灰層拡散律速 ……………………… 104
階段方式 …………………………… 133
回分（バッチ）操作 ………………… 15
回分式撹拌槽反応器 ……………… 241
回分式反応器 ………………………… 92
回分培養 …………………………… 232
界面積 ……………………………… 101
界面反応速度 ……………………… 101
海洋隔離法 ………………………… 198
化学気相析出（CVD）法 ………… 102
化学気相法 ………………………… 159
化学合成従属栄養微生物 ………… 227
化学合成独立栄養微生物 ………… 226
化学反応 ……………………………… 16
化学量論式 …………………………… 18
化学量論反応式 …………………… 83
可逆阻害 …………………………… 223
架橋法 ……………………………… 237
拡散 …………………………………… 16
拡散係数 ……………………………… 52
拡散抵抗 …………………………… 237
拡散律速 …………………………… 239
かさ密度 ……………………… 152, 166
過剰物質 ……………………………… 18

加水分解酵素 ……………………… 218
ガス吸収 …………………………… 127
ガス境膜 …………………………… 130
硬さ ………………………………… 164
片対数グラフ ………………………… 14
カタール …………………………… 225
活性化エネルギー …………………… 84
活量 ………………………………… 119
活量係数 …………………………… 119
家電製品 …………………………… 182
家電リサイクル法 ………………… 178
加熱操作 ……………………………… 29
可燃性硫黄 …………………………… 20
カーボンナノチューブ …………… 149
紙 …………………………………… 181
可溶型酵素 ………………………… 218
ガラスびん ………………………… 180
カルマンの形状係数 ……………… 157
カレット …………………………… 180
乾き基準 …………………………… 6, 21
缶 …………………………………… 122
関係湿度 ……………………………… 29
管型装置 ……………………………… 16
缶出液 ……………………………… 122
完全混合 ……………………………… 71
完全混合槽 …………………………… 16
完全混合槽反応器 …………………… 94
完全混合槽列 ………………………… 16
完全混合槽列モデル ………………… 73
完全混合流 …………………………… 70
完全燃焼 ………………………… 20, 22
乾燥 …………………………………… 70
乾燥特性曲線 ………………………… 69
乾燥無灰基準 ………………………… 21
間氷期 ……………………………… 185
還流液 ……………………………… 122
還流比 ……………………………… 122

気液反応 …………………………… 101

## 索　引

気液平衡……………………………… 116
機械的エネルギー収支式…………… 45
幾何学的代表径……………………… 155
幾何平均半径………………………… 59
幾何平均面積………………………… 59
気固系反応…………………………… 102
気固反応……………………………… 101
基質阻害……………………………… 223
基質特異性…………………………… 219
基質に対する菌体増殖収率………… 235
希釈剤………………………………… 138
希釈率………………………………… 234
気相基準総括物質移動係数………… 64
キック（Kick）の法則……………… 172
拮抗阻害……………………………… 223
揮発性有機化合物（VOC）………… 204
基本単位……………………………… 2
逆混合………………………………… 16
逆混合モデル………………………… 73
逆浸透膜……………………………… 244
球座標系……………………………… 53
吸収操作……………………………… 133
球相当径……………………………… 156
吸着…………………………………… 102
凝集…………………………………… 166
凝縮伝熱……………………………… 65
強制対流伝熱………………………… 65
境膜…………………………………… 43
境膜厚み……………………………… 60
境膜移動係数……………………… 60, 62
境膜拡散律速………………………… 103
境膜説………………………………… 43
気流層…………………………… 109, 111
金属酵素……………………………… 221
菌体に対する生産物収率…………… 235

空間率（空隙率）…………………… 165
空気比………………………………… 22
空気力学径…………………………… 157
空隙率………………………………… 55
屈曲度………………………………… 55
組み立て単位………………………… 2
グラスホッフ数……………………… 66

計算誤差……………………………… 10
形状係数……………………………… 155
系統名………………………………… 219
系内蓄積量…………………………… 16
系内蓄熱量…………………………… 26
ゲージ圧……………………………… 4
化粧品………………………………… 154
結合酵素……………………………… 230
結合水………………………………… 227
煙……………………………………… 209
ケモスタット………………………… 234
限外濾過膜…………………………… 244
検出限界値…………………………… 9
減衰期………………………………… 233
建設廃棄物…………………………… 183
建設リサイクル法…………………… 178
限定物質……………………………… 18
減率乾燥……………………………… 69
原料段………………………………… 122

高圧殺菌……………………………… 228
高位発熱量…………………………… 26
光化学………………………………… 211
光化学オキシダント………………… 211
光化学第2法則……………………… 211
工学湿度……………………………… 7
工学単位系…………………………… 3
光合成従属栄養微生物……………… 226
光合成独立栄養微生物……………… 226
交差流………………………………… 16
光散乱径……………………………… 157
降水量………………………………… 200
合成酵素……………………………… 219
合成培地……………………………… 227

| | | | |
|---|---|---|---|
| 酵素 | 217 | 最適 pH | 221 |
| 構造モデル | 231 | 細胞融合 | 229 |
| 酵素活性 | 225 | 雑菌汚染 | 234 |
| 酵素基質複合体 | 221 | 砂漠化 | 205 |
| 酵素国際単位 | 225 | サーマル（thermal）ノックス | 21 |
| 好熱菌 | 227 | 酸化還元酵素 | 218 |
| 高発熱量 | 26 | 産業廃棄物 | 179 |
| 恒率乾燥 | 69 | 3 次構造 | 220 |
| 向流 | 16 | 算術平均径 | 158 |
| 向流二重管式熱交換器 | 75 | 三名法 | 225 |
| 抗力相当径 | 157 | 残留率曲線 | 159 |
| 好冷菌 | 227 | | |
| 黒度 | 66 | $CO_2$ | 196 |
| 固液抽出 | 138 | $CO_2$ 分離回収 | 196 |
| 国際生化学連合 | 218 | CCS | 195 |
| 黒体温度 | 186 | cgs 単位系 | 3 |
| 誤差範囲 | 11 | GDP | 195 |
| 固体触媒 | 106 | 次元 | 1 |
| 固体触媒反応 | 101 | 次元解析 | 7, 61 |
| COP3 | 189 | 次元式 | 4 |
| 固定化生体触媒 | 236 | 試行錯誤法 | 10 |
| 固定層 | 109 | 自己消化 | 233 |
| 粉 | 155 | 自然起源 | 213 |
| コロイダルシリカ法 | 152 | 失活 | 220, 223 |
| 混合阻害 | 223 | 湿度図表 | 29 |
| | | 質量分率 | 6 |
| **サ 行** | | 質量モル濃度 | 6 |
| 細孔内拡散 | 107 | 質量流量 | 38 |
| 細孔内反応 | 107 | 自動車 | 182 |
| 再使用 | 179 | 自動車リサイクル法 | 178 |
| 最小液ガス比 | 136 | 死滅速度定数 | 232 |
| 最小還流比 | 126 | 湿り基準 | 6, 21 |
| 最小自乗法 | 11 | シャーウッド数 | 62 |
| 最小培地 | 227 | 収縮係数 | 49 |
| 再蒸留 | 121 | 自由水 | 227 |
| 最小理論段数 | 126 | 自由対流伝熱 | 65 |
| 再生利用 | 179 | 充填性 | 167 |
| 最大比増殖速度 | 232 | 充填層反応器 | 243 |
| 最適温度 | 221 | 充填密度 | 166 |

| | |
|---|---|
| 自由粉砕 | 171 |
| 終末速度 | 169 |
| 収率 | 19 |
| 収量 | 20 |
| 重量平均径 | 158 |
| 重力単位系 | 3 |
| 宿主細胞 | 229 |
| シュミット数 | 55 |
| 種名 | 225 |
| シュレッダーダスト | 182 |
| 循環型社会 | 177 |
| 循環基本法 | 178 |
| 循環流動層 | 111 |
| 蒸発 | 68 |
| 常用名 | 219 |
| 蒸留 | 116 |
| 蒸留塔 | 121 |
| 触媒有効係数 | 108 |
| 食品廃棄物 | 184 |
| 食品リサイクル法 | 178 |
| 所要理論段数 | 124 |
| 人為起源 | 213 |
| 人工多能性幹細胞 | 231 |
| 浸出 | 138 |
| 浸透説 | 129 |
| 振動法 | 168 |
| 真発熱量 | 20, 26 |
| シンプソン法 | 12 |
| 浸辺長 | 40 |
| 真密度 | 166 |
| 深冷分離 | 196 |
| 深冷分離法 | 198 |
| 水質 | 202 |
| 水分活性 | 227 |
| 数値積分法 | 12 |
| 数値微分 | 11 |
| 図積分 | 11 |
| ステップ応答 | 71 |

| | |
|---|---|
| ステファン・ボルツマンの法則 | 186 |
| ストークス径 | 155, 157 |
| ストークス（Stokes）の法則 | 169 |
| ストークスの法則 | 161 |
| 図微分 | 11 |
| 静圧 | 49 |
| 静圧ヘッド | 45 |
| 生育最低水分活性 | 227 |
| 制限酵素 | 229 |
| 静止期 | 233 |
| 生成の最大速度 | 221 |
| 生成物阻害 | 223 |
| 清掃法 | 177 |
| 静電気力 | 167 |
| 精度 | 9 |
| 精密濾過膜 | 244 |
| 積算分布 | 158 |
| 積分反応装置 | 99 |
| 接近率 | 49 |
| 設計基礎式 | 92 |
| 絶対圧力 | 4 |
| 絶対誤差 | 9 |
| 絶対湿度 | 7, 29 |
| 絶対単位系 | 3 |
| 接頭語 | 3 |
| 遷移流 | 40, 41 |
| 全エネルギー収支式 | 44 |
| 全還流 | 126 |
| 線形化式 | 11, 13 |
| 全縮器 | 122 |
| 選択率 | 19 |
| 栓流 | 16, 70 |
| 総圧 | 49 |
| 総括移動係数 | 38, 62, 64 |
| 総括移動抵抗 | 63 |
| 総括抵抗 | 57 |
| 総括転化率 | 19, 23 |

| | | | |
|---|---|---|---|
| 総括伝熱係数 | 63, 65 | 体積反応モデル | 103 |
| 総括反応速度 | 238 | 体積分率 | 6 |
| 総括物質移動係数 | 62, 131 | 体積平均径 | 158 |
| 相関係数 | 11 | タイライン | 136, 140 |
| 相関式 | 11, 13 | 多回抽出 | 143 |
| 槽型装置 | 16 | 多孔質固体 | 101 |
| 槽型反応器 | 94 | 多重効用缶 | 69 |
| 相互拡散係数 | 52 | タッピング法 | 167 |
| 操作線 | 134 | 脱離 | 102 |
| 増湿 | 29 | 脱離酵素 | 218 |
| 増殖曲線 | 232 | タービドスタット | 234 |
| 増殖速度 | 231 | 多量体酵素 | 220 |
| 相対誤差 | 9 | 単位 | 1 |
| 相当径 | 40 | 単位換算 | 2 |
| 総発熱量 | 20, 25 | 単位換算係数 | 5 |
| 層流 | 40, 41 | 単位系 | 2 |
| 層流境界層 | 40 | 単位操作 | 15 |
| 阻害 | 223 | 単一反応 | 88 |
| 速度差分離 | 115 | 端効果 | 100 |
| 速度ヘッド | 45 | 段効率 | 126 |
| 属名 | 225 | 短軸径 | 156 |
| ソックス | 20 | 単蒸留 | 119 |
| 外付け法 | 152 | 担体結合法 | 237 |
| 素反応 | 88 | 単抽出 | 142 |
| 粗面管 | 47 | 断熱冷却線 | 29 |
| ゾル-ゲル法 | 152 | 単量体酵素 | 220 |

### タ 行

| | | | |
|---|---|---|---|
| 対応成分 | 7, 17 | チイル数 | 238 |
| ダイオキシン | 208 | 地下水 | 203 |
| 大気汚染 | 207, 209 | 地下水障害 | 203 |
| 大気環境 | 205 | 地下水の汚染 | 203 |
| 大気環境対策 | 213 | 地球温暖化 | 185, 192 |
| 台形法 | 12 | 地球温暖化係数 | 190 |
| 対数正規分布式 | 159 | 地球の誕生 | 185 |
| 対数増殖期 | 233 | 逐次反応 | 88 |
| 対数平均濃度 | 55 | 窒素酸化物 | 21 |
| 耐性嫌気性菌 | 228 | 中温菌 | 227 |
| 体積形状係数 | 157 | 中間生成物 | 89 |
| | | 中間複合体 | 221 |

# 索　引

抽剤 …………………………… 138
抽残液 ………………………… 139
抽質 …………………………… 138
抽出 …………………………… 138
抽出液 ………………………… 138
中点法 ………………………… 11
長軸径 ………………………… 156
調湿 …………………………… 29
超臨界抽出 …………………… 144
超臨界流体 …………………… 144
調和型増殖 …………………… 231
貯留 …………………………… 196
チーレ数 ……………………… 108
沈降法 ………………………… 161

通過率曲線 …………………… 158
通性嫌気性菌 ………………… 228
粒 ……………………………… 155
坪上業者 ……………………… 182

DEP …………………………… 207
低位発熱量 …………………… 26
抵抗係数 ……………………… 169
定常解析 …………………… 94, 95
定常状態 ……………………… 17
定常状態法 …………………… 88
定常操作 ……………………… 16
定常流 ………………………… 38
低発熱量 ……………………… 26
定方向径 ……………………… 156
定容反応系 …………………… 83
定量限界値 …………………… 9
デッドスペース ……………… 16
転移期 ………………………… 233
転移酵素 ……………………… 218
転化率 ………………………… 19
伝導伝熱 ……………………… 65
伝熱係数 ……………………… 57
伝熱抵抗 ……………………… 57

天然培地 ……………………… 227

動圧 …………………………… 49
動水半径 ……………………… 40
到着基準 ……………………… 21
特定物質 ……………………… 208
土壌 …………………………… 203
突然変異 ……………………… 229
トップダウン ………………… 149
ド・フリース ………………… 229

## ナ　行

内部抵抗 ……………………… 237
流れに伴う移動 ……………… 16
ナノテクノロジー …………… 149

二酸化硫黄 …………………… 20
二酸化窒素 …………………… 21
2次構造 ……………………… 220
二重境膜説 …………………… 129
二段燃焼 ……………………… 22
二名法 ………………………… 225
ニュートリスタット ………… 234
ニュートン効率 ……………… 172
ニュートン（Newton）の法則 … 169

ヌセルト数 …………………… 62
ヌッセン（Knudsen）拡散 …… 107
濡れ性 ………………………… 168

熱拡散 ………………………… 51
熱拡散係数 …………………… 52
熱交換器 ……………………… 67
熱収支 ………………………… 25
熱伝達係数 …………………… 57
熱伝導 ………………………… 51
熱伝導度 ……………………… 52
熱放射率 ……………………… 66
熱容量 ………………………… 37

| | |
|---|---|
| 熱力学第一法則 | 25 |
| 熱流束 | 37 |
| 熱流量 | 37 |
| 熱量の濃度 | 37 |
| 燃焼 | 20 |
| 燃焼計算 | 22 |
| 濃縮部 | 122 |
| 濃縮部操作線 | 122 |
| 濃度勾配 | 52 |
| 濃度差 | 56 |
| ノックス | 21 |

## ハ 行

| | |
|---|---|
| ハーゲン・ポアズイユ（Hagen-Poiseuille）の式 | 42 |
| パージ | 23 |
| ハーマン・J・マラー | 229 |
| バイオリアクター | 241 |
| 倍加時間 | 232 |
| 排気速度 | 209 |
| 排気微粒子 | 207 |
| 廃棄物 | 192 |
| 廃棄物処理 | 177 |
| 廃棄物処理法 | 177 |
| 廃棄物のリサイクル | 180 |
| 胚性幹細胞 | 230 |
| バイパス | 23 |
| パソコン及びその周辺機器 | 182 |
| 発生抑制 | 179 |
| 発熱量 | 18, 25 |
| ハロカーボン | 203, 204 |
| 半回分操作 | 15 |
| 半回分培養 | 233 |
| 半合成培地 | 227 |
| バンドギャップ | 150 |
| 反応器 | 15 |
| 反応吸収 | 127, 133 |
| 反応係数 | 133 |
| 反応次数 | 84 |
| 反応特異性 | 219 |
| 反応熱 | 84 |
| 反応のエンタルピー変化 | 18 |
| 反応律速 | 239 |
| 半連続操作 | 16 |
| PRTR | 214 |
| ビオ（Bio）数 | 238 |
| 比較湿度 | 29 |
| 非拮抗阻害 | 223 |
| 比揮発度 | 118 |
| 微好気性菌 | 228 |
| 非構造モデル | 231 |
| 微小項 | 53 |
| ピストン流れ | 16, 70 |
| 比増殖速度 | 232 |
| 非調和型増殖 | 231 |
| 非定常解析 | 92 |
| ピトー管 | 48 |
| 比表面積 | 101 |
| 比表面積径 | 157, 158 |
| 比表面積形状係数 | 157 |
| 微分反応装置 | 99 |
| 微分方式 | 133 |
| 氷期 | 185 |
| 表面更新説 | 129 |
| 表面積形状係数 | 157 |
| 表面積平均径 | 158 |
| 表面反応律速 | 104 |
| 表面プラズモン共鳴 | 150 |
| ビリアル方程式 | 14 |
| 非理想溶液 | 119 |
| 頻度分布 | 158 |
| ファージ | 225 |
| ファニング（Fanning）の式 | 46 |
| ファンデルワールス力 | 167 |
| VAD法 | 152 |

# 索　引

- VOC　204
- フィック（Fick）の法則　52
- フーリエ（Fourier）の法則　52
- フェンスケ　126
- 不可逆阻害　223
- 不拮抗阻害　223
- 吹き抜け　16
- 複合培地　227
- 複合反応　19, 88
- 複合法　237
- 付着　166
- 物質移動係数　57, 130
- 物質移動抵抗　57, 132
- 物質移動容量係数　136
- 物質収支　16
- 物質流束　130
- 物質量　37
- 沸点－組成線図　116
- 沸騰伝熱　65
- 物理吸収　127
- 不燃性硫黄　21
- 部分分離効率　173
- 浮遊粒子物質　207
- フューエル（fuel）ノックス　21
- フラーレン　149
- プラグ流れ　16, 70
- プラスチック　181
- プラスミド　229
- プラントル・カルマン　43
- プラントル数　55
- ふるい上分布　158
- ふるい径　157
- ふるい下分布　158
- ふるい分け法　161
- プロトプラスト　229
- 分圧の法則　118
- 分化万能性　231
- 分級　172
- 粉砕　170

- 分子運動　51
- 分子拡散　107, 130
- 分縮　121
- 分配係数　237
- 分泌型酵素　218
- 分離器　15
- 噴流層　111
- 粉粒体　164, 170

- 平滑管　46
- 平均自由行程　107
- 平均滞留時間　234
- 平均粒子径　157
- 平衡　84
- 平衡比　118
- 平衡分離　115
- 閉そく粉砕　171
- 平発反応　88
- 平面座標　37
- 並流　16
- ベースメタル　183
- ペクレ数　62
- ヘス（hesu）の法則　25
- BESSC　195
- ペットボトル　181
- ベルヌーイ（Bernoulli）の式　44
- 変異株　234
- 偏性嫌気性菌　228
- 偏性好気性菌　228
- ヘンリーの法則　127

- 補因子　221
- 包括法　237
- 放散　127
- 放射線耐性菌　228
- 放射伝熱　66
- 補酵素　221
- ボトムアップ　150
- ホロ酵素　221

ボンド（Bond）の法則 …………… 172

## マ 行

マイコプラズマ ……………………… 225
膜型バイオリアクター ……………… 244
膜酵素 ………………………………… 218
摩擦係数 ……………………………… 46
摩擦損失 ……………………………… 45
摩擦ヘッド …………………………… 45
マッケーブ・シーレ（McCabe–Thiele）
　の図解法 …………………………… 125

見かけ密度 …………………………… 166
ミキサーセトラー …………………… 142
水環境 ………………………………… 199
水資源 ………………………………… 200
水資源賦存量 ………………………… 200
水の循環 ……………………………… 199
密度 …………………………………… 165
密度勾配 ……………………………… 51
ミハエリス定数 ……………………… 221
ミハエリス・メンテン ………… 90, 221
未反応核モデル ……………………… 103
ミラー法 ……………………………… 11

無灰無水基準 ………………………… 21
無次元数 ……………………………… 61

メディアン径 ………………………… 158

モード径 ……………………………… 158
モノー ………………………………… 232
モル …………………………………… 37
モル濃度 ……………………………… 5
モル分率 ……………………………… 6
モル流束 ……………………………… 37
モル流量 ……………………………… 37

## ヤ 行

有機溶媒耐性菌 ……………………… 228
有効拡散係数 …………………… 108, 237
有効径 ………………………………… 155
有効係数 ……………………………… 238
有効数字 ……………………………… 2, 9
優先取扱物質 ………………………… 208
誘導期 ………………………………… 233
誘導単位 ……………………………… 2

溶解度 ………………………………… 127
溶解度曲線 …………………………… 140
容器包装リサイクル法 ……………… 178
溶剤抽出 ……………………………… 138
汚れ係数 ……………………………… 65
4 次構造 ……………………………… 220

## ラ 行

ラウール（Raoult）の法則 ………… 117
ラングミュア・ヒンシェルウッド
　（Langmuir-Hinshelwood）式 …… 101
乱流 ……………………………… 40, 41
乱流拡散係数 ………………………… 56
乱流境界層 …………………………… 40

リサイクル …………………………… 23
リサイクル法 ………………………… 178
理想溶液 ……………………………… 117
律速段階法 …………………………… 88
立体特異性 …………………………… 219
リッチンガー（Rittinger）の法則 … 172
リボザイム …………………………… 219
リボゾーム …………………………… 217
リポソーム …………………………… 155
流加培養 ……………………………… 233
粒子径 ………………………………… 161
粒子径分布 …………………………… 158
粒子密度 ……………………………… 166

| | | | |
|---|---|---|---|
| 留出液 | 122 | ルイス－ホイットマン | 129 |
| 流出係数 | 51 | ルイス数 | 56 |
| 留出率 | 120 | ルシャトリエの法則 | 87 |
| 流速 | 37 | | |
| 流速分布 | 41 | レアメタル | 183 |
| 流通系 | 15 | 冷水操作 | 29 |
| 流通式攪拌槽 | 242 | レイノルズ応力 | 43 |
| 流通式管型反応器 | 94 | レーリー | 120 |
| 流動性 | 168 | 連続蒸留 | 122 |
| 流動層 | 109, 110 | 連続操作 | 15 |
| 粒度分布 | 158, 161 | 連続の式 | 39 |
| 流量 | 37 | 連続培養 | 234 |

両対数グラフ……………………… 13
量論比……………………………… 18
理論酸素量………………………… 22
理論段数…………………………… 126
臨界温度…………………………… 144
臨界希釈率………………………… 235
リンネ……………………………… 225

ロジン・ラムラー（Rosin-Rammler）
　の式……………………………… 159
露点………………………………… 29

## ワ 行

ワンパス転化率……………… 19, 23

〈著者略歴〉

**山下福志**（やました・ふくじ）
　1974 年　東京大学大学院工学系研究科博士課程単位取得退学
　現　在　神奈川工科大学応用バイオ科学部応用バイオ科学科教授（工学博士）

**香川詔士**（かがわ・しょうじ）
　1969 年　関東学院大学大学院工学研究科修士課程修了
　現　在　関東学院大学名誉教授（工学博士）

**小島紀徳**（こじま・としのり）
　1981 年　東京大学大学院工学系研究科博士課程単位取得退学
　現　在　成蹊大学理工学部物質生命理工学科教授（工学博士）

---

最新の化学工学
2010 年 9 月 30 日　初　版
2013 年 12 月 5 日　第 2 刷

著　者　山下福志
　　　　香川詔士
　　　　小島紀徳
発行者　飯塚尚彦
発行所　産業図書株式会社
　　　　〒102-0072 東京都千代田区飯田橋 2-11-3
　　　　電話　03(3261)7821(代)
　　　　FAX　03(3239)2178
　　　　http://www.san-to.co.jp
装　幀　菅　雅彦

印刷・製本　平河工業社

Fukuji Yamashita
© Shoji Kagawa　　　2010
Toshinori Kojima

ISBN978-4-7828-2615-7　C3058